“十四五”职业教育规划教材

智能家居应用技术

主　编◎潘志锋　罗君锲　林秀翠

副主编◎岑　军　汤芳芳　毛丹玲

参　编◎余文蔚　刘琛森　严　培　何　斌　谢胜慰

中国铁道出版社有限公司
CHINA RAILWAY PUBLISHING HOUSE CO., LTD.

内 容 简 介

本书系统地讲述了智能家居应用技术的基础知识、关键技术、系统设计原则、实训操作、注意事项以及相关理论知识，如传感器技术、无线传感网络技术、单片机技术、云平台信息处理技术等。

本书采用实训式教学，深入浅出地分析了智能家居中门禁系统、家电控制系统、安防报警系统、环境监测系统等方面的关键应用技术。本书实训内容严谨简洁，操作步骤详细分步化，对于工具的使用指引、实验的可行性分析、程序下载、硬件接线等也面面俱到，读者可轻松快速入门。

本书适合作为职业院校、技工学校物联网专业及相关专业学生进行物联网智能家居系统设计和课程设计的教材，也可以作为物联网智能家居应用技术相关研究人员、企事业单位相关专业人员的参考用书。

图书在版编目（CIP）数据

智能家居应用技术 / 潘志锋，罗君锲，林秀翠主编．—北京：中国铁道出版社有限公司，2021.9（2025.2 重印）

"十四五"职业教育规划教材

ISBN 978-7-113-27969-1

Ⅰ.①智… Ⅱ.①潘… ②罗… ③林… Ⅲ.①住宅－智能化建筑－职业教育－教材 Ⅳ.① TU241

中国版本图书馆 CIP 数据核字（2021）第 090452 号

书　　名：智能家居应用技术
作　　者：潘志锋　罗君锲　林秀翠

策　　划：何红艳　　**编辑部电话：**（010）63560043
责任编辑：何红艳　绳　超
封面设计：崔丽芳
责任校对：孙　玫
责任印制：赵星辰

出版发行：中国铁道出版社有限公司（100054，北京市西城区右安门西街 8 号）
网　　址：https://www.tdpress.com/51eds
印　　刷：三河市兴达印务有限公司
版　　次：2021 年 9 月第 1 版　2025 年 2 月第 4 次印刷
开　　本：787 mm×1 092 mm 1/16　**印张：**12.25　**字数：**304 千
书　　号：ISBN 978-7-113-27969-1
定　　价：39.80 元

前　言

党的二十大报告在加快构建新发展格局，着力推动高质量发展方面指出：“推动战略性新兴产业融合集群发展，构建新一代信息技术、人工智能、生物技术、新能源、新材料、高端装备、绿色环保等一批新的增长引擎。构建优质高效的服务业新体系，推动现代服务业同先进制造业、现代农业深度融合。加快发展物联网，建设高效顺畅的流通体系，降低物流成本。”

物联网涉及众多领域，比如家居、农业、工业、交通、医疗、养老等，其中，家居领域是发展最为迅速的一个领域。智能家居这个概念已然走进人们的生活，成为了现代生活中的热门话题。智能家居综合体现了物联网技术在日常生活中的运用方式，随着物联网技术的广泛运用，未来家居在智能化、舒适性、安全性、绿色节能等方面会出现飞跃式的发展，将极大地改变人们的生活方式。

近年来，在城市灯光、家庭娱乐、安防监控等方面，智能家居产品层出不穷，产品数量呈指数型增长，人们在生活中也越来越多地开始适应和使用智能家居的产品。世界各地的互联网行业巨头、风险投资家也纷纷涌入这个市场，开始在智能家居的方方面面进行布局。在不久的将来，它必将成为人们生活中必不可少的一部分。

智能家居是物联网产业方向的一个具体的落实点，在物联网产业还处于摸索期时，智能家居已经开始形成行业规范、产业雏形。智能家居行业在快速发展，但是由于物联网教育刚刚起步，智能家居技术涉及面广，涵盖的内容横跨多个学科，如何系统地学习物联网成了一个难题。另外，人才供应远远不足，人才掌握技术多样化，如何更好地培养物联网智能家居人才成了另外一个难题。因此，高校开展智能家居系统设计以及人才教育培养具有重大的现实意义。

编者针对以上两大难题，编写了本书。本书以系统实训应用为基础，梳理了各个实训项目的知识点，由浅入深精心地设计了多个实训项目系统，详细阐述了项目的关键技术以及实训过程步骤，理论与实际结合起来进行分析与实践。本书分为 9 个单元，包括物联网工程平台认知、智能家居可行性分析、智能家居系统概要设计、智能家居（智能门禁模块）系统设计、智能家居（电器控制模块）系统设计、智能家居（安防监控模块）系统设计、智能家居（环境采集模块）系统设计、智能家居系统集成运维、智能家居项目总结汇报。其中，在单元 4 ~ 单元 7 中，每个单元由功能设计、驱动设计、通信设计和部署测试四个实训构成。

本书的主要特色是项目单元化，分多个单元进行实训。多个智能家居系统案例指引开发，系统化教学，理论知识和实践结合，由浅及深，通俗易懂，让读者能够快速入门智能家居系统设计，系统地学习到物联网智能家居相关知识，掌握知识对应的技能。

本书由潘志锋、罗君锲、林秀翠任主编，岑军、汤芳芳、毛丹玲任副主编，余文蔚、刘琛森、严培、何斌、谢胜慰参与编写。

本书的出版得到了广东诚飞智能科技有限公司相关人员和中国铁道出版社有限公司编辑的帮助与支持，在此表示衷心感谢。

本书获评 2021 年全国技工教育规划教材。

本书涉及的综合知识面广，限于时间及编者的水平和经验，书中难免存在疏漏与不妥之处，恳请专家和读者批评指正。

编　者

2023 年 7 月

目录

单元 1 物联网工程平台认知

实训 物联网工程平台的认知

一、相关知识

本书开发平台为智云工程应用实训平台（ZC-FwsPlat），是一款物联网智能家居综合教学实训平台，如图 1.1.1 所示。平台包含了完整的物联网架构，包括：感知层、网络层和应用层实例的实训设备。

它以创新性的项目实践网板为基础环境，提供智能家居实践组件包，每个实践组件包能够完成一个完整的物联网应用实训案例。学生可以使用组件包、线材、接插件、软件资源，从零开始，自由设计各种类型的物联网智能家居应用项目。该平台为学生提供了一个良好的创新实践、课程设计、毕业设计环境。

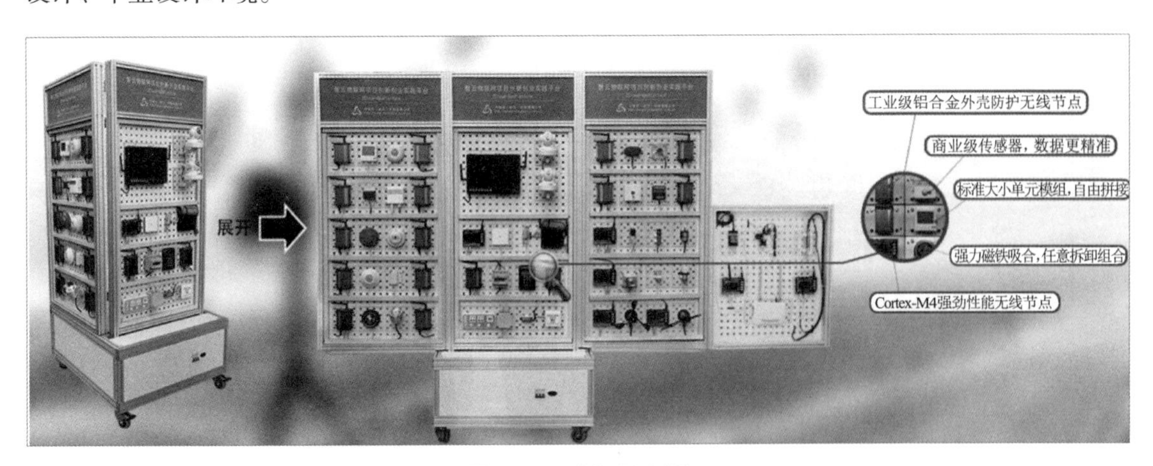

图 1.1.1　实训平台图

实训平台针对物联网智能家居的应用实训提供以下软硬件支撑：

（1）智云基础硬件：包含智云网关、智云节点，覆盖无线传感网、ZigBee 无线通信、Wi-Fi 无线网络、3G/4G/5G 无线通信、Android 移动开发、嵌入式开发、传感器技术、执行控制、HTML5

Web 开发、JavaScript 等技术。

（2）智云实训模块：采用工业级高精度传感器、执行器，基于行业的一种具体应用进行功能模块的设计，提供完整的硬件驱动层、智云应用层、协议调试等教学实训内容。

（3）智云实训项目：通过实训挂板提供的硬件模块，组合形成各种复杂应用场景，提供完整的项目可行性分析、概要设计、功能设计、驱动设计、通信设计、部署测试等教学实训内容。

（4）智云综合案例：基于物联网智能家居结合到具体行业的应用案例，提供完整的案例开发手册及相关源代码。

硬件单元图如图 1.1.2 所示。

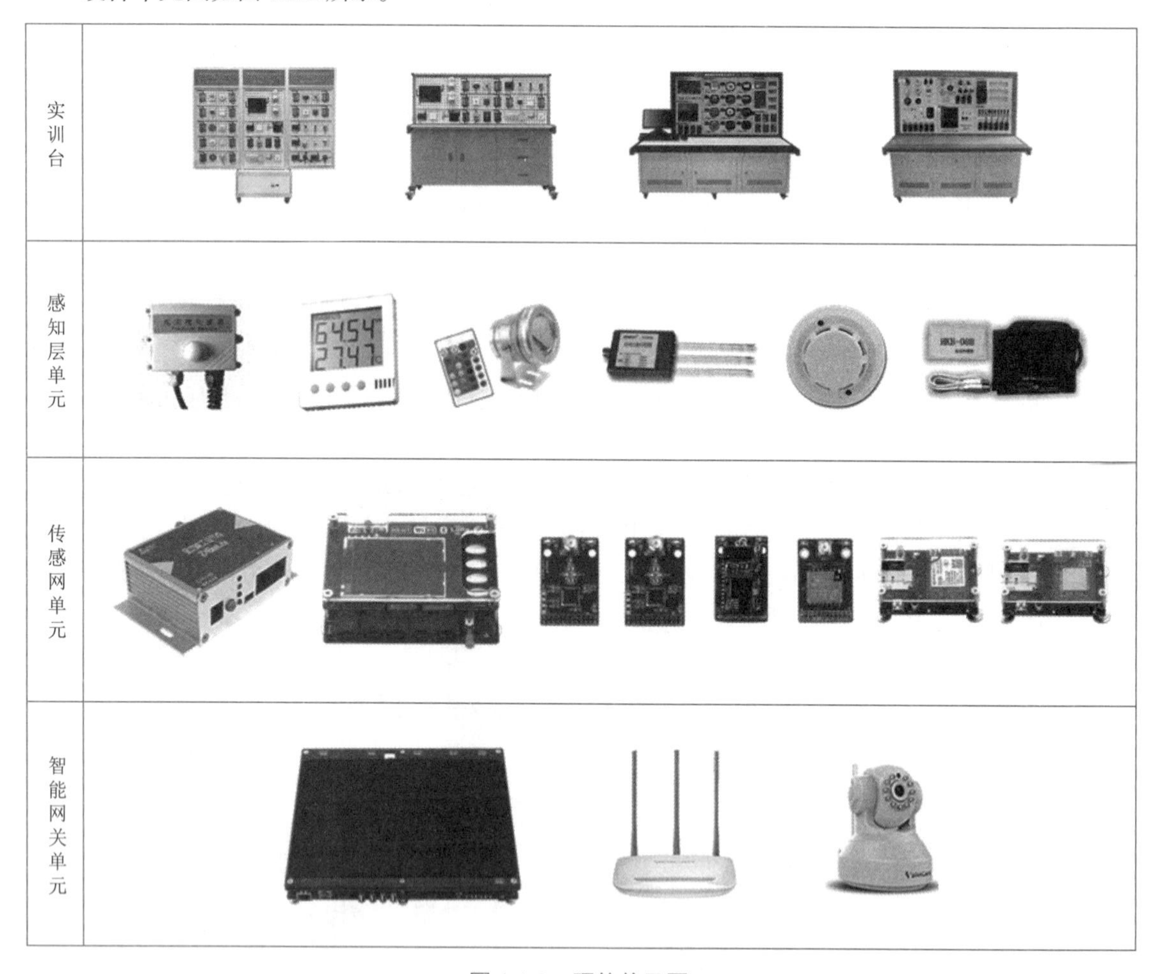

图 1.1.2　硬件单元图

智云工程应用实训平台基于智云物联开放互联云平台开发，开放全部源代码，覆盖硬件层、网络层、Android 应用、Web 应用，可以完成从基础到应用、从应用到项目的阶梯式实训教学。

（1）36 个工业智能传感器/执行器及基础实训例程，涵盖采集、报警、控制、通信、定位、摄像头等。

（2）多个精编实训项目，多种传感器/执行器的复合应用，包括智能门禁、电器控制、安防监控、环境采集、智能抄表、智能洪涝、智能路灯等。

（3）多个不同行业的综合物联网应用案例，包括家居、智慧城市、智慧工厂、智慧养老等。

硬件分布图如图 1.1.3 所示。

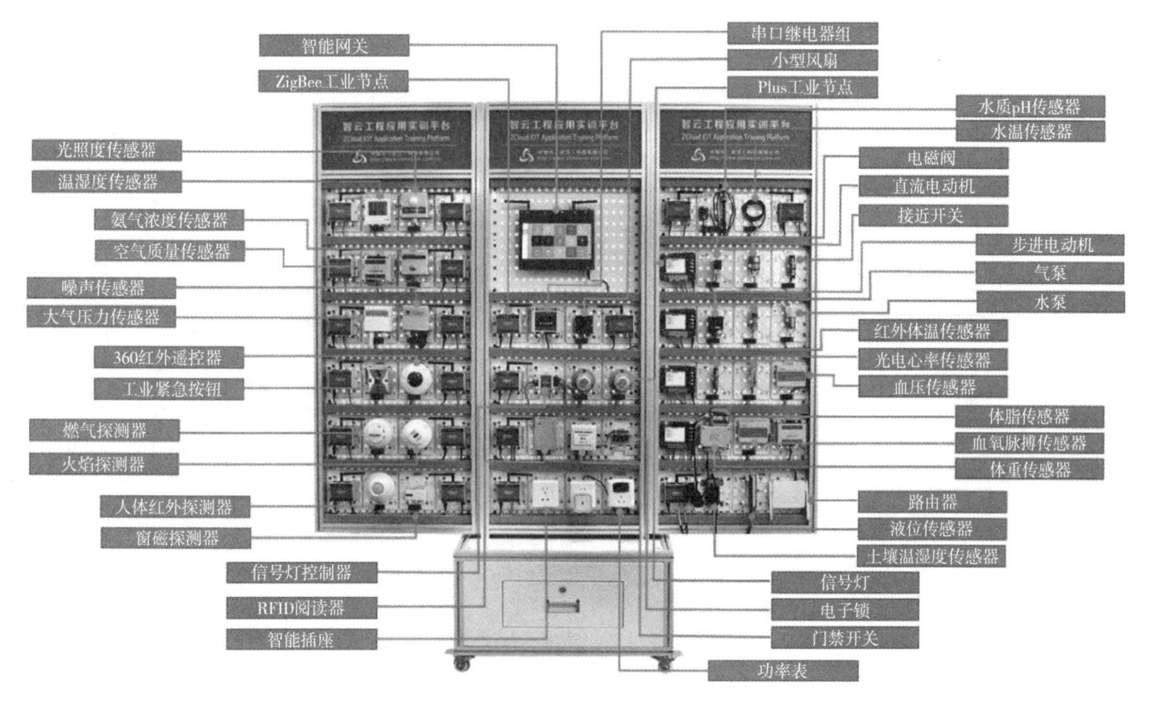

图 1.1.3　硬件分布图

二、实训目标

（1）加强对工程应用实训平台的硬件系统认知。

（2）完成工程应用平台的系统部署、参数配置，实现系统组网。

（3）掌握 ZCloudTools 对实训平台设备的操作演示。

三、实训环境

实训环境见表 1.1.1。

表 1.1.1　实训环境

项　目	具体信息
硬件环境	PC、Pentium 处理器、双核 2 GHz 以上、内存 4 GB 以上
操作系统	Windows 7 64 位及以上操作系统
实训软件	IAR For 8051, IAR For ARM, xLabTools, ZCloudTools
实训器材	工程应用实训平台

四、实训步骤

1. 工程平台硬件布局认知

请按照图 1.1.4 所示，检查工程平台上硬件设备是否完整，连接是否正确。

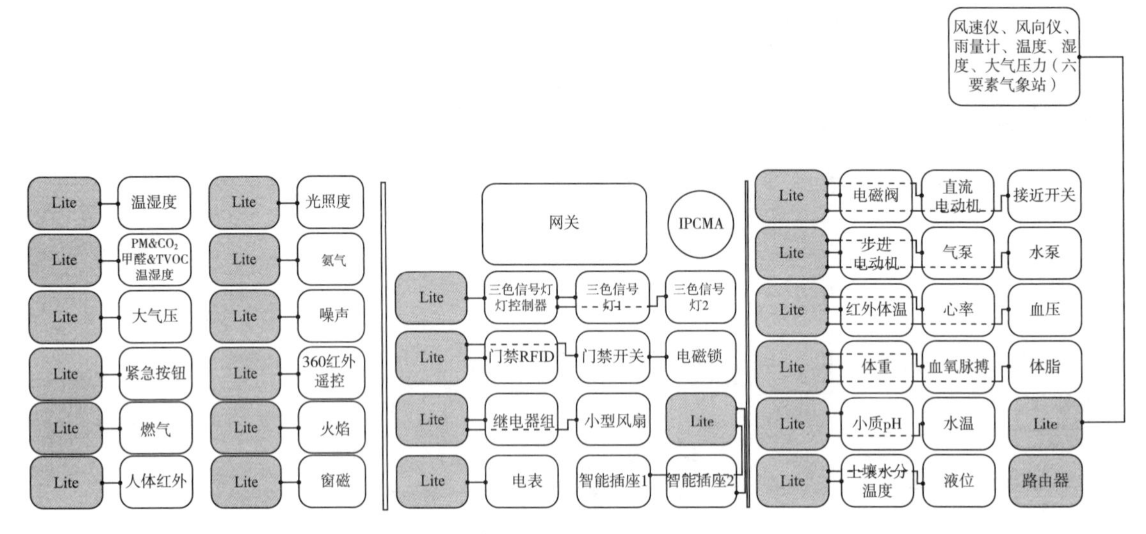

图 1.1.4 工程平台硬件布局认知图

2. 部署智云硬件

（1）准备一台测试用计算机，网线 2 条，实训工位标准配置硬件、SmartRF、J-Link 各 1 套。

（2）将 LiteB 节点、PlusB 节点、传感器、网关、路由器、摄像头安装在实训工位相应的位置。

（3）检查传感器接线顺序和接线端子号，确保硬件正确。

（4）各节点、网关要烧写相对应的程序。（各节点需要下载的程序在实训例程\01-DemoImage 目录下。）

（5）上电开机，确保节点组网成功。

3. 节点参数与智云服务配置

由于各个无线节点出厂镜像内网络参数一样，导致多个实训平台之间网络互相串扰。在多实训平台同时使用的场合，需要对节点网络参数进行修改。

实训平台提供 xLabTools 工具（DISK-xLabBase\02- 软件资料\05-测试工具\xLabTools①）用于无线节点网络参数的修改和更新。参考附录 A 的“xLabTools 工具设置”进行设置。每组实训平台的所有节点网络参数须保持一致且为唯一性。

参考附录 A 的“Android 网关智云服务设置”进行智云服务设置。

4. ZCloudTools 工具演示

ZCloudTools 软件在程序运行后就会进入图 1.1.5 所示界面。

1）配置项目

进入 ZCloudTools 主界面后，单击右下角的“菜单”按钮，或者 MENU 键，选择“配置网关”

① 类似资料可登录 http://www.tdpress.com/51eds/ 获取。

菜单选项，输入服务地址、用户账户和用户密钥（服务地址、智云 ID/KEY 要与“智云服务配置工具”中的配置信息完全相同），单击“确定”按钮保存，如图 1.1.6 所示（ZCloudTools 软件出厂默认已经填写了同“智云服务配置工具”软件相同的 ID/KEY 和服务地址，此步骤可省略）。

图 1.1.5 ZCloudTools 软件界面

图 1.1.6 项目配置图

2）综合演示

单击“综合演示”图标，进入节点拓扑图综合演示界面，等待一段时间后，就会形成所有传感节点的拓扑图结构，如图 1.1.7 所示。包括协调器、路由节点和终端节点。

单击节点的图标就可以进入相应的节点控制界面。图 1.1.8 所示为部分传感器的操作界面，用户可以自行操作，这里不再说明。

说明：采集类传感器以曲线形式显示采集到的值，安防类传感器检测到变化后会发出警报声并提示相关消息，控制类传感器可以直接控制相关的操作。

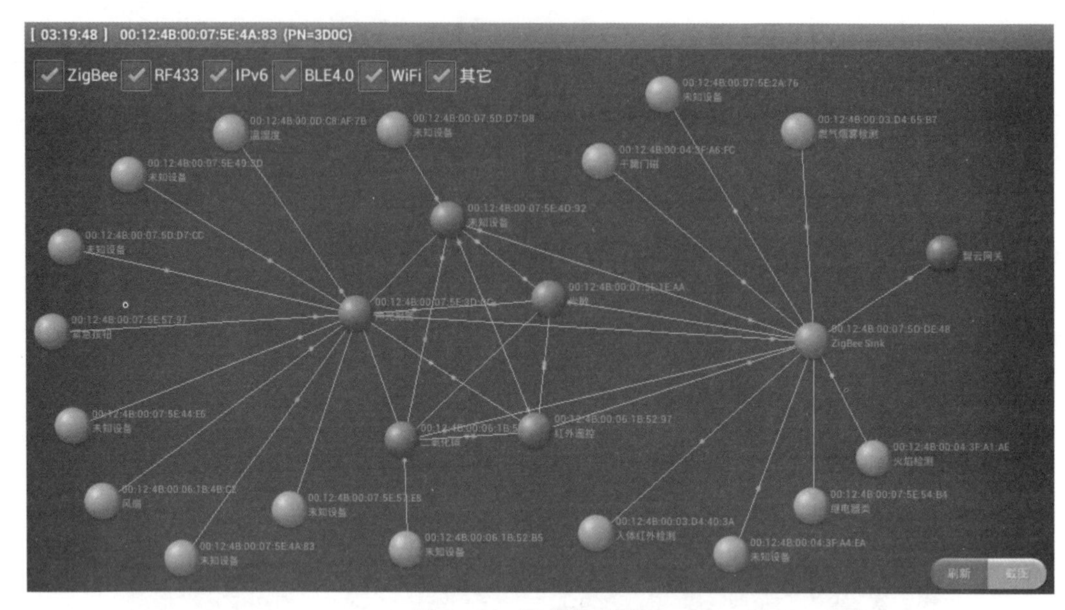

图 1.1.7　综合演示界面

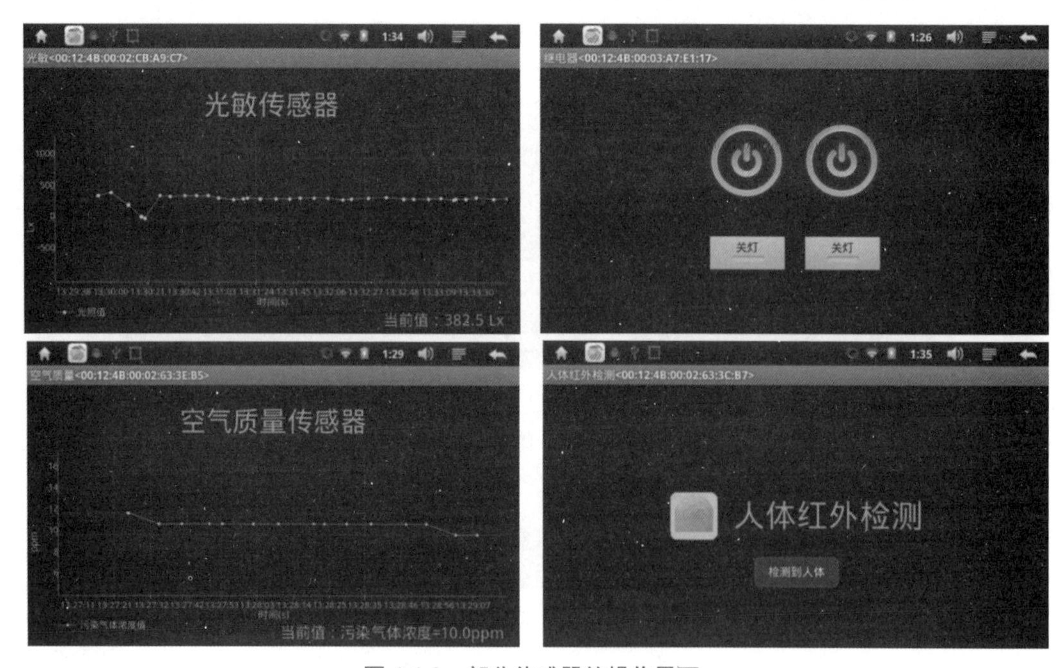

图 1.1.8　部分传感器的操作界面

3）历史数据

历史数据模块实现了获取指定设备节点某时间段的历史数据。单击“历史数据”图标进入历史数据查询功能模块，选择温湿度节点，通道选择 A0，时间范围选在“2015-1-1”至“2015-2-1”时间段，单击“查询”按钮，历史数据查询成功后会以曲线的形式显示在界面中，如图 1.1.9 所示。

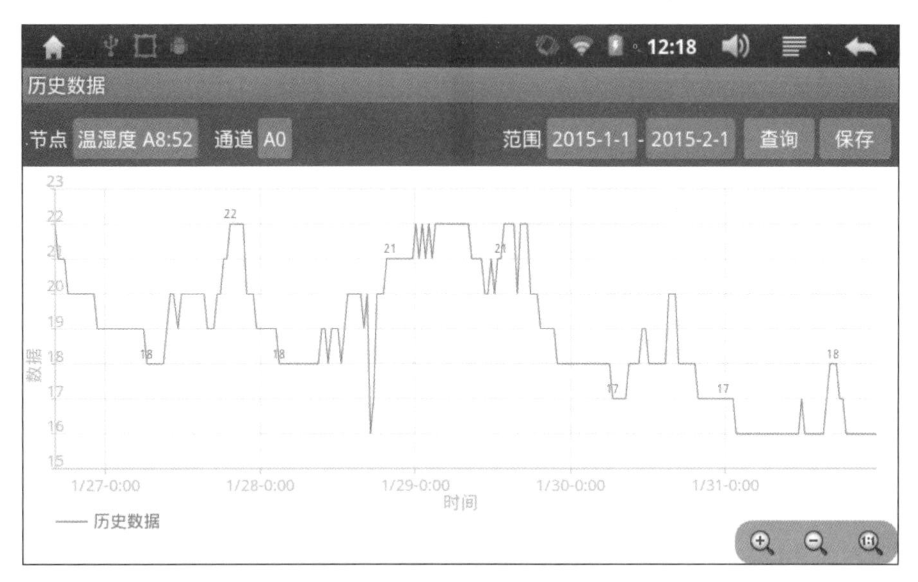

图 1.1.9　历史数据图

> **注意：**
> 只有当实训设备连入互联网，并且在智云数据中心中存储有该传感器采集到的值时，才能够查询到历史数据。在查询时尽量选择合理的时间范围进行查询。

4）远程更新

远程更新模块实现了通过发送命令对组网设备节点的 PANID 和 CHANNEL 进行更新。进入远程更新模块，左侧节点列表列出了组网成功的节点设备（PID=8212 CH=11 < 节点 MAC 地址 >），其中 PID 表示节点设备组网的 PANID，CH 表示其组网的 CHANNEL。依次单击复选框，选择所要更新的节点设备，输入 PANID 和 CHANNEL 号，单击“一键更新”按钮进行更新，如图 1.1.10 所示。

图 1.1.10　远程更新图

注意:

此处PANID的值为十进制，而底层代码定义的PANID的值为十六进制，需要自行转换。示例如下：8200(十进制) = 0x2008(十六进制)，通过{PANID=8200}命令将节点的PANID 修改为0x2008 。

五、注意事项

如果实训环境中有多组实训平台，一定注意实训平台的所有节点网络参数须保持一致且具有唯一性。

六、实训评价

过程质量管理见表 1.1.2。

表 1.1.2　过程质量管理

姓名			组名	
评分项目		分值	得分	组内管理人
通用部分（40 分）	团队合作能力	10		
	任务完成情况	10		
	功能实现展示	10		
	解决问题能力	10		
专业能力（60 分）	工程平台硬件布局认知与部署	20		
	节点入网参数设置	10		
	智云服务设置与连接	10		
	ZCloudTools 工具调试	20		
过程质量得分				

单元 2 智能家居可行性分析

实训 智能家居的可行性分析

一、相关知识

项目可行性分析报告又称项目可行性研究报告、可研报告，是一种格式比较固定的、用于向项目审核部门进行项目立项申报的商务文书。主要用来阐述项目在各个层面上的可行性与必要性，对于项目审核通过、获取资金支持、厘清项目方向、规划抗风险策略都有着相当重要的作用。

二、实训目标

（1）完成智能家居行业调研分析。

（2）完成项目可行性调研报告。

（3）完成项目功能需求规格说明书设计。

三、实训环境

实训环境见表 2.1.1。

表 2.1.1　实训环境

项　目	具体信息
硬件环境	PC、Pentium 处理器、双核 2 GHz 以上、内存 4 GB 以上
操作系统	Windows 7 64 位及以上操作系统

四、实训步骤

1. 项目可行性报告编写

智能家居项目可行性报告见表 2.1.2。

表 2.1.2　智能家居项目可行性报告

智能家居项目可行性报告
1. 引言 1.1 编写目的 【阐明编写可行性研究报告的目的，指明读者对象。】

续表

智能家居项目可行性报告
1.2 项目背景 【应包括： a. 所建议开发软件的名称； b. 项目的任务提出者、开发者、用户及实现软件的单位； c. 项目与其他软件或其他系统的关系。】 1.3 定义 【列出文档中所用到的专门术语的定义和缩写词的原文。】 1.4 参考资料 【列出有关资料的作者、标题、编号、发表日期、出版单位或资料来源，可包括： a. 项目经核准的计划任务书、合同或上级机关的批文； b. 与项目有关的已发表的资料； c. 文档中所引用的资料，所采用的软件标准或规范。】 2. 可行性研究的前提 2.1 要求 【列出并说明建议开发软件的基本要求，如 a. 功能； b. 性能； c. 输出； d. 输入； e. 基本的数据流程和处理流程； f. 安全与保密要求； g. 与软件相关的其他系统； h. 完成期限。】 2.2 目标 【可包括： a. 人力与设备费用的节省； b. 处理速度的提高； c. 控制精度或生产能力的提高； d. 管理信息服务的改进； e. 决策系统的改进； f. 人员工作效率的提高等。】 2.3 条件、假定和限制 【可包括： a. 建议开发软件运行的最短寿命； b. 进行系统方案选择比较的期限； c. 经费来源和使用限制； d. 法律和政策方面的限制； e. 硬件、软件、运行环境和开发环境的条件和限制； f. 可利用的信息和资源； g. 建议开发软件投入使用的最迟时间。】 2.4 可行性研究方法 2.5 决定可行性的主要因素 3. 对现有系统的分析 3.1 处理流程和数据流程 3.2 工作负荷 3.3 费用支出 【如人力、设备、空间、支持性服务、材料等项开支。】 3.4 人员 【列出所需人员的专业技术类别和数量。】

续表

智能家居项目可行性报告
3.5 设备 3.6 局限性 【说明现有系统存在的问题以及为什么需要开发新的系统。】 4. 所建议技术可行性分析 4.1 对系统的简要描述 4.2 处理流程和数据流程 4.3 与现有系统比较的优越性 4.4 采用建议系统可能带来的影响 4.4.1 对设备的影响 4.4.2 对现有软件的影响 4.2.3 对用户的影响 4.2.4 对系统运行的影响 4.2.5 对开发环境的影响 4.2.6 对运行环境的影响 4.2.7 对经费支出的影响 4.5 技术可行性评价 【包括： a. 在限制条件下，功能目标是否能达到； b. 利用现有技术，功能目标是否能达到； c. 对开发人员数量和质量的要求，并说明能否满足； d. 在规定的期限内，开发能否完成。】 5. 所建议系统经济可行性分析 5.1 支出 5.1.1 基建投资 5.1.2 其他一次性支出 5.1.3 经常性支出 5.2 效益 5.2.1 一次性收益 5.2.2 经常性收益 5.2.3 不可定量收益 5.3 收益 / 投资比 5.4 投资回收周期 5.5 敏感性分析 【敏感性分析是指一些关键性因素，如：系统生存周期长短、系统工作负荷量、处理速度要求、设备和软件配置变化对支出和效益的影响等的分析。】 6. 社会因素可行性分析 6.1 法律因素 【如合同责任、侵犯专利权、侵犯版权等问题的分析。】 6.2 用户使用可行性 【如用户单位的行政管理、工作制度、人员素质等能否满足要求。】 7. 其他可供选择的方案 【逐个阐明其他可供选择的方案，并重点说明未被推荐的理由。】 8. 结论意见 【结论意见可能是： a. 可着手组织开发； b. 待若干条件（如资金、人力、设备等）具备后才能开发； c. 需对开发目标进行某些修改； d. 不能进行或不必进行（如技术不成熟，经济上不合算等）； e. 其他。】

2. 智能家居功能需求设计

智能家居项目功能需求规格说明书见表 2.1.3。

表 2.1.3 智能家居项目功能需求规格说明书

智能家居项目功能需求规格说明书
1. 引言 1.1 编写目的 【阐明编写需求说明书的目的，指明读者对象。】 为明确软件需求、安排项目规划与进度、组织软件开发与测试，撰写本文档。 本文档供项目经理、设计人员、开发人员参考。 1.2 项目背景 a. 项目的委托单位、开发单位和主管部门； b. 该软件系统与其他。 1.3 定义 【列出文当中所用到的专门术语的定义和缩写词的原文。】 1.4 参考资料 a. 项目经核准的计划任务书、合同或上级机关的批文； b. 项目开发计划； c. 文档所引用的资料、标准和规范，列出这些资料的作者、标题、编号、发表日期、出版单位或资料来源。 2. 任务概述 2.1 目标 2.2 运行环境 2.3 条件与限制 3. 数据描述 3.1 静态数据 3.2 动态数据 【包括输入数据和输出数据。】 3.3 数据库介绍 【给出使用数据库的名称和类型。】 3.4 数据词典 3.5 数据采集 4. 功能需求 4.1 功能划分 4.2 功能描述 5. 性能需求 5.1 数据精确度 5.2 时间特性 【如响应时间、更新处理时间、数据转换与传输时间、运行时间等。】 5.3 适应性 【在操作方式、运行环境、与其他软件的接口以及开发计划等发生变化时，应具有适应能力。】 6. 运行需求 6.1 用户界面 【如屏幕格式、报表格式、菜单格式、输入/输出时间等。】 6.2 硬件接口 6.3 软件接口 6.4 故障处理 7. 其他需求 【如可使用性、安全保密、可维护性、可移植性等。】

五、注意事项

项目功能需求规格说明书的设计需要对项目的每项功能有清晰的认识，相当于提前编写的产品使用手册，对系统的每项功能都要仔细描述。

六、实训评价

过程质量管理见表 2.1.4。

表 2.1.4　过程质量管理

<table>
<tr><th colspan="2">姓名</th><th></th><th>组名</th><th></th></tr>
<tr><th colspan="2">评分项目</th><th>分值</th><th>得分</th><th>组内管理人</th></tr>
<tr><td rowspan="4">通用部分（40 分）</td><td>团队合作能力</td><td>10</td><td></td><td rowspan="6"></td></tr>
<tr><td>任务完成情况</td><td>10</td><td></td></tr>
<tr><td>功能实现展示</td><td>10</td><td></td></tr>
<tr><td>解决问题能力</td><td>10</td><td></td></tr>
<tr><td rowspan="2">专业能力（60 分）</td><td>编写完成项目可行性报告</td><td>30</td><td></td></tr>
<tr><td>编写完成项目功能需求说明书</td><td>30</td><td></td></tr>
<tr><td colspan="2">过程质量得分</td><td colspan="2"></td><td></td></tr>
</table>

单元3 智能家居系统概要设计

实训 智能家居的系统概要设计

一、相关知识

系统概要设计的主要任务是把需求分析得到的系统扩展用例图转换为软件结构和数据结构。设计软件结构的具体任务是：将一个复杂系统按功能进行模块划分、建立模块的层次结构及调用关系、确定模块间的接口及人机界面等。数据结构设计包括数据特征的描述、确定数据的结构特性、数据库的设计。

二、实训目标

（1）完成项目概要设计书编写。

（2）完成项目子功能模块的划分与设计。

（3）完成系统模块中传感器的选型。

（4）完成系统无线网络的分析与设计。

三、实训环境

实训环境见表 3.1.1。

表 3.1.1 实训环境

项 目	具体信息
硬件环境	PC、Pentium 处理器、双核 2 GHz 以上、内存 4 GB 以上
操作系统	Windows 7 64 位及以上操作系统

四、实训步骤

1. 系统总体架构设计

结合对项目总体的认知，绘制系统总体架构图，如图 3.1.1 所示。

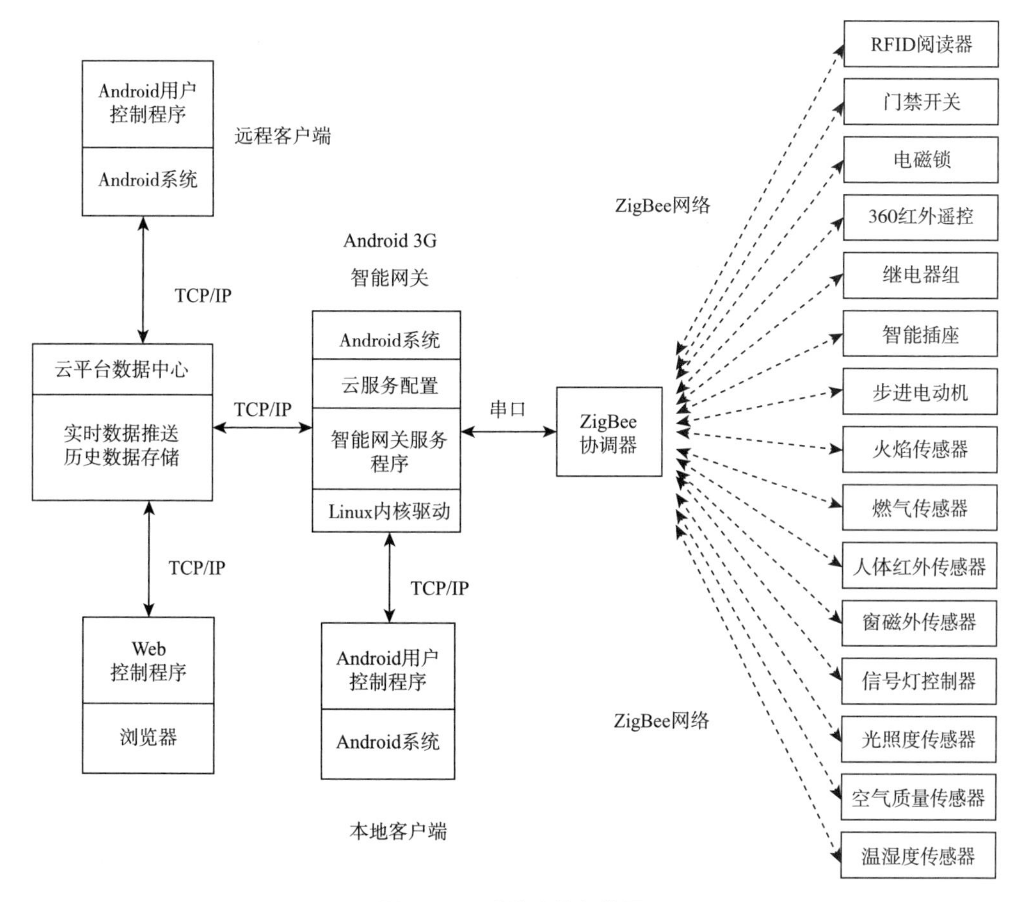

图 3.1.1　系统总体架构图

2. 功能模块划分

根据项目的服务分类将子系统设计为如下子系统模块，如图 3.1.2 所示。

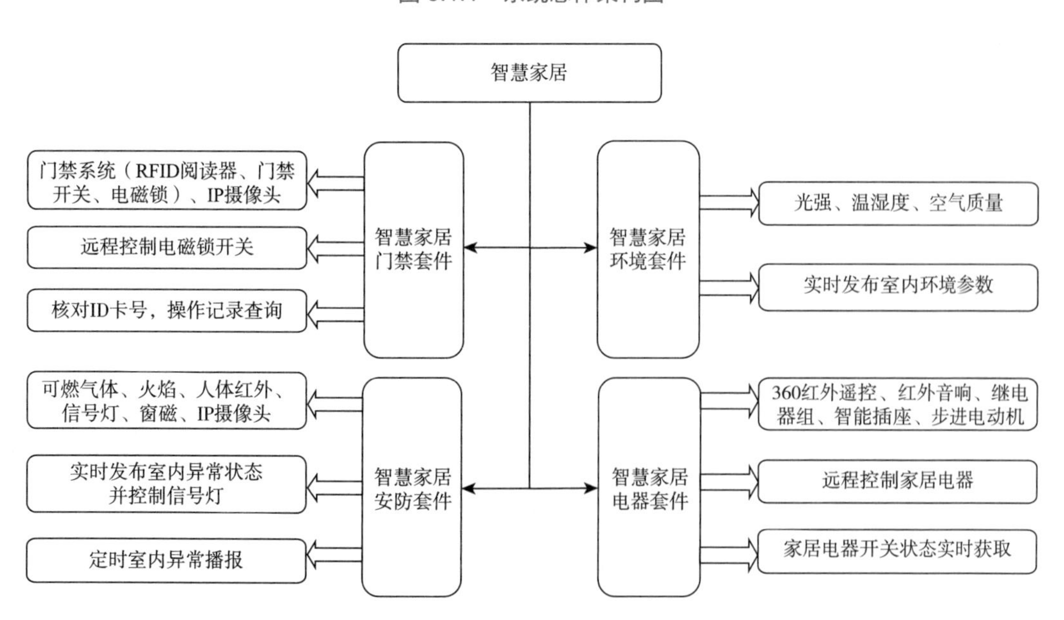

图 3.1.2　功能模块划分框架图

3. 硬件选型分析

根据智能家居系统子系统的分类可确定传感器种类，见表 3.1.2。

表 3.1.2 传感器种类

功能模块	传感器（选型）
环境监测系统	温湿度传感器、光照度传感器、空气质量传感器
安全防护系统	燃气传感器、火焰传感器 、人体红外传感器 、信号灯控制器、信号灯、窗磁传感器 、IP 摄像头
电器控制系统	360 红外遥控 、红外音响、继电器组、智能插座、步进电动机
门禁管理系统	RFID 阅读器、门禁开关、电磁锁、IP 摄像头、无线路由器

4. 无线网络设计分析

无线网络设计分析见表 3.1.3。

表 3.1.3 无线网络设计分析

通信技术	通信距离	功耗	优势	常用领域
ZigBee	50~300 m	低功耗： 发射时（CPU 空闲）：24 mA； 接收时（CPU 空闲）：29 mA； PM1 模式：0.2 mA； PM2 模式：1 μA； PM3 模式：0.4 μA； 宽电源电压范围：2 ~ 3.6 V	成本低、网络容量大、延时短，网络的自组织、自愈能力强，通信可靠、数据安全等	数字家庭领域、工业领域、智能交通等
BLE	2~100 m	功耗介于 ZigBee 和 Wi-Fi 之间	低功耗、低成本、高安全性等	通信、汽车、IT、多媒体、工业、医疗、教育等
Wi-Fi	100~300 m	发射功率：18.0 dBm ； 实时时钟（RTC）休眠：4 μA； 低功耗深度睡眠 (LPDS)：120 μA； RX 流量（MCU 激活）：59 mA； TX 流量（MCU 激活）：229 mA； 空闲连接（处于 LPDS 中的 MCU）：695 μA	传输速度快、成本较低等	云连通性、家庭自动化、家用电器、访问控制、安防系统、智能能源、智能插座和仪表计量等
LoRa	可达到十几千米，城市 1~2 km，郊区可达到 20 km	Sleep 模式：0.2~1 μA； 空闲模式：1.5 μA； 待机模式：1.6~1.8 mA； 合成器模式下的电源电流：5.8 mA； 接收模式：10.8~12.0 mA； 发送模式：20~120 mA	低功耗、广覆盖、低成本等	自动抄表、家庭和楼宇、无线报警和安防系统、工业监视与控制、远程灌溉系统

续表

通信技术	通信距离	功耗	优势	常用领域
NB-IoT	可达到十几千米，一般情况下 10 km 以上	CONNECT 状态：最大发射电流 336 mA； 接收电流：40 mA； IDLE 状态：2 mA； Sleep 状态：5 μA	强连接，比现有技术提高 50 ~ 100 倍的接入数量。 高覆盖，比 LTE 提升 20 dBm 增益，适合地下车库、深井等应用场景。 低功耗，电池供电使用时间提升到数年之久。 低成本，复用现有基站设备节省成本。 全频段，支持 B1、B2、B3、B5、B8、B20 等频段	智能环境监测、智能抄表、智能家居、物流跟踪等
LTE	1~15 km	关机情况下：20 μA； 休眠情况下：3 mA	通信速率提高、频谱效率提高、系统部署灵活、降低无线网络延时、向下兼容性	4G 增强车载 / 运输管理系统、LTE 联网视频摄影机、LTE 城市智慧交通系统

根据上述分析，选择 ZigBee 无线通信方式，绘制无线网络设计图，如图 3.1.3 所示。

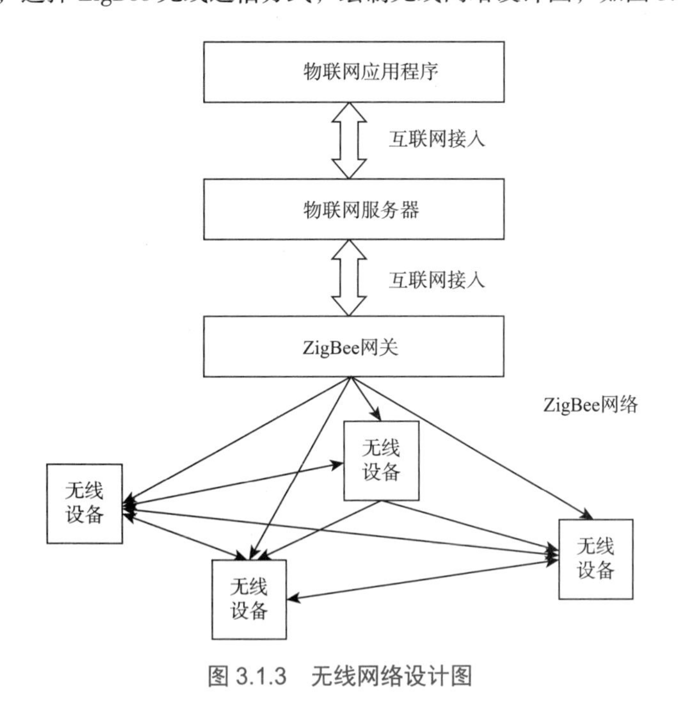

图 3.1.3　无线网络设计图

五、注意事项

项目系统总体架构设计是对项目软件与硬件的总体全面的描述。绘制架构图时，系统的层次架构、通信方式要准确合理。

六、实训评价

过程质量管理见表 3.1.4。

表 3.1.4　过程质量管理

姓名			组名	
评分项目		分值	得分	组内管理人
通用部分（40 分）	团队合作能力	10		
	任务完成情况	10		
	功能实现展示	10		
	解决问题能力	10		
专业能力（60 分）	完成系统总体架构设计	15		
	完成系统功能模块划分设计	15		
	完成系统传感器选型	15		
	完成系统无线网络设计	15		
过程质量得分				

单元 4 智能家居（智能门禁模块）系统设计

在本单元里，主要围绕着智能家居（智能门禁模块）系统展开多个实训项目，主要分为 4 个实训，分别是实训 1 智能家居（智能门禁模块）功能设计、实训 2 智能家居（智能门禁模块）驱动设计、实训 3 智能家居（智能门禁模块）通信设计和实训 4 智能家居（智能门禁模块）部署测试。

实训 1　智能家居（智能门禁模块）功能设计

一、相关知识

（1）智能门禁系统设计功能及目标如下：

① 基础功能是通过 RFID 模块读取卡号并控制电磁锁开关；

② 远程控制电磁锁开关；

③ 核对 ID 卡号，操作记录查询。

（2）智能门禁系统从传输过程分为 3 部分，即传感节点、网关、客户端（Android、Web）。具体通信描述如下：

① 搭载了传感器的 ZXBee 无线节点，加入到网关的协调器组建的 ZigBee 无线网络，并通过 ZigBee 无线网络进行通信。

② ZXBee 无线节点获取传感器的数据后，通过 ZigBee 无线网络，将传感器数据发送给网关的协调器，协调器通过串口将数据发送给网关服务，通过实时数据推送服务将数据推送给网关客户端和智云数据中心。

③ 客户端（Android、Web）应用通过调用智云数据接口，经数据中心，实现实时获取摄像头数据及控制电磁锁开关等功能。

二、实训目标

（1）完成智能门禁模块功能分析设计，设计绘制功能模块图。

（2）通过对本模块的业务流程分析，设计绘制业务流程图。

（3）通过对本模块功能的要求分析，完成智能门禁模块使用传感器设备选型与测试。

三、实训环境

实训环境见表 4.1.1。

表 4.1.1　实训环境

项　目	具体信息
硬件环境	PC、Pentium 处理器、双核 2 GHz 以上、内存 4 GB 以上
操作系统	Windows 7 64 位及以上操作系统
实训软件	IAR For 8051, IAR For ARM, xLabTools, ZCloudTools
实训器材	电子锁（ZY-MSxIO）、门禁开关（ZY-MJKGxIO）、RFID 阅读器（ZY-RFMJx485）、LiteB 无线节点
实训配件	SmartRF04EB 仿真器、USB 串口线、12 V 电源

四、实训步骤

1. 模块功能分析设计

智能门禁系统设计功能及目标如图 4.1.1 所示。

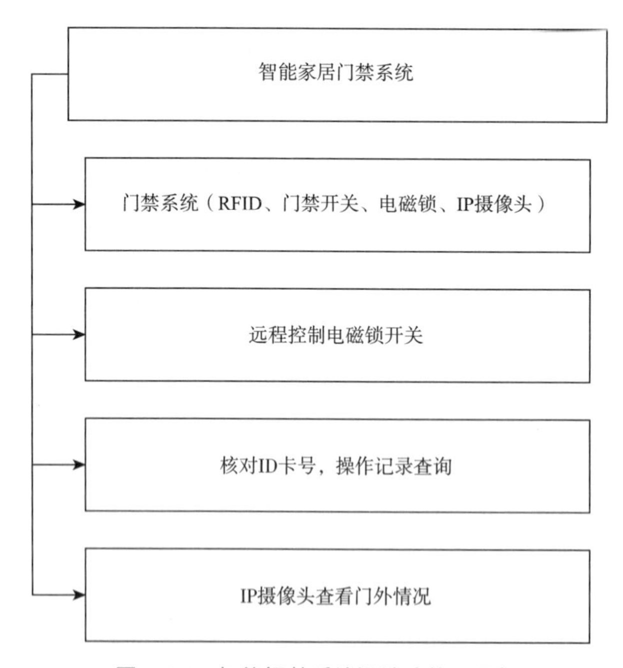

图 4.1.1　智能门禁系统设计功能及目标

2. 模块业务流程分析

智能门禁系统模块业务流程分析图如图 4.1.2 所示。

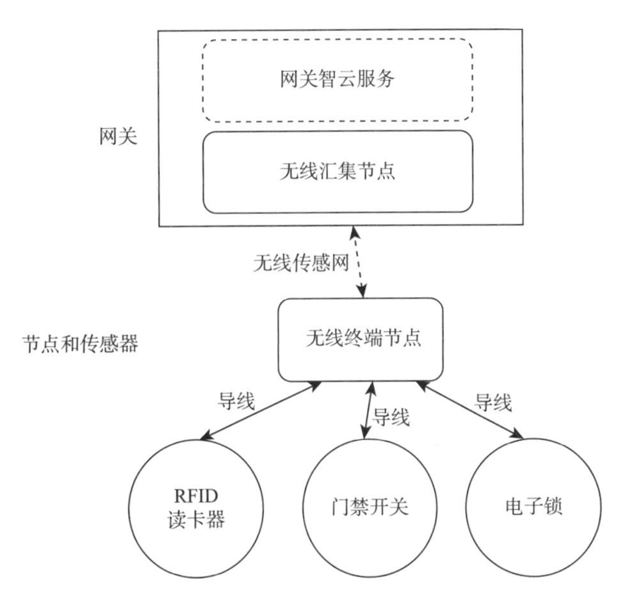

图 4.1.2　智能门禁系统模块业务流程分析图

3. 传感器选型分析

本实训使用商业电磁锁，如图 4.1.3 所示。通信方式为 I/O 电平通信，型号为 ZY-MS001xIO。电磁锁通过 RJ-45 端口与 LiteB 节点的 B 端子连接。连接到引脚 P0_6，原理图如图 4.1.4 所示。

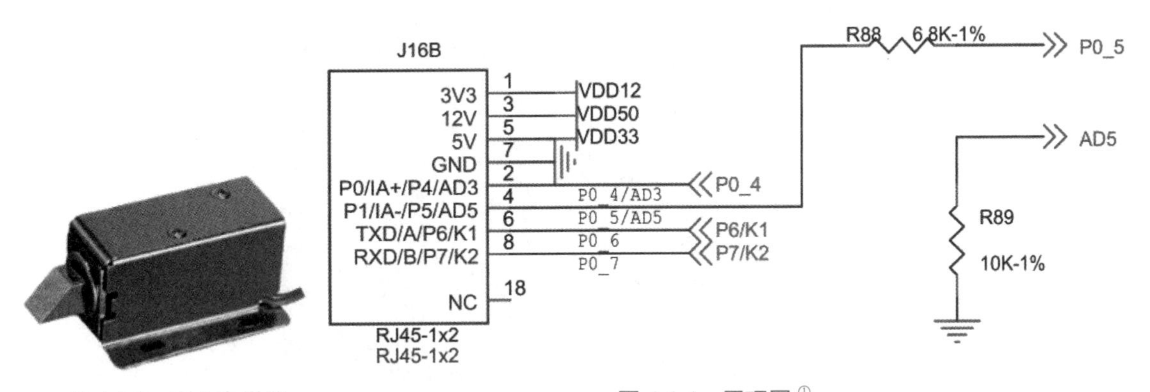

图 4.1.3　商业电磁锁　　　　图 4.1.4　原理图①

在实际的使用过程中，电磁锁由 LiteB 节点的 B 端子的 K1 控制，默认控制状态为关闭，当向 K1 接口写高电平时，电磁锁打开。

本实训使用商业 RFID 阅读器传感器，如图 4.1.5 所示。通信接口为 RS-485，型号为 ZY-MJXT001x485。RFID 门禁接 LiteB 节点端子 A（RS-485）。

RFID 阅读器传感器采用 RS-485 通信协议，RS-485 通信配置为：波特率 19 200、8 位数据位、偶校验位、无硬件数据流控制、1 位停止位。

本实训使用商业门禁开关，如图 4.1.6 所示，型号为 ZY-MJKGxIO。门禁开关控制电子锁负极，按下开关，接通负极。

① 本书电路图均为仿真软件截图，其电路元件图形符号与国家标准符号不符，二者对照关系参见附录 C。

图 4.1.5　商业 RFID 阅读器传感器

图 4.1.6　商业门禁开关

4. 传感器功能测试

智能门禁模块硬件选型使用设备如下：电子锁（ZY-MSxIO）、门禁开关（ZY-MJKGxIO）、RFID 阅读器（ZY-RFMJx485）、LiteB 无线节点。

1）硬件部署

硬件部署图如图 4.1.7 所示。

图 4.1.7　硬件部署图

其中门禁开关模块通过 RJ-45 线连接到 LiteB 无线节点的 B 端口，RFID 阅读器模块通过 RJ-45 线连接到 LiteB 无线节点的 A 端口，电磁锁模块通过电源线连接到门禁开关。

2）程序下载

本实训使用设备节点出厂镜像，代码路径：实训例程\04-AccessControlFunction\16- 门禁系统 02.hex。

当 LiteB 节点需要恢复出厂设置时，通过 Smart Flash Programmer 软件向 LiteB 节点中烧录相对应的出厂镜像，即 .hex 文件即可。

3）节点参数与智云服务配置

参照单元 1 的实训步骤“节点参数与智云服务配置”实训步骤进行操作。

4）硬件测试

参照附录 A 的 FwsTools 设置与使用，测试本模块选型的硬件设备功能是否正常，如图 4.1.8 所示。

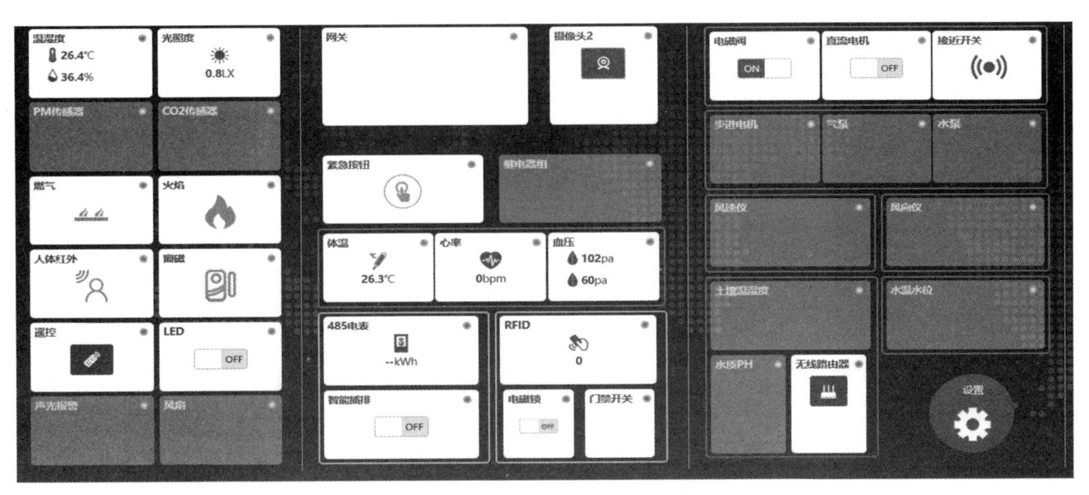

图 4.1.8　FwsTools 设置与使用

五、注意事项

传感器在选型时，注意传感器设备使用的通信方式与通信协议，是否能同无线节点程序兼容，以方便后续驱动程序开发。

六、实训评价

过程质量管理见表 4.1.2。

表 4.1.2　过程质量管理

姓名			组名	
评分项目		分值	得分	组内管理人
通用部分（40 分）	团队合作能力	10		
	任务完成情况	10		
	功能实现展示	10		
	解决问题能力	10		
专业能力（60 分）	完成门禁模块功能分析设计	20		
	完成门禁模块业务流程分析	20		
	完成门禁模块传感器选型与测试	20		
过程质量得分				

实训 2　智能家居（智能门禁模块）驱动设计

一、相关知识

RFID 门禁的通信接口为 RS-485，通过 RS-485 串口发送指令获取 RFID 卡号。通过网线连接到 LiteB 节点的 A 端口。函数及说明见表 4.2.1。

表 4.2.1　函数及说明

函数名称	函数说明
void node_uart_init(void)	功能： RS-485 串口通信初始化
void uart_485_write(uint8 *buf, uint16 len)	功能： RS-485 串口写数据。 参数： *buf ——输入，数据缓冲区； len ——输入，数据长度
static void uart_callback_func(uint8 port, uint8 event)	功能： RS-485 通信回调函数。 参数： port ——输入，端口号； event ——输入，事件编号
void node_uart_callback(uint8 port, uint8 event)	功能： 获取卡号，将数据发送出去。 参数： port ——输入，端口号； event ——输入，事件编号
static uint8 xor_check(uint8* buf, uint8 len)	功能： 通用异或校验。 参数： buf ——输入，校验起始指针； len ——输入，校验数组长度。 返回： xor ——校验和
char* ASCI_16(int c)	功能： 将 ASCII 码转换成十六进制。 参数： c——要转换的值。 返回： b——十六进制数组

二、实训目标

（1）搭建驱动开发与调试环境，完成电子锁、门禁开关、RFID 阅读器的连接与设置。

（2）设计 RFID 阅读器设备的 CC2530 处理器驱动程序，通过代码调试分析驱动程序读卡、存储功能。

（3）设计电磁锁模块的 CC2530 处理器驱动程序，通过代码调试分析驱动程序开关锁、延时处理功能。

三、实训环境

实训环境见表 4.2.2。

表 4.2.2　实训环境

项　目	具体信息
硬件环境	PC、Pentium 处理器、双核 2 GHz 以上、内存 4 GB 以上
操作系统	Windows 7 64 位及以上操作系统
实训软件	IAR For 8051, IAR For ARM, xLabTools, ZCloudTools
实训器材	电子锁（ZY-MSxIO）、门禁开关（ZY-MJKGxIO）、RFID 阅读器（ZY-RFMJx485）、LiteB 无线节点
实训配件	SmartRF04EB 仿真器、USB 串口线、12 V 电源

四、实训步骤

1. 智能门禁模块硬件连线

智能门禁模块硬件连线如图 4.2.1 所示。

图 4.2.1　智能门禁模块硬件连线

2. RFID 阅读器驱动设计与调试

本实训代码路径：实训例程\05-AccessControlDriver\LiteB\MJXT002x485\Source。

参照附录 A 的 LiteB 节点驱动代码下载与调试将智能门禁系统代码下载到 LiteB 节点中。

1）RFID 阅读器发送读卡指令

如图 4.2.2 所示，找到 sensor.c 文件里面的 sensorInit() 函数，对 RS-485 进行配置。

```
 94  ******************************************************************************
 95  void sensorInit(void)
 96  {
 97    node_uart_init();                                          // RFID功能初始化
 98    // 门锁初始化
 99    ELECLOCK_SEL &= ~ELECLOCK_BV;
100    ELECLOCK_DIR |= ELECLOCK_BV;
101
102    sensorControl(D1);
103
104    // 启动定时器，触发传感器上报数据事件：MY_REPORT_EVT
105    osal_start_timerEx(sapi_TaskID, MY_REPORT_EVT, (uint16)((osal_rand()%10) * 1000)
106    // 启动定时器，触发传感器监测事件：MY_CHECK_EVT
107    osal_start_timerEx(sapi_TaskID, MY_CHECK_EVT, 100);
108    osal_start_timerEx( sapi_TaskID, MY_READCARD_EVT, (uint16)(f_usMyReadCardDelay *
109
110
111  }
112  /******************************************************************************
```

图 4.2.2 sensorInit() 函数

如图 4.2.3 所示，node_uart_init() 函数是 RFID 功能初始化函数。

```
34  void node_uart_init(void)
35  {
36    halUARTCfg_t _UartConfig;                                 // 初始化结构体
37
38    // UART配置
39    _UartConfig.configured           = TRUE;                  // 启用串口
40    _UartConfig.baudRate             = HAL_UART_BR_19200;     // 配置波特率为19200
41    _UartConfig.flowControl          = FALSE;                 // 关闭硬件数据流控制
42    _UartConfig.rx.maxBufSize        = 128;                   // 接收最大字节数为128
43    _UartConfig.tx.maxBufSize        = 128;                   // 发送最大字节数为128
44    _UartConfig.flowControlThreshold = (128 / 2);
45    _UartConfig.idleTimeout          = 6;
46    _UartConfig.intEnable            = TRUE;                  // 启动串口
47    _UartConfig.callBackFunc         = uart_callback_func;    // 配置串口数据回调函数
48
49    // 启动 UART
50    HalUARTOpen (HAL_UART_PORT_0, &_UartConfig);
51    U0UCR = 0x38| U0UCR;                                      // 偶校验
52  }
```

图 4.2.3 node_uart_init() 函数

如图 4.2.4 所示，在 MyEventProcess 函数中 uart_485_write() 函数通过 RS-485 发送卡号读取指令给 RFID 模块。

```
253  * 注释:
254  ******************************************************************************/
255  void MyEventProcess( uint16 event )
256  {
257    if (event & MY_REPORT_EVT) {
258      sensorUpdate();
259      //启动定时器，触发事件：MY_REPORT_EVT
260      osal_start_timerEx(sapi_TaskID, MY_REPORT_EVT, V0*1000);
261    }
262    if (event & MY_CHECK_EVT) {
263      sensorCheck();
264      // 启动定时器，触发事件：MY_CHECK_EVT
265      osal_start_timerEx(sapi_TaskID, MY_CHECK_EVT, 100);
266    }
267
268    if(event & MY_READCARD_EVT){                      //当协议栈时间轮询到MY_READCARD_EV
269      if((D0 & 0x01) == 1){                          //若允许上报，则进行读卡操作
270        sprintf(A0, "%s", "0");                      //重置A0的值
271        uart_485_write(f_szReadCardCmd, sizeof(f_szReadCardCmd)); //发送RFID读取指令
272      }
273      //启动定时器，触发事件：MY_READCARD_EVT
274      osal_start_timerEx( sapi_TaskID, MY_READCARD_EVT, (uint16)(f_usMyReadCardDelay * 1000));
```

图 4.2.4 uart_485_write() 函数

如图 4.2.5 所示，发送读卡指令，保存在 f_szReadCardCmd[] 数组中。

```
35  #define RELAY1            P0_6          // 定义继电器控制引脚
36  #define RELAY2            P0_7          // 定义继电器控制引脚
37  #define ON                0             //宏定义打开状态控制为ON
38  #define OFF               1             //宏定义关闭状态控制为OFF
39  /*********************************************************************
40  * 全局变量
41  *********************************************************************
42  static uint16 V0 = 30;                  // V0设置为上报时间间隔，
43  static uint8 D0 = 3;                    // 默认打开主动上报功能
44  uint8 D1 = 0;                           // 电磁锁电源初始状态为关
45  uint8 A0[16];                           // A0存储卡号
46  uint16 f_usMyReadCardDelay = 1;         // 设置1s读卡间隔
47  uint16 f_usMyCloseDoorDelay = 3;        // 开门到关门延时时间
48  uint8 f_szReadCardCmd[] = {0x09,0x41,0x31,0x46,0x33,0x46,0x0D};// 读卡指令
49
50  /*********************************************************************
51  * 名称：updateV0()
52  * 功能：更新V0的值
53  * 参数：*val -- 待更新的变量
54  * 返回：
```

图 4.2.5　f_szReadCardCmd[] 数组

2）RFID 读取卡号

在读取指令发送后，在 RFIDdriver.c 文件中，通过 RS-485 通信回调函数 node_uart_callback() 读取卡号。通过 HalUARTRead() 函数读取数据保存在 ch 变量中，如图 4.2.6 所示，然后判断读取的数据。

```
106   int len = 0;
107   char *buf = NULL;
108   char szData[32];
109   uint8 x = 0;
110   uint16 cmd = 0;
111   while (Hal_UART_RxBufLen(port)){                 // 获取串口接收到的参数
112     HalUARTRead (port, &ch, 1);                    // 提取数据
113     switch(state)
114     {
115     case 0:
116       if(ch == 0x0A)
117         state = 1;
118       else state = 0;
119       break;
120     case 1:
121       if(ch == 0x41)
122         state = 2;
123       else state = 0;
124       break;
```

图 4.2.6　HalUARTRead() 函数 1

当读到 0x30 的时候，表示检测到刷卡。将读到的数据保存在 rbuf [] 中，如图 4.2.7 所示，然后进行数据的检验，将 ASCII 码转换成十六进制的数据，再提取卡号。

```
136         if(ch == 0x30)
137           state = 5;
138         else state = 0;
139         break;
140       case 5:
141         rbuf[rlen++]  = ch;
142         if(rlen == 16)
143           state = 6;
144         break;
145       case 6:
146         x = xor_check(rbuf, 13);
147         chk_sum = ASCI_16(x);
148         if ((chk_sum[0] == rbuf[13])&&(chk_sum[1] == rbuf[14])) {
149           rbuf[13]='\0';
150           for(int x=0; x<=8; x+=2)
151           {
152             buf[x] = rbuf[(8-x)+3];
153             buf[(x+1)] = rbuf[(8-x)+4];
154           }
```

图 4.2.7　HalUARTRead() 函数 2

如图 4.2.8 所示，将得到的卡号保存在 buf [8] 中，卡号为 8 位。

```
154           }
155           for(int y=0; y<8; y++)
156           {
157             rbuf[y+5] = buf[y];
158           }
159           buf[8] = '\0';
160           char* result = NULL;
161           result = strstr(legal_ID, buf);
162           if(legalSum < maxLegalSum)
163           {
164             if(result == NULL)
165             {
166               strcpy(&legal_ID[legalSum*8], buf);
167               legalSum++;
168             }
169           }
170           if(result > 0)
171           {
172             D1 |= 0x01;
```

图 4.2.8　HalUARTRead() 函数 3

3）调试卡号的读取过程

在 MyEventProcess() 函数的 uart_485_write() 中设置断点，运行程序，程序运行至断点处，将读卡指令发送给 RFID 门禁，如图 4.2.9 所示。

```
259     //启动定时器，触发事件：MY_REPORT_EVT
260     osal_start_timerEx(sapi_TaskID, MY_REPORT_EVT, V0*1000);
261   }
262   if (event & MY_CHECK_EVT) {
263     sensorCheck();
264     // 启动定时器，触发事件：MY_CHECK_EVT
265     osal_start_timerEx(sapi_TaskID, MY_CHECK_EVT, 100);
266   }
267
268   if(event & MY_READCARD_EVT){                        //当协议栈时间
269     if((D0 & 0x01) == 1){                             //若允许上报，
270       sprintf(A0, "%s", "0");                         //重置A0的值
271       uart_485_write(f_szReadCardCmd, sizeof(f_szReadCardCmd)); //发送RFID读取
272     }
273     //启动定时器，触发事件：MY_READCARD_EVT
274     osal_start_timerEx( sapi_TaskID, MY_READCARD_EVT, (uint16)(f_usMyReadCardD
275   }
276   if(event & MY_CLOSEDOOR_EVT){                       //当协议栈时间
277     int len = 0;
278     uint16 cmd = 0;
279     uint8 pData[128];
280
```

图 4.2.9　在 uart_485_write() 中设置断点

然后在 node_uart_callback() 函数的 HalUARTRead() 函数中设置断点，没有刷卡的时候运行程序，跳至断点处，将 ch 值加入到 watch 窗口中，观察 ch 的值。然后继续运行程序，会依次读到 7 个值，依次是 0x0A、0x41、0x31、0x46、0x33、0x43、0x6D。需要关注的是 0x33 和 0x6D，没有刷卡读到的就是 0x33。0x6D 为结束标志，如图 4.2.10 所示。

```
96  ********************************************************
97  void node_uart_callback( uint8 port, uint8 event )
98  {
99  #define RBUFSIZE 64
100   (void)event;
101   uint8  ch;
102   static uint8 rbuf[RBUFSIZE] ={0x0A,0x41,0x31,0x46,0
103   static uint8  rlen = 5;
104   static uint8 state = 0;
105   char *chk_sum = NULL;
106   int len = 0;
107   char *buf = NULL;
108   char szData[32];
109   uint8 x = 0;
110   uint16 cmd = 0;
111   while (Hal_UART_RxBufLen(port)){
112     HalUARTRead (port, &ch, 1);
113     switch(state)
114     {
115     case 0:
116       if(ch == 0x0A)
```

图 4.2.10　在 HalUARTRead() 中设置断点

刷卡后，运行程序，在 state = 5 处设置断点，再观察 ch 值。这个 0x30 就是刷卡后返回的值，如图 4.2.11 所示。

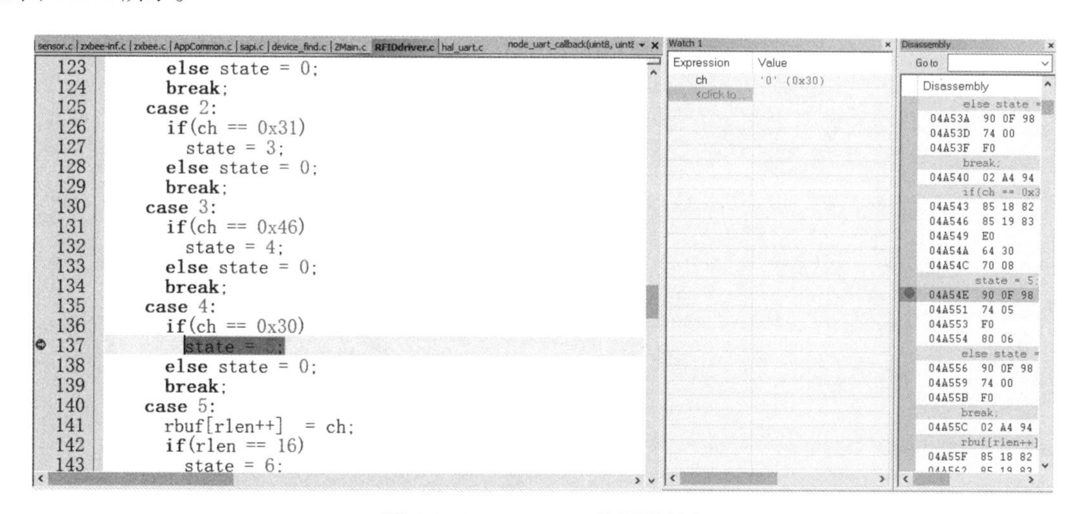

图 4.2.11　state = 5 处设置断点

然后就是读取刷卡的卡号。获取的所有数据保存在 rbuf[] 数组里面。包括前 5 位协议头，跟着是 8 位的卡号，后面是结束符‘\0’，最后 2 位为校验码。首先将 ASCII 码转换成十六进制，然后从 rbuf[] 数组里面取出 8 位卡号放在 buf[] 数组里。将 buf[] 数组加入到 watch 窗口，运行程序，观察 buf[] 数组，如图 4.2.12 所示。

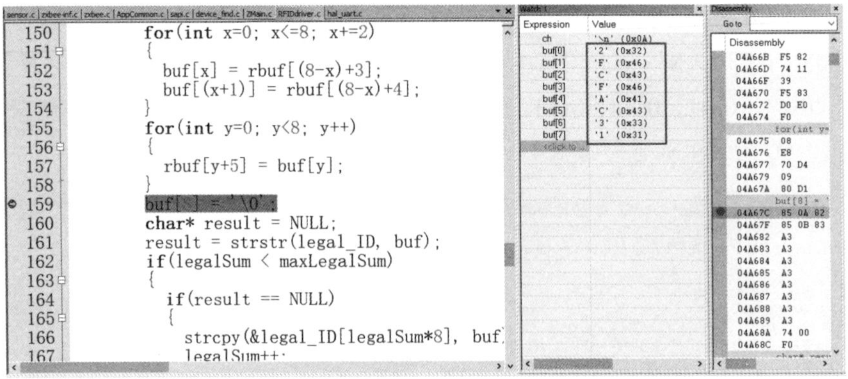

```
150        for(int x=0; x<=8; x+=2)
151        {
152          buf[x] = rbuf[(8-x)+3];
153          buf[(x+1)] = rbuf[(8-x)+4];
154        }
155        for(int y=0; y<8; y++)
156        {
157          rbuf[y+5] = buf[y];
158        }
159        buf[8] = '\0';
160        char* result = NULL;
161        result = strstr(legal_ID, buf);
162        if(legalSum < maxLegalSum)
163        {
164          if(result == NULL)
165          {
166            strcpy(&legal_ID[legalSum*8], buf
167            legalSum++;
```

图 4.2.12　buf [] 数组

3. 电磁锁驱动设计与调试

电磁锁是电源线连接到门禁开关，CC2530 通过驱动门禁开关的 I/O 接口，控制其开关。

本实训代码路径：实训例程\05-AccessControlDriver\LiteB\MJXT002x485\Source。

参照附录 A 的 LiteB 节点驱动代码下载与调试将智能门禁系统代码下载到 LiteB 节点中。

1）电磁锁的初始化

对于 I/O 口的控制需要进行初始化，初始化代码在 sensorInit() 函数里面，对门锁控制引脚进行初始化，如图 4.2.13、图 4.2.14 所示。

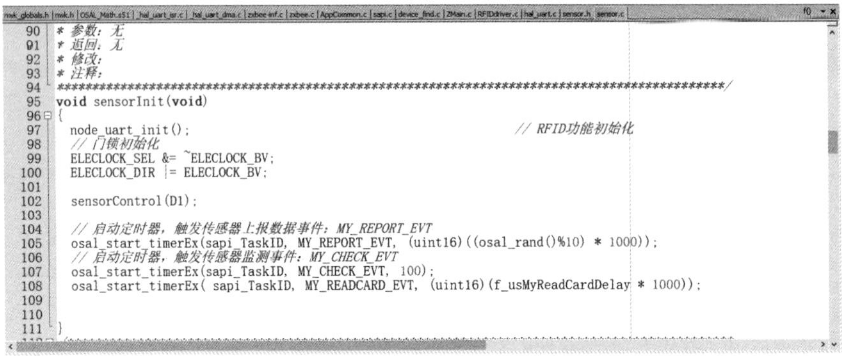

```
90  * 参数：无
91  * 返回：无
92  * 修改：
93  * 注释：
94  ******************************************************************************/
95  void sensorInit(void)
96  {
97    node_uart_init();                                    // RFID功能初始化
98    // 门锁初始化
99    ELECLOCK_SEL &= ~ELECLOCK_BV;
100   ELECLOCK_DIR |= ELECLOCK_BV;
101
102   sensorControl(D1);
103
104   // 启动定时器，触发传感器上报数据事件：MY_REPORT_EVT
105   osal_start_timerEx(sapi_TaskID, MY_REPORT_EVT, (uint16)((osal_rand()%10) * 1000));
106   // 启动定时器，触发传感器监测事件：MY_CHECK_EVT
107   osal_start_timerEx(sapi_TaskID, MY_CHECK_EVT, 100);
108   osal_start_timerEx( sapi_TaskID, MY_READCARD_EVT, (uint16)(f_usMyReadCardDelay * 1000));
109
110
111 }
```

图 4.2.13　电磁锁的初始化

```
13
14  /******************************************************************************
15  * 宏定义
16  ******************************************************************************/
17  #define ELECLOCK_SEL          P0SEL
18  #define ELECLOCK_DIR          P0DIR
19
20  #define ELECLOCK_SBIT         P0_6
21  #define ELECLOCK_BV           BV(6)
22
23  #define MY_REPORT_EVT         0x0001
24  #define MY_CHECK_EVT          0x0002
25  #define MY_READCARD_EVT       0x0004          //RFID读取事件
26  #define MY_CLOSEDOOR_EVT      0X0008          //电磁锁自关闭事件
27  #define NODE_NAME             "802"           // 节点类型
28  #define NODE_CATEGORY         1
29  #define NODE_TYPE             NODE_ROUTER     // 路由节点：NODE_ROUTER  终端节点：
30  /******************************************************************************
31  * 函数原型
32  ******************************************************************************/
```

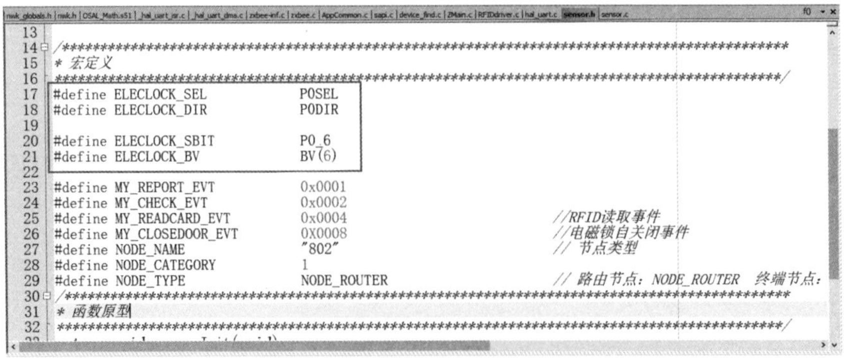

图 4.2.14　初始化引脚宏定义

2）刷卡后控制电磁锁开

在 RFIDdriver.c 文件中，通过 RS-485 通信回调函数 node_uart_callback() 读取卡号。将卡号存储在 legal_ID 数组中，判断 result 值。如果 result 大于 0，就执行 sensorControl() 函数控制电磁锁开。如图 4.2.15、图 4.2.16 所示。

```
158         }
159         buf[8] = '\0';
160         char* result = NULL;
161         result = strstr(legal_ID, buf);
162         if(legalSum < maxLegalSum)
163         {
164           if(result == NULL)
165           {
166             strcpy(&legal_ID[legalSum*8], buf);
167             legalSum++;
168           }
169         }
170         if(result > 0)
171         {
172           D1 |= 0x01;
173           sensorControl(D1);
174         }
```

图 4.2.15　判断 result 大于 0

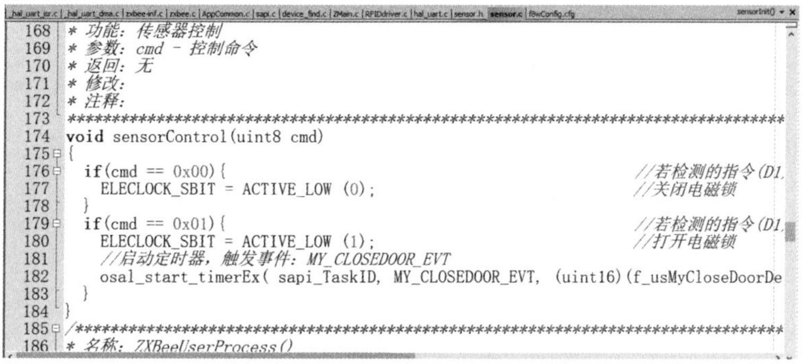

```
168 * 功能：传感器控制
169 * 参数：cmd - 控制命令
170 * 返回：无
171 * 修改：
172 * 注释：
173 ****************************************************************************
174 void sensorControl(uint8 cmd)
175 {
176   if(cmd == 0x00){                                          //若检测的指令(D1
177     ELECLOCK_SBIT = ACTIVE_LOW (0);                         //关闭电磁锁
178   }
179   if(cmd == 0x01){                                          //若检测的指令(D1
180     ELECLOCK_SBIT = ACTIVE_LOW (1);                         //打开电磁锁
181     //启动定时器，触发事件：MY_CLOSEDOOR_EVT
182     osal_start_timerEx( sapi_TaskID, MY_CLOSEDOOR_EVT, (uint16)(f_usMyCloseDoorDe
183   }
184 }
185 /****************************************************************************
186 * 名称：ZXBeeUserProcess()
```

图 4.2.16　cmd 控制命令判断

3）在 3 s 后电磁锁自动关闭

在打开电磁锁后，事件轮询到 MY_CLOSEDOOR_EVT 的时候，将 D1 置 0，3 s 后关闭电磁锁。3 s 的时间设置在 sensorControl() 函数定时器设置的变量 f_usMyCloseDoorDelay 中，值为 3，如图 4.2.17、图 4.2.18 所示。

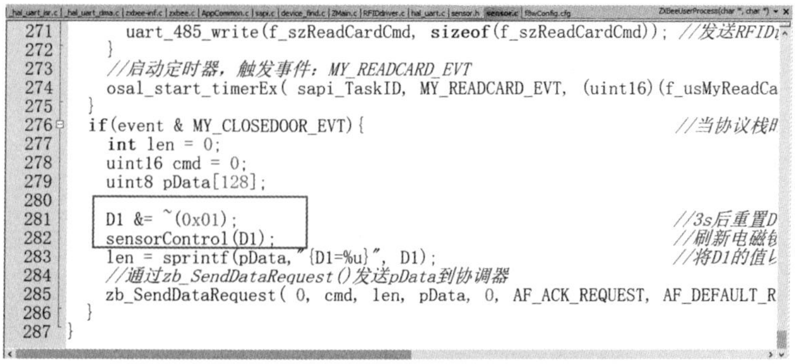

```
271       uart_485_write(f_szReadCardCmd, sizeof(f_szReadCardCmd)); //发送RFID
272     }
273     //启动定时器，触发事件：MY_READCARD_EVT
274     osal_start_timerEx( sapi_TaskID, MY_READCARD_EVT, (uint16)(f_usMyReadCa
275   }
276   if(event & MY_CLOSEDOOR_EVT){                              //当协议栈
277     int len = 0;
278     uint16 cmd = 0;
279     uint8 pData[128];
280
281     D1 &= ~(0x01);                                           //3s后重置D
282     sensorControl(D1);                                       //刷新电磁
283     len = sprintf(pData, "{D1=%u}", D1);                     //将D1的值
284     //通过zb_SendDataRequest()发送pData到协调器
285     zb_SendDataRequest( 0, cmd, len, pData, 0, AF_ACK_REQUEST, AF_DEFAULT_R
286   }
287 }
```

图 4.2.17　3 s 后关闭电磁锁

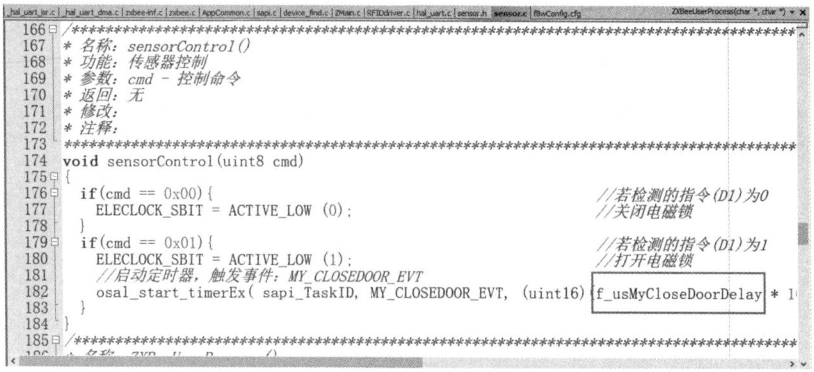

```
166 /*****************************************************************************
167 * 名称：sensorControl()
168 * 功能：传感器控制
169 * 参数：cmd - 控制命令
170 * 返回：无
171 * 修改：
172 * 注释：
173 *****************************************************************************
174 void sensorControl(uint8 cmd)
175 {
176   if(cmd == 0x00){                                            //若检测的指令(D1)为0
177     ELECLOCK_SBIT = ACTIVE_LOW (0);                           //关闭电磁锁
178   }
179   if(cmd == 0x01){                                            //若检测的指令(D1)为1
180     ELECLOCK_SBIT = ACTIVE_LOW (1);                           //打开电磁锁
181     //启动定时器，触发事件：MY_CLOSEDOOR_EVT
182     osal_start_timerEx( sapi_TaskID, MY_CLOSEDOOR_EVT, (uint16)(f_usMyCloseDoorDelay * 1
183   }
184 }
185 /*****************************************************************************
```

图 4.2.18　sensorControl() 函数定时器设置

4）调试电磁锁的刷卡开关过程

在 node_uart_callback() 函数中设置断点，运行程序，程序运行至断点处，将 D1 添加到 watch 窗口。D1 值为 1，控制电磁锁开，如图 4.2.19 所示。

```
161         result = strstr(legal_ID, buf);
162         if(legalSum < maxLegalSum)
163         {
164           if(result == NULL)
165           {
166             strcpy(&legal_ID[legalSum*8], buf);
167             legalSum++;
168           }
169         }
170         if(result > 0)
171         {
172           D1 |= 0x01;
173           sensorControl(D1);
174         }
175         //向串口打印数据
176         sprintf(A0, "%s", &rbuf[5]);
177         //向szData以{A0=%02X%02X%02X%02X}格式写入读取的ID值
178         len = sprintf(szData, "{A0=%s}", &rbuf[5]);
```

Watch 1：Expression D1，Value '.' (0x01)

图 4.2.19　D1 值为 1 控制电磁锁开

执行 sensorControl() 函数，启动定时器，3 s 后执行 MY_CLOSEDOOR_EVT 事件，如图 4.2.20 所示。

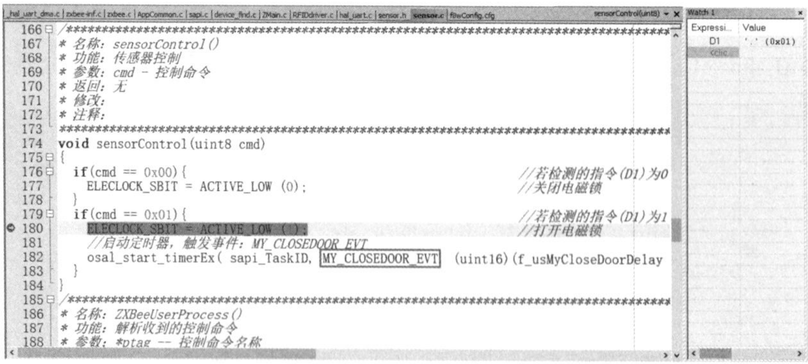

```
166 /*****************************************************************************
167 * 名称：sensorControl()
168 * 功能：传感器控制
169 * 参数：cmd - 控制命令
170 * 返回：无
171 * 修改：
172 * 注释：
173 *****************************************************************************
174 void sensorControl(uint8 cmd)
175 {
176   if(cmd == 0x00){                                    //若检测的指令(D1)为0
177     ELECLOCK_SBIT = ACTIVE_LOW (0);                   //关闭电磁锁
178   }
179   if(cmd == 0x01){                                    //若检测的指令(D1)为1
180     ELECLOCK_SBIT = ACTIVE_LOW (1);                   //打开电磁锁
181     //启动定时器，触发事件：MY_CLOSEDOOR_EVT
182     osal_start_timerEx( sapi_TaskID, MY_CLOSEDOOR_EVT, (uint16)(f_usMyCloseDoorDelay
183   }
184 }
185 /*****************************************************************************
186 * 名称：ZXBeeUserProcess()
187 * 功能：解析收到的控制命令
188 * 参数：*ptag -- 控制命令名称
```

Watch 1：Expression D1，Value '.' (0x01)

图 4.2.20　执行 MY_CLOSEDOOR_EVT 事件

在 MyEventProcess() 函数 MY_CLOSEDOOR_EVT 事件中设置断点，如图 4.2.21 所示，D1 值为 0，控制电磁锁关。

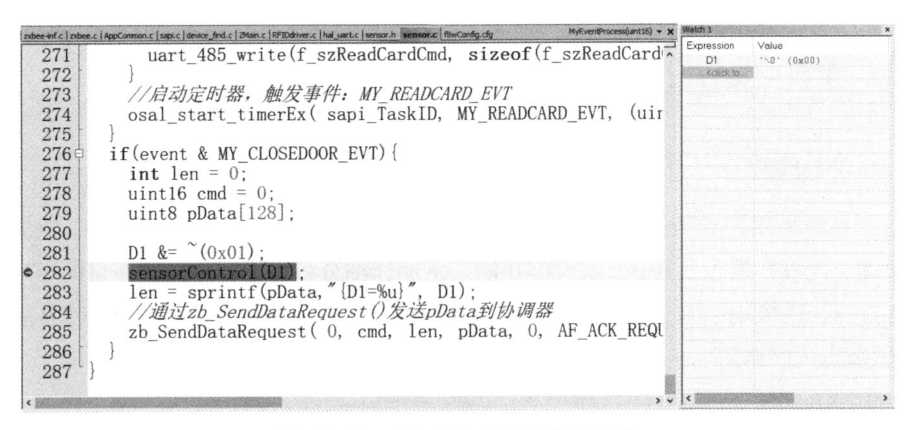

图 4.2.21　D1 值为 0 控制电磁锁关

五、注意事项

（1）RFID 阅读器不能读卡，从硬件上首先检查节点电源开关是否按下，这个是很容易忽略的一个问题。

（2）RFID 阅读器不能读卡，要测试门禁卡是否有效（可使用有效的公交卡测试），如果卡有效还不能读卡，可能是 RFID 阅读器设备问题。

六、实训评价

过程质量管理见表 4.2.3。

表 4.2.3　过程质量管理

姓名			组名	
评分项目		分值	得分	组内管理人
通用部分（40 分）	团队合作能力	10		
	任务完成情况	10		
	功能实现展示	10		
	解决问题能力	10		
专业能力（60 分）	智能门禁模块硬件连线	10		
	RFID 阅读器驱动设计与调试	25		
	电磁锁驱动设计与调试	25		
过程质量得分				

实训 3　智能家居（智能门禁模块）通信设计

一、相关知识

智能门禁系统采用智云传感器驱动框架开发，实现了传感器数据的定时上报、数据的查询、报警事件处理、无线数据包的封包/解包等功能。下面详细分析智能门禁系统项目的程序逻辑。

（1）传感器应用部分：在 sensor.c 文件中实现，包括 RFID 通信接口、门锁初始化（sensorInit()）、RFID 传感器节点入网调用（sensorLinkOn()）、RFID 传感器卡号上报（sensorUpdate()）、处理下行的用户命令（ZXBeeUserProcess()）、用户事件处理（MyEventProcess()），见表 4.3.1。

（2）无线数据的收发处理：在 zxbee-inf.c 文件中实现，包括 ZigBee 无线数据的收发处理函数。

（3）无线数据的封包/解包：在 zxbee.c 文件中实现，封包函数有 ZXBeeBegin()、ZXBeeAdd (char* tag, char* val)、ZXBeeEnd(void)，解包函数有 ZXBeeDecodePackage(char *pkg, int len)。

表 4.3.1　传感器通信应用接口函数

函数名称	函数说明
sensorInit()	RFID 通信接口、门锁初始化
sensorLinkOn ()	RFID 传感器节点入网调用
sensorUpdate()	RFID 传感器卡号上报
sensorControl()	传感器 / 执行器控制函数
sensorCheck ()	传感器预警监测及处理函数
ZXBeeUserProcess ()	处理下行的用户命令
MyEventProcess()	用户事件处理

二、实训目标

（1）搭建无线开发与调试环境，完成 CC2530 天线的安装以及协调器的连接与设置。

（2）设计 RFID 阅读器设备的 ZigBee 无线数据包传输程序，通过代码调试分析卡号数据的上行功能。

（3）设计电磁锁设备的 ZigBee 无线数据包传输程序，通过代码调试分析控制指令的下行功能。

三、实训环境

实训环境见表 4.3.2。

表 4.3.2　实训环境

项　目	具体信息
硬件环境	PC、Pentium 处理器、双核 2 GHz 以上、内存 4 GB 以上

续表

项　目	具体信息
操作系统	Windows 7 64 位及以上操作系统
实训软件	IAR For 8051, IAR For ARM, xLabTools, ZCloudTools
实训器材	电子锁（ZY-MSxIO）、门禁开关（ZY-MJKGxIO）、RFID 阅读器（ZY-RFMJx485）、LiteB 无线节点、S4418 网关（协调器）
实训配件	SmartRF04EB 仿真器、USB 串口线、12 V 电源

四、实训步骤

1. 通信协议设计与分析

本实训主要使用的是 RFID 阅读器、电子锁。其 ZXBee 协议定义见表 4.3.3。

表 4.3.3　ZXBee 协议定义

节点类型	传感器名称	TYPE	参数	含义	读写权限	说明
LiteB	门禁系统	802	D1(OD1/CD1)	门锁开关控制	R(W)	D1 的 bit0 表示电磁锁的开关，0 表示关锁，1 表示开锁
			A0	门禁卡号	R	字符串型，表示卡号
			D0(OD0/CD0)	主动上报使能	R(W)	D0 的 bit0 对应 A0 主动上报使能，0 表示不允许主动上报，1 表示允许主动上报
			V0	上报时间间隔	RW	V0 主动上报时间间隔，单位为 s

2. 节点通信硬件环境与程序下载

（1）无线通信整体硬件连接图如图 4.3.1 所示。

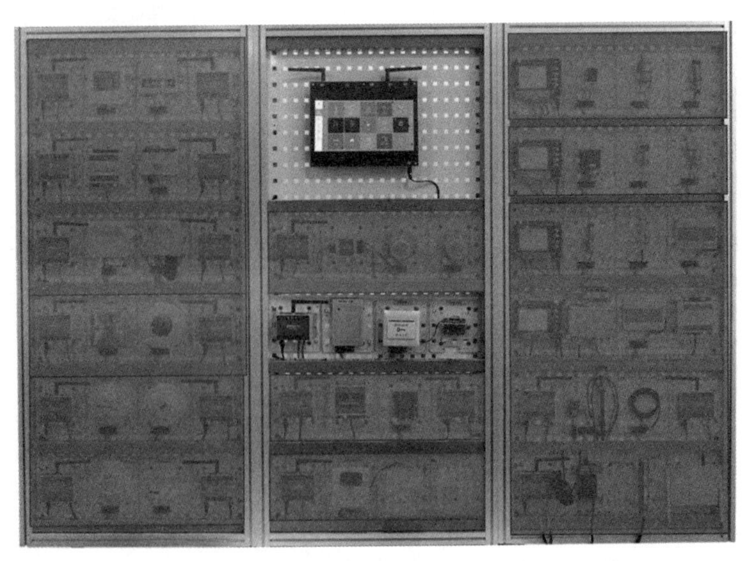

图 4.3.1　无线通信整体硬件连接图

（2）网关程序下载设置。网关程序默认已经下载好，如网关程序有误，请联系售后。

（3）节点程序下载。本实训代码路径：实训例程\06-AccessControlWsn\LiteB\MJXT002x485\Source。参照附录 A 的 LiteB 节点驱动代码下载与调试将智能门禁系统代码下载到 LiteB 节点中。

3. 无线通信程序调试

在进行组网之前，需要修改 PANID 和 CHANNEL。保证节点的 PANID、CHANNEL 和协调器一致。

修改的方式有两种：

（1）在代码中修改。在代码的 Workspace 中找到 Tools，然后找到 f8wConfig.cfg 文件，可以修改节点的 PANID、CHANNEL。（协调器修改 PANID、CHANNEL 与此类似），如图 4.3.2 所示。

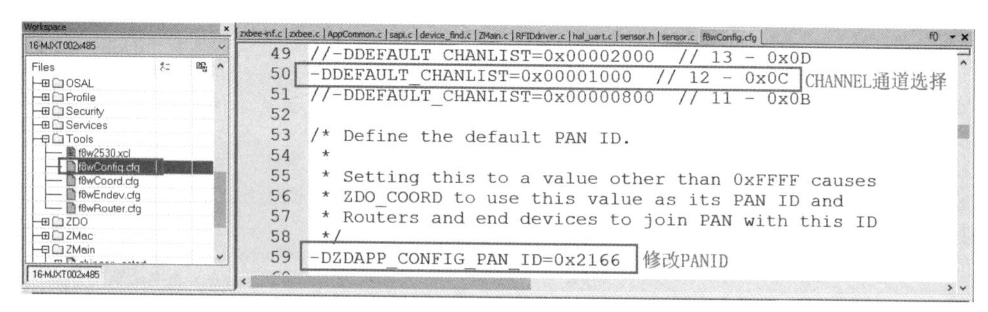

图 4.3.2　在代码中修改

（2）使用 xLabTools 工具修改。参考附录 A 的 xLabTools 工具设置可以修改节点和协调器的 PANID、CHANNEL。（优先选择这种方式。）

1）组网

首先进行组网，参考附录 A 的 Android 网关智云服务设置，组网成功后重新烧写程序进行无线通信程序调试。进入调试页面，如图 4.3.3 所示。

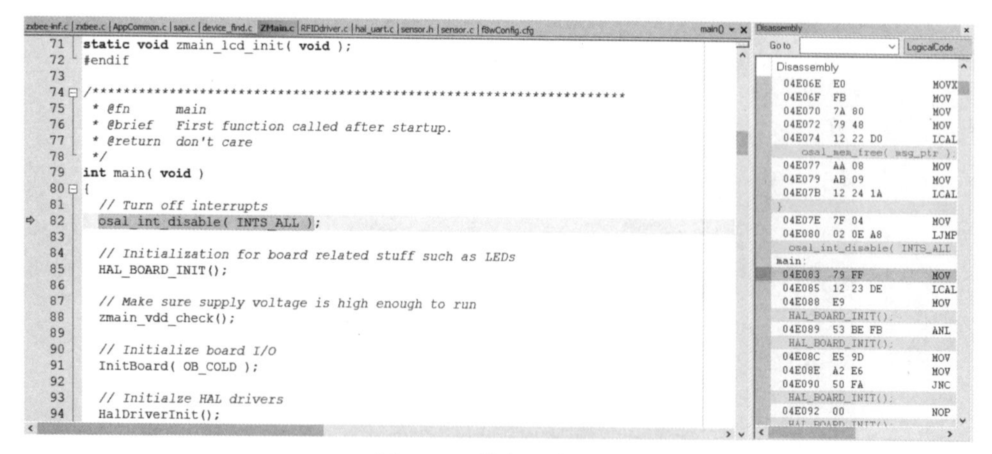

图 4.3.3　进入调试页面

2）节点初始化函数调试

如图 4.3.4 所示，找到 sensor.c 文件，找到 sensorInit() 函数，在 sensorInit () 函数中设置断点，

等待节点传感器初始化完成。节点传感器初始化函数调用层级关系是 SAPI_ProcessEvent() → zb_HandleOsalEvent() → sensorInit()。

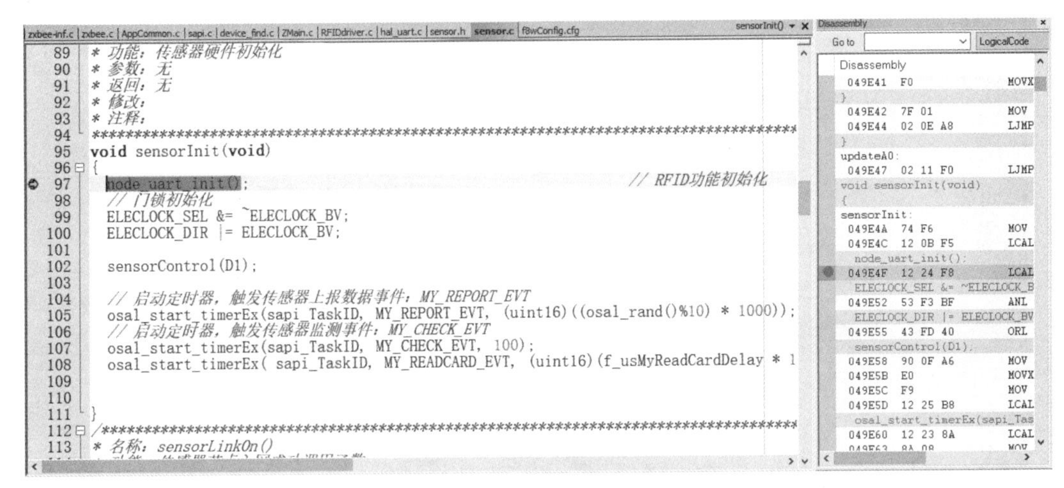

图 4.3.4　节点初始化函数调试

3）节点入网函数调试

如图 4.3.5 所示，找到 sensorLinkOn() 函数，在 sensorUpdate() 函数中设置断点，等待节点上线。上报当前电磁锁状态。节点入网函数调用层级关系是 SAPI_ProcessEvent() → SAPI_StartConfirm() → zb_StartConfirm() → sensorLinkOn()。

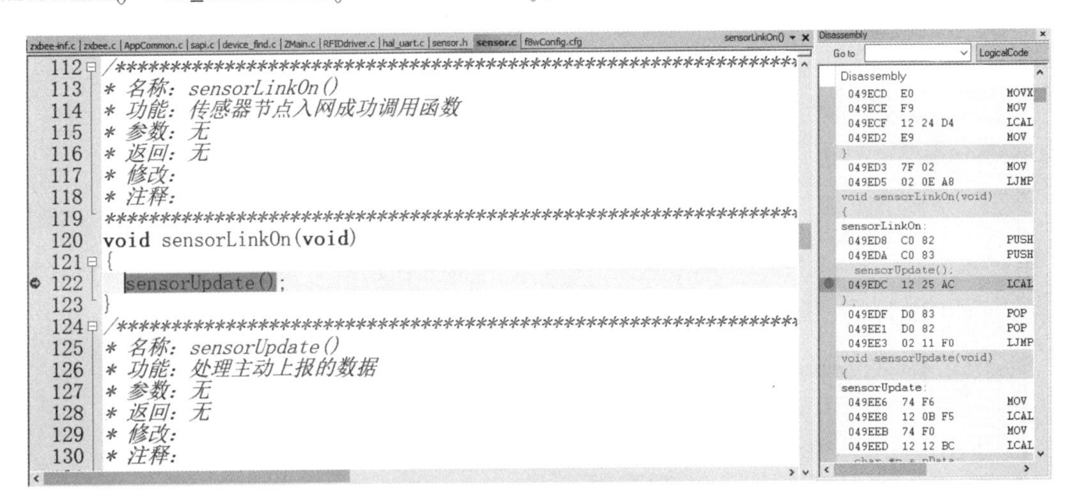

图 4.3.5　节点入网函数调试

4）卡号上报函数调试

在 node_uart_callback() 函数中设置断点，如图 4.3.6 所示，第一次刷卡后，运行程序，result 等于 0，将卡号保存在 legal_ID[] 数组中，读到的卡号以 {A0= 卡号 } 的形式通过 zb_SendDataRequest 将数据发送协调器，如图 4.3.7 所示。第一次刷卡不会去开电磁锁。

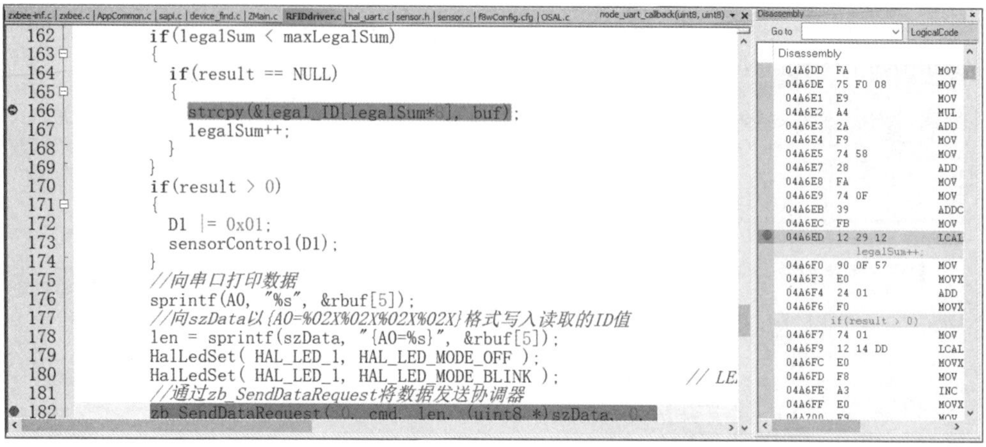

```
162         if(legalSum < maxLegalSum)
163         {
164           if(result == NULL)
165           {
166             strcpy(&legal_ID[legalSum*8], buf);
167             legalSum++;
168           }
169         }
170         if(result > 0)
171         {
172           D1 |= 0x01;
173           sensorControl(D1);
174         }
175         //向串口打印数据
176         sprintf(A0, "%s", &rbuf[5]);
177         //向szData以{A0=%02X%02X%02X%02X}格式写入读取的ID值
178         len = sprintf(szData, "{A0=%s}", &rbuf[5]);
179         HalLedSet( HAL_LED_1, HAL_LED_MODE_OFF );
180         HalLedSet( HAL_LED_1, HAL_LED_MODE_BLINK );
181         //通过zb_SendDataRequest将数据发送协调器
182         zb_SendDataRequest( 0, cmd, len, (uint8 *)szData, 0,
```

图 4.3.6　在 node_uart_callback() 函数中设置断点

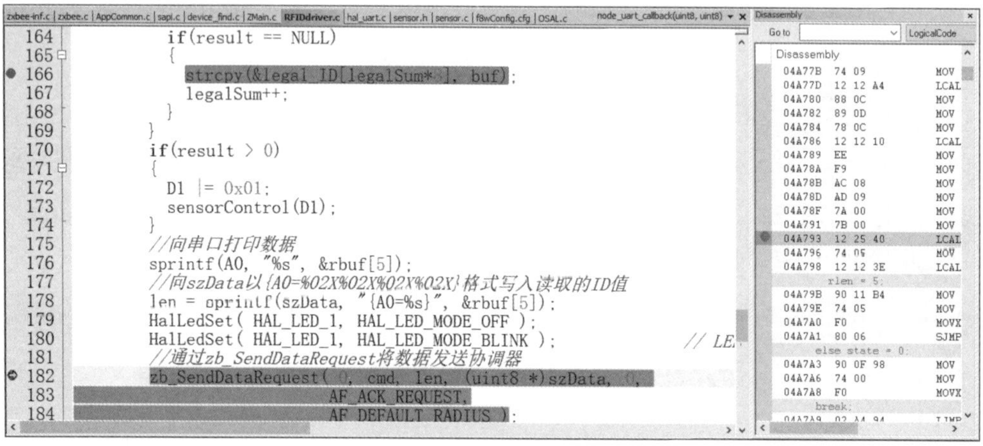

```
164           if(result == NULL)
165           {
166             strcpy(&legal_ID[legalSum*8], buf);
167             legalSum++;
168           }
169         }
170         if(result > 0)
171         {
172           D1 |= 0x01;
173           sensorControl(D1);
174         }
175         //向串口打印数据
176         sprintf(A0, "%s", &rbuf[5]);
177         //向szData以{A0=%02X%02X%02X%02X}格式写入读取的ID值
178         len = sprintf(szData, "{A0=%s}", &rbuf[5]);
179         HalLedSet( HAL_LED_1, HAL_LED_MODE_OFF );
180         HalLedSet( HAL_LED_1, HAL_LED_MODE_BLINK );
181         //通过zb_SendDataRequest将数据发送协调器
182         zb_SendDataRequest( 0, cmd, len, (uint8 *)szData, 0,
183                              AF_ACK_REQUEST,
184                              AF_DEFAULT_RADIUS );
```

图 4.3.7　卡号发送协调器

第二次刷卡，result 等于第一次刷卡保存的 legal_ID[] 数组中的值，是大于 0 的，执行 sensorControl(D1)，打开电磁锁，如图 4.3.8 所示。

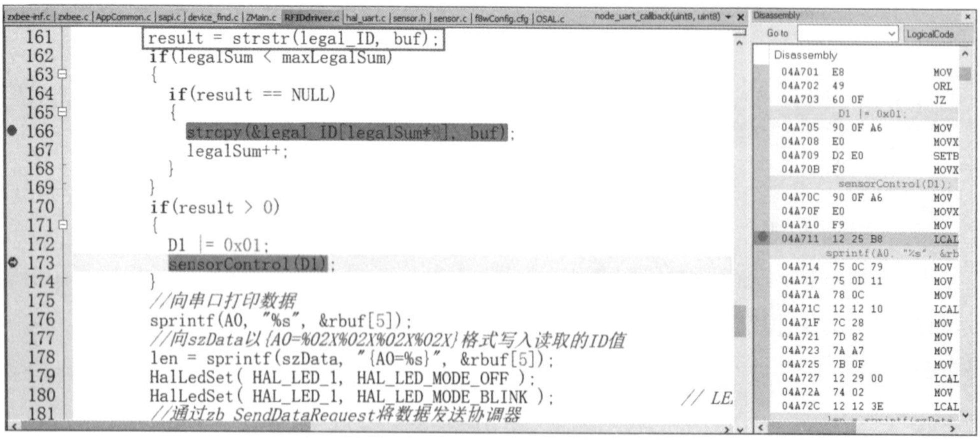

```
161         result = strstr(legal_ID, buf);
162         if(legalSum < maxLegalSum)
163         {
164           if(result == NULL)
165           {
166             strcpy(&legal_ID[legalSum*8], buf);
167             legalSum++;
168           }
169         }
170         if(result > 0)
171         {
172           D1 |= 0x01;
173           sensorControl(D1);
174         }
175         //向串口打印数据
176         sprintf(A0, "%s", &rbuf[5]);
177         //向szData以{A0=%02X%02X%02X%02X}格式写入读取的ID值
178         len = sprintf(szData, "{A0=%s}", &rbuf[5]);
179         HalLedSet( HAL_LED_1, HAL_LED_MODE_OFF );
180         HalLedSet( HAL_LED_1, HAL_LED_MODE_BLINK );
181         //通过zb_SendDataRequest将数据发送协调器
```

图 4.3.8　打开电磁锁

5）电磁锁命令下行函数调试

接收控制电磁锁开关的指令并控制电磁锁开关。首先找到 sensor.c 文件的 ZXBeeUserProcess() 函数，在 sensorControl(D1) 处设置断点，如图 4.3.8 所示。然后在网关上打开 ZCloudTools 应用程序，打开数据分析，选择门禁套件节点，在调试信息处输入指令 {OD1=1}，单击“发送”按钮，如图 4.3.9 所示。程序运行至断点，表示接收到发送的控制命令。接着按图 4.3.10 所示，调用 sensorControl() 函数可以控制电磁锁开。解析控制命令函数调用层级关系是 SAPI_ProcessEvent() → SAPI_ReceiveDataIndication() → _zb_ReceiveDataIndication() → zb_ReceiveDataIndication() → ZXBeeInfRecv() → ZXBeeDecodePackage() → ZXBeeUserProcess()。

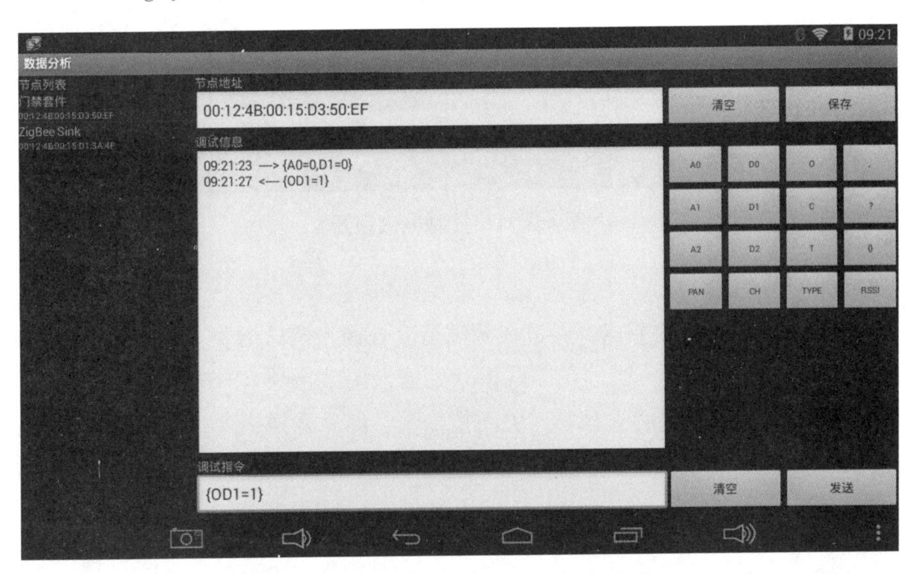

图 4.3.9　ZCloudTools 应用程序调试

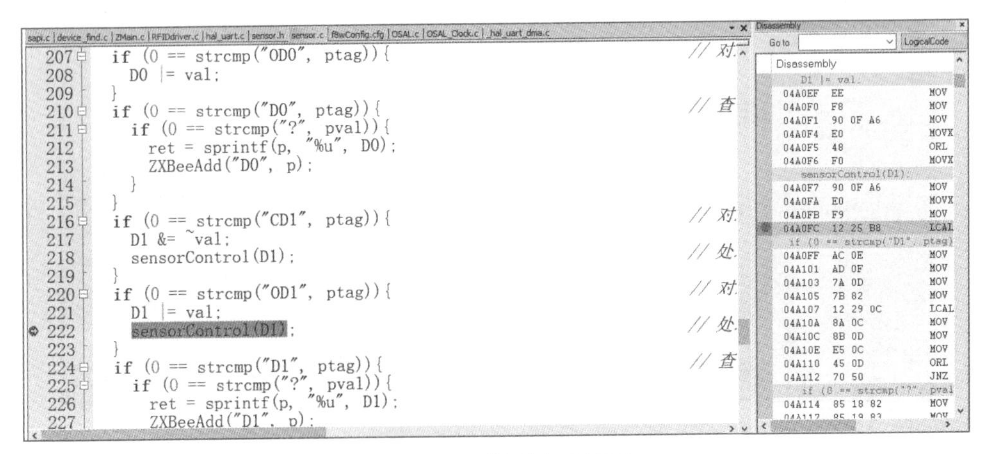

图 4.3.10　控制电磁锁开

4. 通信协议测试

在网关上打开 ZCloudTools 工具，打开数据分析，通过发送指令来控制电磁锁的开关，如图 4.3.11 所示。

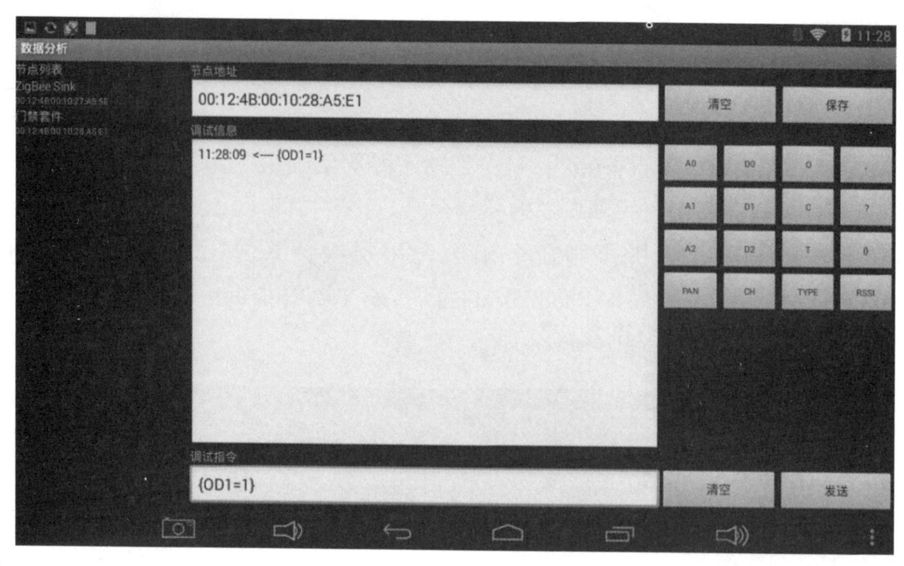

图 4.3.11　控制电磁锁开

1）控制指令

首先在节点列表选择对应的节点，通过在调试指令处输入调试指令 {OD1=1}，然后发送指令，控制电磁锁开，3 s 后自动关闭。通过在调试指令处输入调试指令 {CD1=1}（测试时，因为电磁锁在打开 3 s 后会关闭，可以刷卡后立马发送关闭指令），然后发送指令，电磁锁关闭，如图 4.3.12 所示。

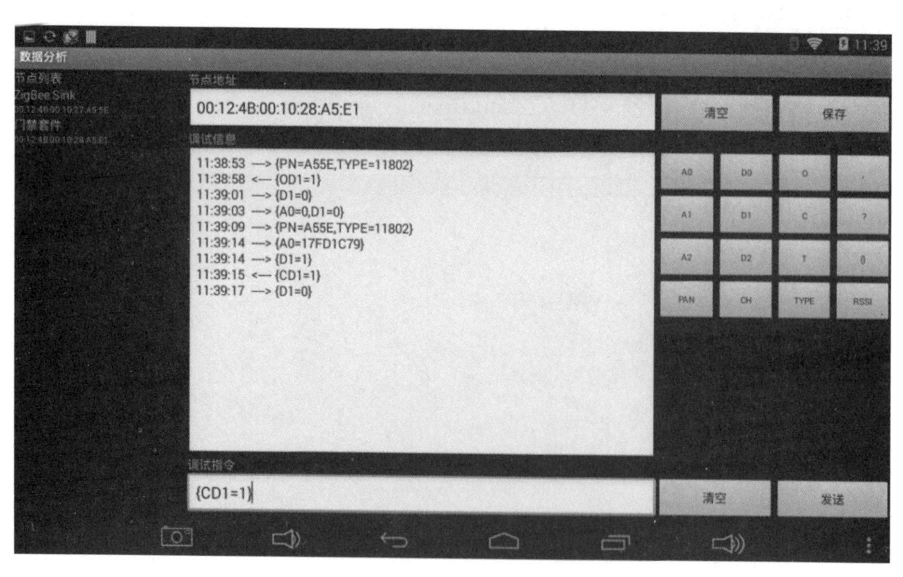

图 4.3.12　电磁锁关闭

2）查询指令

通过在调试指令处输入调试指令 {A0=?}，然后发送指令，来查询刷卡后的卡号，如图 4.3.13 所示。

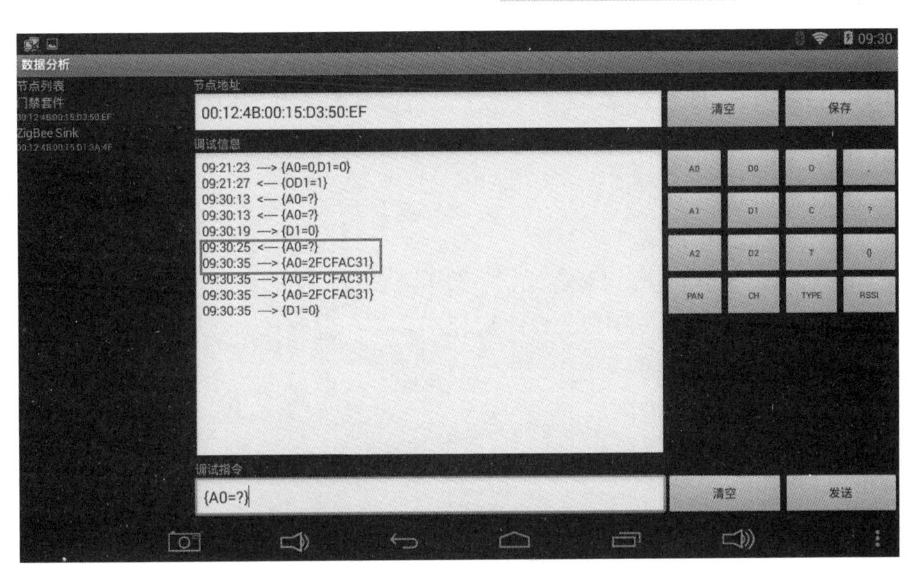

图 4.3.13　查询指令

五、注意事项

节点刷卡后第一次不会控制电磁锁开关，只是保存了卡号，第二次刷卡才会开关电磁锁。

六、实训评价

过程质量管理见表 4.3.4。

表 4.3.4　过程质量管理

姓名			组名	
评分项目		分值	得到	组内管理人
通用部分（40 分）	团队合作能力	10		
	任务完成情况	10		
	功能实现展示	10		
	解决问题能力	10		
专业能力（60 分）	通信协议设计与分析	10		
	节点通信硬件环境与程序下载	20		
	无线通信程序调试	20		
	通信协议测试	10		
过程质量得分				

实训 4　智能家居（智能门禁模块）部署测试

一、相关知识

1. 硬件的连接与程序下载

对本实训使用的硬件设备进行安装连线，下载节点设备对应的程序。

2. xLabTools 设置 PANDID、CHANNEL

设置本实训无线节点网络参数。

3. 进行组网，查看网络拓扑

参考附录 A 的 1.4 Android 网关智云服务设置，对本实训进行组网，查看网络拓扑图。

二、实训目标

（1）完成电子锁、门禁开关、RFID 阅读器硬件的连接与设置。

（2）实现系统的程序下载与无线组网。

（3）完成模块的功能和性能测试。

三、实训环境

实训环境见表 4.4.1。

表 4.4.1　实训环境

项　目	具体信息
硬件环境	PC、Pentium 处理器、双核 2 GHz 以上、内存 4 GB 以上
操作系统	Windows 7 64 位及以上操作系统
实训软件	IAR For 8051, IAR For ARM, xLabTools, ZCloudTools
实训器材	电子锁（ZY-MSxIO）、门禁开关（ZY-MJKGxIO）、RFID 阅读器（ZY-RFMJx485）、LiteB 无线节点、S4418 网关（协调器）
实训配件	SmartRF04EB 仿真器、USB 串口线、12 V 电源

四、实训步骤

1. 系统硬件安装与连线

准备 S4418/6818 系列的网关 1 个、电子锁 1 个、门禁开关 1 个、RFID 阅读器 1 个、IP 摄像头 1 个、LiteB 无线节点 1 个、SmartRF04EB 仿真器 1 个。

1）门禁设备部署

将 RFID 阅读器连接到 LiteB 节点的 A 端口，门禁开关连接到 ZXBeeLite 节点的 B 端口，电子锁连接到门禁开关，无线节点跳线分别见图 4.2.1。

2）IP 摄像头部署

参考附录 B 进行部署测试。IP 摄像头如图 4.4.1 所示。

图 4.4.1　IP 摄像头

2. 节点程序下载

节点程序下载参照附录 A 的 LiteB 节点驱动代码下载与调试。

本实训使用设备节点出厂镜像，程序路径：实训例程\07-AccessControlTest\16- 门禁系统 02.hex。

3. 系统组网

系统组网与测试参照附录 A 的 xLabTools 工具设置、Android 网关智云服务设置。

组网成功后查看网络拓扑图如图 4.4.2 所示。

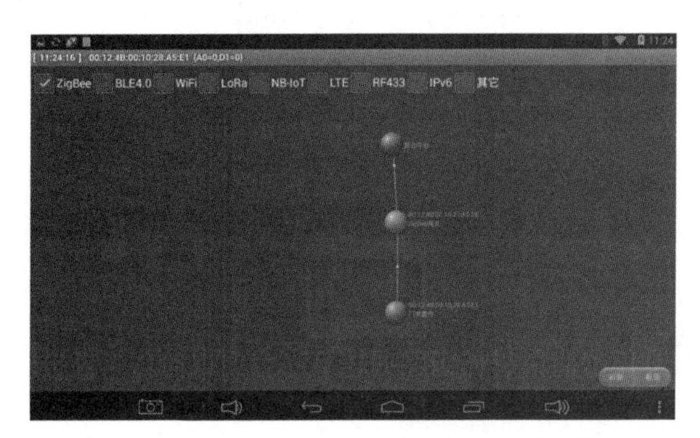

图 4.4.2　网络拓扑图

4. 模块功能测试

测试步骤：如图 4.4.3 所示，打开 ZCloudTools 工具，打开综合演示，单击门禁套件，然后在 RFID 门禁上刷卡，在网关的页面上会显示卡号，然后电磁锁打开，3 s 后关闭。功能测试用例 -1 见表 4.4.2。

图 4.4.3　网络拓扑图

表 4.4.2　功能测试用例-1

项　目	具体信息	
功能描述	测试不同种类 RFID 卡的测试开锁	
用例目的	IC 卡、NFC 卡、CPU 卡、T5577 卡、EM4001 卡是否都可以远程开锁	
前提条件	系统程序运行，设备通电，阅读器正常	
输入 / 动作	期望的输出 / 响应	实际情况
NFC 卡	不能开锁	可以开锁
CPU 卡	可以开锁	没有开锁

测试结论：CPU 卡靠在 RFID 阅读器上不会有嘀声，证明不能识别；NFC 卡靠在 RFID 阅读器上会有嘀声，证明可以识别。

功能测试用例-2 见表 4.4.3。

表 4.4.3　功能测试用例-2

项　目	具体信息	
功能描述	测试门锁开关	
用例目的	门锁开关是否能正常开关	
前提条件	系统程序运行，设备通电，阅读器正常	
输入 / 动作	期望的输出 / 响应	实际情况
按下门禁开关	不能开锁	可以开锁

测试结论：可以开锁。

5. 模块性能测试

模块性能测试，见表 4.4.4、表 4.4.5。

表 4.4.4　性能测试用例-1

项　目	具体信息	
性能描述	门禁卡刷卡后，自动关锁时间≤ 3 s	
用例目的	测试系统功能中的自动关锁是否正常	
前提条件	使用可以开锁的门禁卡	
执行操作	期望的性能（平均值）	实际性能（平均值）
门禁卡刷卡，锁打开，测试自动关锁时间	≤ 3 s	≤ 5 s

测试结论：刷卡后门禁开关执行的时间有延迟。

表 4.4.5　性能测试用例-2

项　　目	具体信息	
性能描述	连续刷卡后，门锁执行次数	
用例目的	测试连续刷卡门锁开关次数	
前提条件	系统程序运行，设备通电，阅读器正常，使用可以开锁的门禁卡	
执行操作	期望的性能（平均值）	实际性能（平均值）
连续刷卡 3 次	开锁 3 次	开锁 1 次

测试结论：快速刷卡只执行最后一次刷卡的动作。

五、注意事项

在布线的时候要保证接线的长度合理，长短合适。

六、实训评价

过程质量管理见表 4.4.6。

表 4.4.6　过程质量管理

姓名			组名	
评分项目		分值	得分	组内管理人
通用部分（40 分）	团队合作能力	10		
	任务完成情况	10		
	功能实现展示	10		
	解决问题能力	10		
专业能力（60 分）	系统硬件安装与连线	10		
	节点程序下载与系统组网	20		
	模块功能测试	15		
	模块性能测试	15		
过程质量得分				

单元5 智能家居（电器控制模块）系统设计

在本单元里，主要围绕着智能家居（电器控制模块）系统展开多个实训项目，主要分为4个实训，分别是实训1智能家居（电器控制模块）功能设计、实训2智能家居（电器控制模块）驱动设计、实训3智能家居（电器控制模块）通信设计和实训4智能家居（电器控制模块）部署测试。

实训1　智能家居（电器控制模块）功能设计

一、相关知识

（1）电器远程控制系统设计功能及目标如下：

① 基础功能是通过360红外遥控、继电器组、智能插座、步进电动机控制其他电器设备。

② 远程控制家居电器设备。

③ 家居电器设备的开关状态实时获取。

（2）电器远程控制系统从传输过程分为3部分，即传感节点、网关、客户端（Android、Web）。具体通信描述如下：

① 搭载了传感器的ZXBee无线节点，加入到网关的协调器组建的ZigBee无线网络，并通过ZigBee无线网络进行通信。

② ZXBee无线节点获取传感器的数据后，通过ZigBee无线网络，将传感器数据发送给网关的协调器，协调器通过串口将数据发送给网关服务，通过实时数据推送服务将数据推送给网关客户端和智云数据中心。

③ 客户端（Android、Web）应用通过调用智云数据接口，经数据中心，实现实时获取家具电器状态及控制家具电器开关等功能。

二、实训目标

（1）完成电器控制模块功能分析设计，设计绘制功能模块图。

（2）通过对本模块的业务流程分析，设计绘制业务流程图。

（3）通过对本模块功能的要求分析，完成电器控制模块使用传感器设备选型与测试。

三、实训环境

实训环境见表 5.1.1。

表 5.1.1　实训环境

项　目	具体信息
硬件环境	PC、Pentium 处理器、双核 2 GHz 以上、内存 4 GB 以上
操作系统	Windows 7 64 位及以上操作系统
实训软件	IAR For 8051, IAR For ARM, xLabTools, ZCloudTools
实训器材	360 红外遥控（ZY-YK001xTTL）、继电器组（ZY-JDQ001x485）、智能插座（ZY-CP001xIO）、步进电动机（ZY-BJDJxIO）、LiteB 无线节点 ×3、Plus 无线节点
实训配件	SmartRF04EB 仿真器、JLink 仿真器 USB 串口线、12 V 电源

四、实训步骤

1. 模块功能分析设计

电器远程控制系统设计功能及目标如图 5.1.1 所示。

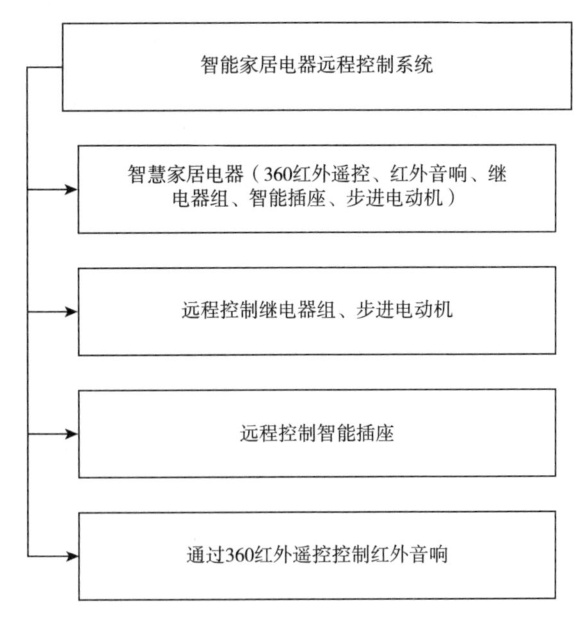

图 5.1.1　电器远程控制系统设计功能及目标

2. 模块业务流程分析

电器远程控制系统模块业务流程分析图如图 5.1.2 所示。

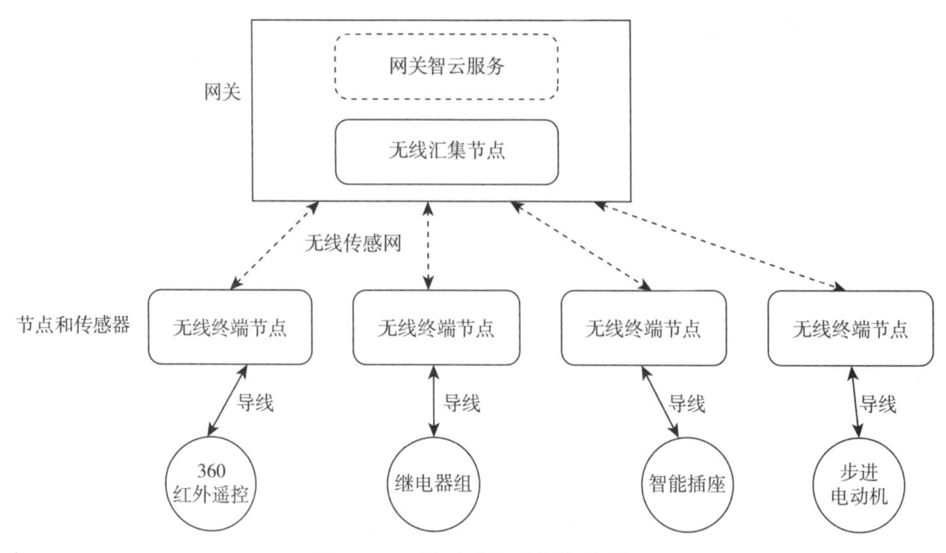

图 5.1.2　模块功能分析设计图

3. 传感器选型分析

本实训使用商业 360 红外遥控传感器，如图 5.1.3 所示。通信接口为串口，型号为 ZY-YK001xTTL。360 红外遥控传感器通过 RJ-45 端口与 LiteB 节点的 A 端子连接。

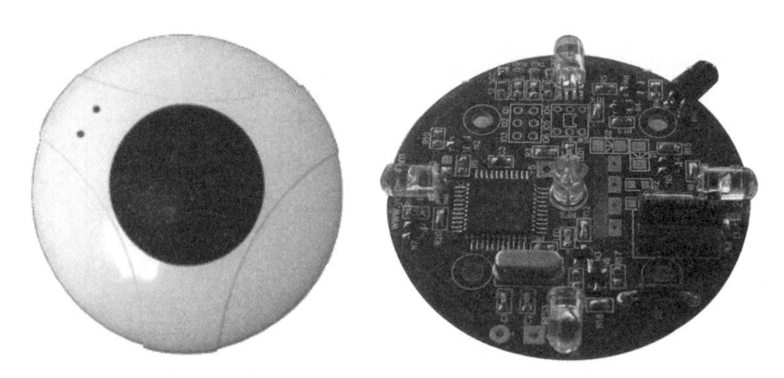

图 5.1.3　商业 360 红外遥控传感器

360 红外遥控传感器采用串口通信协议，串口通信配置为：波特率 9 600、8 位数据位、无校验位、无硬件数据流控制、1 位停止位。

本实训使用商业继电器组，如图 5.1.4 所示。通信接口为 RS-485，型号为 ZY-JDQ001x485。继电器组通过 RJ-45 端口与 LiteB 节点的 A 端子连接。

在实际的使用过程中，继电器组为四通道继电器，通过网线连接到 LiteB 节点的 A 端口，通过 RS-485 串口发送指令控制四路继电器开关的状态。

本实训使用商业智能插座，如图 5.1.5 所示。通信方式为电平触发，型号为 ZY-CP001xIO。双路智能插座通过 RJ-45 端口分别连接到 LiteB 节点的 A 、B 端子。

图 5.1.4　商业继电器组

图 5.1.5　商业智能插座

本实训使用红外音箱，如图 5.1.6 所示，可插卡，插 U 盘，可连接手机、计算机、ipad、平板、MP3 等设备播放，带收音机功能，收音机效果很好，长按 MODE 键 3 s 自动搜台，搜完自动保存，带遥控器控制，操作简单方便。

本实训使用商业步进电动机，如图 5.1.6 所示。控制方式位多路电平控制方式，型号为 ZY-BJDJ001xIO。步进电动机通过 RJ-45 端口连接到 ZXBeePlusB 节点的 A 端子。

图 5.1.6　红外音箱

图 5.1.7　商业步进电动机

4．传感器功能测试

电器控制模块硬件选型使用设备如下：360 红外遥控（ZY-YK001xTTL）、继电器组（ZY-JDQ001x485）、智能插座（ZY-CP001xIO）、步进电动机（ZY-BJDJxIO）、LiteB 无线节点 ×3、Plus 无线节点。

1）硬件部署

硬件部署图如图 5.1.8 所示。

其中 360 红外遥控通过 RJ-45 线连接到 LiteB 无线节点的 A 端口，继电器组通过 RJ-45 线连接到 LiteB 无线节点的 A 端口，智能插座通过 RJ-45 线连接到 LiteB 无线节点的 A 端口，步进电动机通过 RJ-45 线连接到 ZXBeePlusB 节点的 A 端口。

2）程序下载

本实训使用设备节点出厂镜像，代码路径：实训例程\08-RemoteControlFunction\ 目录下的 08-360 红外遥控 .hex、13-继电器组 .hex、17-智能插座 1.hex、23-步进电机水泵气泵 .hex。

当 LiteB 节点需要恢复出厂设置时，通过 Smart Flash Programmer 软件向 LiteB 节点中烧录相对应的出厂镜像，即 .hex 文件即可。

当 PlusB 节点需要恢复出厂设置时，通过 J-Flash ARM 软件向 PlusB 节点嵌入式底板中烧录相对应的出厂镜像，即 .hex 文件即可。

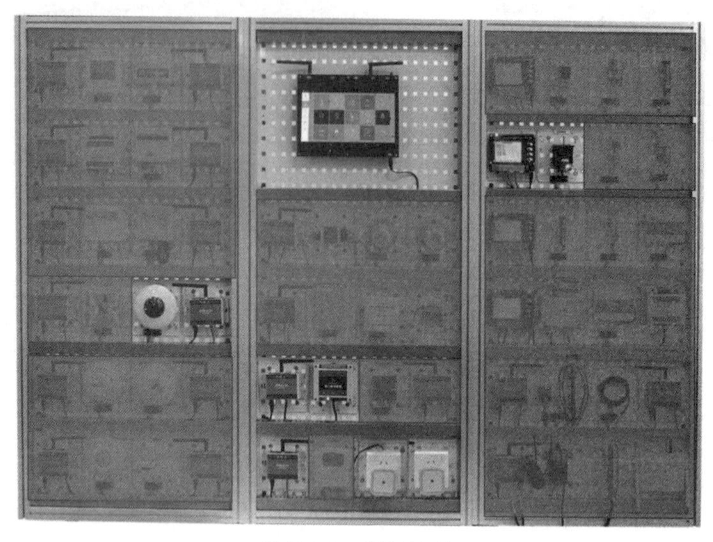

图 5.1.8　硬件连线

3）节点参数与智云服务配置

参照单元 1 的实训步骤“节点参数与智云服务配置”实训步骤进行操作。用 ZCloudTools 工具测试，打开 /DISK-xLabBase/02- 软件资料 /05- 测试工具中的 ZClouldTools 进行相关参数的配置。”。

4）硬件测试

参照附录 A 中 FwsTools 设置与使用，测试本模块选型的硬件设备功能是否正常，如图 5.1.9 所示。

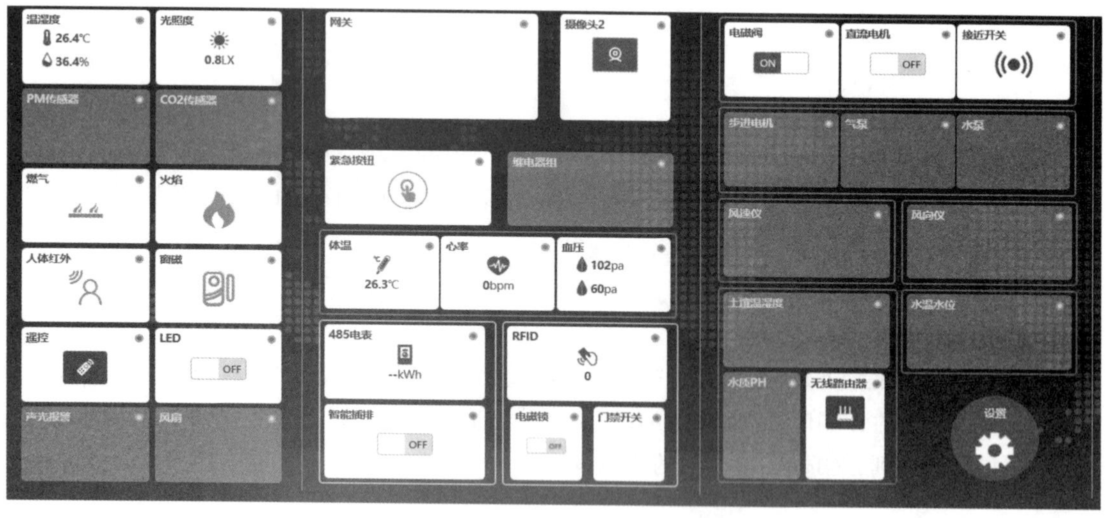

图 5.1.9　FwsTools 设置与使用

五、注意事项

传感器在选型时，注意传感器设备使用的通信方式与通信协议，是否能同无线节点程序兼容，以方便后续驱动程序开发。

六、实训评价

过程质量管理见表 5.1.2。

表 5.1.2　过程质量管理

姓名			组名	
评分项目		分值	是分	组内管理人
通用部分（40 分）	团队合作能力	10		
	任务完成情况	10		
	功能实现展示	10		
	解决问题能力	10		
专业能力（60 分）	完成电器控制模块功能分析设计	20		
	完成电器控制模块业务流程分析	20		
	完成电器控制模块传感器选型与测试	20		
过程质量得分				

实训 2　智能家居（电器控制模块）驱动设计

一、相关知识

360 红外遥控传感器采用串口通信协议，串口通信配置为：波特率 9 600、8 位数据位、无校验位、无硬件数据流控制、1 位停止位。360 红外遥控传感器函数及说明见表 5.2.1。

表 5.2.1　360 红外遥控传感器函数及说明

函数名称	函数说明
static void node_uart_init(void)	功能： 通信串口初始化
static void node_uart_callback (uint8 port ,uint8 event)	功能： 节点串口通信回调函数。 参数： port ——输入参数，接收端口； event ——输入参数，接收事件
static void ir360_learn(void)	功能： 红外遥控学习模式。 参数： key ——事件编号
static void ir360_send()	功能： 红外遥控工作模式

继电器组的通信接口为 RS-485，通过 RS-485 串口发送指令控制四路继电器开关的状态。通过网线连接到 LiteB 节点的 A 端口。继电器组函数及说明见表 5.2.2。

表 5.2.2　继电器组函数及说明

函数名称	函数说明
void node_uart_init(void)	功能： RS-485 串口 0 初始化
void node_uart_callback(uint8 port, uint8 event)	功能： RS-485 通信回调函数，使用延时。 参数： port ——输入参数，接收端口； event ——输入参数，接收事件
static void uart_485_write(uint8 *pbuf, uint16 len)	功能： 写 RS-485 通信。 参数： pbuf ——输入参数，发送命令指针； len ——输入参数，发送命令长度
static void uart_callback_func(uint8 port, uint8 event)	功能： RS-485 通信回调函数，使用延时。 参数： port ——输入参数，数据接收端口； event ——输入参数，接收事件
void relay_init(void)	功能： 继电器初始化
void relay_control(unsigned char cmd)	功能： 继电器控制
void relay_status(void)	功能： 继电器状态
unsigned char get_relay_status(void)	功能： 继电器状态获取

智能插座通过双路继电器通断控制插座，驱动设计相对简单。智能插座函数及说明见表 5.2.3。

表 5.2.3　智能插座函数及说明

函数名称	函数说明
void sensorInit(void)	功能： 继电器传感器硬件初始化
void sensorControl(uint8 cmd)	功能： 继电器传感器控制 参数： cmd ——控制命令

步进电动机由 ZXBeePlusB 节点的 A 端子的 P4、P5、P6 控制线控制，P4、P5、P6 控制线分别对应 STEP 脉冲信号线、DIR 方向线、EN 使能线。STEP 控制转速、DIR 控制电动机旋转方向、EN

控制电动机开关。步进电动机默认控制状态为关闭，通过合理控制 3 条控制线实现步进电动机的正常工作。步进电动机函数及说明见表 5.2.4。

表 5.2.4　步进电动机函数及说明

函数名称	函数说明
void step_bit_toggle(unsigned int flag)	功能： 电动机 STEP 脉冲信号线引脚反转。 参数： flag ——标志位
void motor_forward()	功能： 步进电动机正转
void motor_reverse()	功能： 步进电动机反转
void motor_stop()	功能： 步进电动机停止

二、实训目标

（1）搭建驱动开发与调试环境，完成 360 红外遥控、继电器组和智能插座的连接与设置。

（2）设计 360 红外遥控的 CC2530 处理器驱动程序，通过代码调试分析驱动程序学习和控制功能。

（3）设计继电器组的 CC2530 处理器驱动程序，通过代码调试分析驱动程序开关继电器功能。

（4）设计智能插座的 CC2530 处理器驱动程序，通过代码调试分析驱动程序开关智能插座功能。

（5）设计智能插座的 STM32F407 处理器驱动程序，通过代码调试分析驱动程序开关窗帘功能。

三、实训环境

实训环境见表 5.2.5。

表 5.2.5　实训环境

项　目	具体信息
硬件环境	PC、Pentium 处理器、双核 2 GHz 以上、内存 4 GB 以上
操作系统	Windows 7 64 位及以上操作系统
实训软件	IAR For 8051, IAR For ARM, xLabTools, ZCloudTools
实训器材	360 红外遥控（ZY-YK001xTTL）、继电器组（ZY-JDQ001x485）、智能插座（ZY-CP001xIO）、步进电动机（ZY-BJDJxIO）、LiteB 无线节点 ×3、Plus 无线节点
实训配件	SmartRF04EB 仿真器、J-Link 仿真器、USB 串口线、12 V 电源

四、实训步骤

1. 电器控制模块硬件连线

电器控制模块硬件连线如图 5.2.1、图 5.2.2 和图 5.2.3 所示。

图 5.2.1　电器控制模块硬件连线图 1

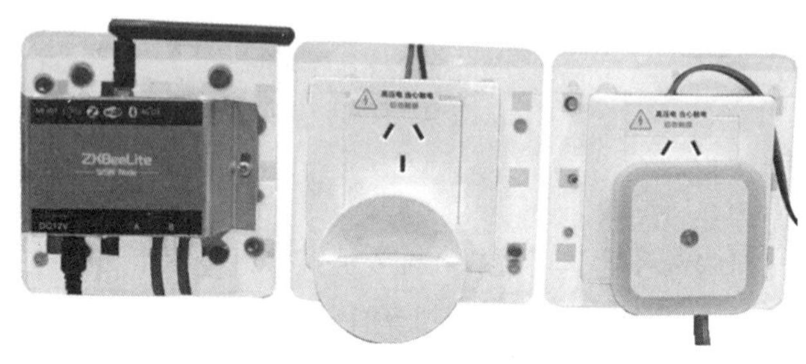

图 5.2.2　电器控制模块硬件连线图 2

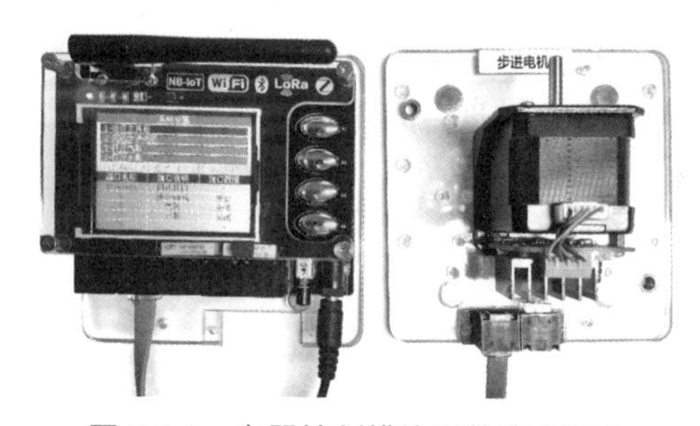

图 5.2.3　电器控制模块硬件连线图 3

2. 360 红外遥控驱动设计与调试

本实训代码路径：实训例程\09-RemoteControlDriver\LiteB\YK001xTTL\Source。

参照附录 A 的 LiteB 节点驱动代码下载与调试将 360 红外遥控代码下载到 LiteB 节点中。

1）修改程序用于驱动调试

首先，找到 sensor.c 文件。需要简单修改一下代码，因为学习模式下的红外键值与学习模式都是通过上层应用发送给节点的。需要修改 D1=1，直接进入学习模式（默认是控制模式）；然后复制 updateV0() 函数里面的两行代码到 MyEventProcess() 函数 MY_REPORT_EVT 事件处理函数里面。同时，修改 MY_REPORT_EVT 事件处理函数的循环时间，改为 10 s，如图 5.2.4、图 5.2.5 所示。

```
f8wConfig.cfg | ZMain.c | sensor.c* | sensor.h | hal_uart.h | OSAL_Timers.c | OSAL_Math.s51 | stdlib.h | OSAL_Clock.c | OSAL.c
44  static uint8 D1 = 1;                                   // 0-遥控/1-学习
45  static uint8 V0 = 30;                                  // V0表示红外遥控键值
46  static uint8 f_ucIrStatus = 0;                         // 控制状态
47  static uint8 f_ucCmd = 0x00;
48  /*********************************************************************
49  * 函数声明
50  *********************************************************************
51  static void node_uart_init(void);
52  static void ir360_send(void);
53  static void ir360_learn(void);
54  static void node_uart_callback(uint8 port, uint8 event);
55
56  /*********************************************************************
57  * 名称: updateV0()
58  * 功能: 更新V0的值
59  * 参数: *val -- 待更新的变量
60  * 返回:
61  * 修改:
62  * 注释:
63  *********************************************************************
64  void updateV0(char *val)
65  {
66    V0 = atoi(val) + 63;                                 // 计算键值
67    if(D1 == 1 && f_ucIrStatus==0){                      // 如果为学习模式
68      osal_start_timerEx(sapi_TaskID, IR_LEARN_EVT, (uint16)(1 * 1000));
69    }else{
70      if (f_ucIrStatus == 0) {
71        ir360_send();                                    // 否则发送键值
72      }
```

图 5.2.4　修改程序用于驱动调试 1

```
f8wConfig.cfg | ZMain.c | sensor.c* | sensor.h | hal_uart.h | OSAL_Timers.c | OSAL_Math.s51 | stdlib.h | OSAL_Clock.c | OSAL.c
245  * 修改:
246  * 注释:
247  *********************************************************************
248  void MyEventProcess( uint16 event )
249  {
250
251    if (event & MY_REPORT_EVT) {
252      sensorUpdate();
253      if(D1 == 1 && f_ucIrStatus==0){                   // 如果为学
254      osal_start_timerEx(sapi_TaskID, IR_LEARN_EVT, (uint16)(1 * 1000));
255    }else{
256      if (f_ucIrStatus == 0) {
257        ir360_send();                                   // 否则发送键
258      }
259    }
260      //启动定时器, 触发事件: MY_REPORT_EVT
261      osal_start_timerEx(sapi_TaskID, MY_REPORT_EVT, 10*1000);
262    }
263    if(event & IR_LEARN_EVT){                           // 检测event是
264      ir360_learn();                                    // 执行操作
265    }
266  }
267
268  /*********************************************************************
269  * 名称: ir360_send()
270  * 功能: 红外遥控工作模式
```

图 5.2.5　修改程序用于驱动调试 2

2）红外学习模式代码分析

然后重新编译程序，烧写程序到节点中。程序轮询到 MY_REPORT_EVT 事件执行，因为 D1 初始化设置为 1，执行定时器函数触发 IR_LEARN_EVT 事件，执行 ir360_learn() 函数，如图 5.2.6 所示。

```
243  * 参数: event -- 事件编号
244  * 返回: 无
245  * 修改:
246  * 注释:
247  ****************************************************************************
248  void MyEventProcess( uint16 event )
249  {
250
251    if (event & MY_REPORT_EVT) {
252      sensorUpdate();
253      if(D1 == 1 && f_ucIrStatus==0){                                  // 如果为学
254      osal_start_timerEx(sapi_TaskID, IR_LEARN_EVT, (uint16)(1 * 1000));
255    }else{
256      if (f_ucIrStatus == 0) {
257        ir360_send();                                                // 否则发送键
258      }
259    }
260      //启动定时器，触发事件：MY_REPORT_EVT
261      osal_start_timerEx(sapi_TaskID, MY_REPORT_EVT, 10*1000);
262    }
263    if(event & IR_LEARN_EVT){                                        // 检测event是
264      ir360_learn();                                                 // 执行操作
265    }
266  }
267
268  /***************************************************************************
```

图 5.2.6　红外学习模式代码分析

在 ir360_learn() 函数中，如图 5.2.7、图 5.2.8 和图 5.2.9 所示。这里 f_ucIrStatus 等于 1, 进入学习模式，发送学习模式的指令。然后 f_ucIrStatus 等于 3，发送需要学习的键值，也就是定义的 V0 的值；否则就超时，发送遥控指令。当 f_ucIrStatus 等于 4，回到状态 0，发送遥控指令。

```
285  static void ir360_learn(void)
286  {
287    uint8 cmd = 0x00;
288    if(f_ucIrStatus == 0){                                           // 红外遥控模
289      f_ucIrStatus = 1;                                              // 状态升级到
290      cmd = LEARN_CMD;
291      HalUARTWrite(HAL_UART_PORT_0, &cmd, 1);                        // 发送学习指
292    }
293    if(f_ucIrStatus == 2){                                           // 红外遥控模
294      f_ucIrStatus = 3;                                              // 模式升级到
295      cmd = V0;
296      HalUARTWrite(HAL_UART_PORT_0, &cmd, 1);                        // 发送键值
297      osal_start_timerEx( sapi_TaskID, IR_LEARN_EVT, (uint16)(30 * 1000));
298    } else if (f_ucIrStatus == 3) {
299      f_ucIrStatus = 0;                                              // 超时
300      cmd = EXIT_CMD;
301      HalUARTWrite(HAL_UART_PORT_0, &cmd, 1);
302    }
303    if(f_ucIrStatus == 4){                                           // 红外遥控模
304      f_ucIrStatus = 0;                                              // 模式回归到
305      cmd = EXIT_CMD;
306      HalUARTWrite(HAL_UART_PORT_0, &cmd, 1);                        // 发送控制模
307    }
```

图 5.2.7　红外学习模式代码分析 1

```
f8wConfig.cfg | ZMain.c | sensor.c | sensor.h | hal_uart.h | OSAL_Timers.c | OSAL_Math.s51 | stdlib.h | OSAL_Clock.c        ir360_learn()
25  #include "sensor.h"
26  #include "zxbee.h"
27  #include "zxbee-inf.h"
28  /*************************************************************************
29  * 宏定义
30  *************************************************************************
31  #define RELAY1              P0_6                                   // 定义继电器
32  #define RELAY2              P0_7                                   // 定义继电器
33  #define ON                  0                                      // 宏定义打开
34  #define OFF                 1                                      // 宏定义关闭
35
36  #define LEARN_CMD                  0xF0                            // 学习模式
37  #define EXIT_CMD                   0xF2                            // 遥控模式
38  #define LEARN_SUCCESS_RET          0x00                            // 学习成功
39  #define LEARN_ERROR_RET            0xFF                            // 学习失败
40  /*************************************************************************
41  * 全局变量
42  *************************************************************************
43  static uint8 D0 = 0;                                               // 默认打开主
44  static uint8 D1 = 1;                                               // 0-遥控/1-
45  static uint8 V0 = 30;                                              // V0表示红外
46  static uint8 f_ucIrStatus = 0;                                     // 控制状态
47  static uint8 f_ucCmd = 0x00;
```

图 5.2.8　红外学习模式代码分析 2

```
f8wConfig.cfg | ZMain.c | sensor.c | sensor.h | hal_uart.h | OSAL_Timers.c | OSAL_Math.s51 | stdlib.h | OSAL_Clock.c        ir360_learn()
318  *************************************************************************
319  static void node_uart_callback ( uint8 port ,uint8 event)
320  {
321    (void)event;
322    uint8  ch;
323    while (Hal_UART_RxBufLen(port))
324    {
325      HalUARTRead (port, &ch, 1);                                   // 读取串口接
326      if(ch == 0xf0 && f_ucIrStatus == 1){                          // 接收到数据
327        f_ucIrStatus = 2;                                           // 进入判断状
328        osal_start_timerEx( sapi_TaskID, IR_LEARN_EVT, (uint16)(1 * 1000));
329      }
330      else if(ch == 0x00 && f_ucIrStatus == 3){                     // 接收到数据
331        f_ucIrStatus = 4;                                           // 进入状态判
332        osal_start_timerEx( sapi_TaskID, IR_LEARN_EVT, (uint16)(2 * 1000));
333      }
334      else if(ch == 0xff && f_ucIrStatus == 1){                     // 接收到数据
335        f_ucIrStatus = 0;                                           // 进入状态判
336        osal_start_timerEx( sapi_TaskID, IR_LEARN_EVT, (uint16)(2 * 1000));
```

图 5.2.9　红外学习模式代码分析 3

在 node_uart_callback() 函数中读取接收到的数据，ch 为接收到的数据。ch 值为 0x00 表示学习成功。

3）红外控制模式代码分析

在 updateV0() 函数中，D1 为 0 的时候进入控制模式，发送键值，如图 5.2.10 所示。

```
53  static void ir360_learn(void);
54  static void node_uart_callback(uint8 port, uint8 event);
55
56  /*********************************************************************
57  * 名称: updateV0()
58  * 功能: 更新V0的值
59  * 参数: *val -- 待更新的变量
60  * 返回:
61  * 修改:
62  * 注释:
63  *********************************************************************
64  void updateV0(char *val)
65  {
66    V0 = atoi(val) + 63;                                    // 计算键值
67    if(D1 == 1 && f_ucIrStatus==0){                         // 如果为学习模式
68      osal_start_timerEx(sapi_TaskID, IR_LEARN_EVT, (uint16)(1 * 1000));
69    }else{
70      if (f_ucIrStatus == 0) {
71        ir360_send();                                       // 否则发送键值
72      }
73    }
74  }
75  /*********************************************************************
76  * 名称: updateA0()
77  * 功能: 更新A0的值
78  * 参数:
```

图 5.2.10　红外控制模式代码分析 1

在 ir360_send() 函数中，通过 HalUARTWrite() 函数将键值 V0 通过串口发送给 360 红外遥控器。然后 360 红外遥控器就可以进行控制，如图 5.2.11 所示。

```
263
264  /*********************************************************************
265  * 名称: ir360_send()
266  * 功能: 红外遥控工作模式
267  * 参数: key -- 事件编号
268  * 返回: 无
269  * 修改:
270  * 注释:
271  *********************************************************************
272  static void ir360_send()
273  {
274    HalUARTWrite(HAL_UART_PORT_0, &V0, 1);                   // 向360° 红外
275  }
276
277  /*********************************************************************
278  * 名称: ir360_learn()
279  * 功能: 红外遥控学习模式
280  * 参数: key -- 事件编号
281  * 返回: 无
282  * 修改:
283  * 注释:
284  *********************************************************************
285  static void ir360_learn(void)
```

图 5.2.11　红外控制模式代码分析 2

4）红外遥控学习模式调试

将代码编译下载到 LiteB 节点中，然后进入调试模式。在 node_uart_callback() 函数中设置断点，如图 5.2.12 所示，运行程序。程序跳至断点处，进入学习模式，f_ucIrStatus 等于 2。

```
317  * 注释:
318  ***********************************************************************
319  static void node_uart_callback ( uint8 port ,uint8 event)
320  {
321    (void)event;
322    uint8  ch;
323    while (Hal_UART_RxBufLen(port))
324    {
325      HalUARTRead (port, &ch, 1);                                  // 读取串
326      if(ch == 0xf0 && f_ucIrStatus == 1){                          // 接收到
327        f_ucIrStatus = 2;                                          // 进入判
328        osal_start_timerEx( sapi_TaskID, IR_LEARN_EVT, (uint16)(1 * 1000));
329      }
330      else if(ch == 0x00 && f_ucIrStatus == 3){                     // 接收到
331        f_ucIrStatus = 4;                                          // 进入状
332        osal_start_timerEx( sapi_TaskID, IR_LEARN_EVT, (uint16)(2 * 1000));
333      }
334      else if(ch == 0xff && f_ucIrStatus == 1){                     // 接收到
335        f_ucIrStatus = 0;                                          // 进入状
336        osal_start_timerEx( sapi_TaskID, IR_LEARN_EVT, (uint16)(2 * 1000));
337      }
338      else if(ch == 0xff && f_ucIrStatus == 3){                     // 接收到
339        f_ucIrStatus = 2;                                          // 进入判
340        osal_start_timerEx( sapi_TaskID, IR_LEARN_EVT, (uint16)(2 * 1000));
341      }
```

图 5.2.12　红外遥控学习模式调试 1

在 f_ucIrStatus 等于 2 的时候，在 ir360_learn() 函数中设置断点，运行程序，跳至断点，发送学习的键值，如图 5.2.13 所示。

```
281  * 返回: 无
282  * 修改:
283  * 注释:
284  ***********************************************************************
285  static void ir360_learn(void)
286  {
287    uint8 cmd = 0x00;
288    if(f_ucIrStatus == 0){                                         // 红外遥
289      f_ucIrStatus = 1;                                            // 状态升
290      cmd = LEARN_CMD;
291      HalUARTWrite(HAL_UART_PORT_0, &cmd, 1);                      // 发送学
292    }
293    if(f_ucIrStatus == 2){                                         // 红外遥
294      f_ucIrStatus = 3;                                            // 模式升
295      cmd = V0;
296      HalUARTWrite(HAL_UART_PORT_0, &cmd, 1);                      // 发送键
297      osal_start_timerEx( sapi_TaskID, IR_LEARN_EVT, (uint16)(30 * 1000));
298    } else if (f_ucIrStatus == 3) {
299      f_ucIrStatus = 0;                                            // 超时
300      cmd = EXIT_CMD;
301      HalUARTWrite(HAL_UART_PORT_0, &cmd, 1);
302    }
303    if(f_ucIrStatus == 4){                                         // 红外遥
304      f_ucIrStatus = 0;                                            // 模式回
```

图 5.2.13　红外遥控学习模式调试 2

运行程序，360 红外遥控器上的蓝色灯闪烁两次，使用遥控器对准 360 红外遥控器按下按键（例如，显示屏开关按键），程序跳至断点处，表示学习成功，如图 5.2.14 所示。

```
317  * 注释:
318  ******************************************************************
319  static void node_uart_callback ( uint8 port ,uint8 event)
320  {
321    (void)event;
322    uint8  ch;
323    while (Hal_UART_RxBufLen(port))
324    {
325      HalUARTRead (port, &ch, 1);                          // 读取串
326      if(ch == 0xf0 && f_ucIrStatus == 1){                 // 接收到
327        f_ucIrStatus = 2;                                  // 进入判
328        osal_start_timerEx( sapi_TaskID, IR_LEARN_EVT, (uint16)(1 * 1000));
329      }
330      else if(ch == 0x00 && f_ucIrStatus == 3){            // 接收到
331        f_ucIrStatus = 1;                                  // 进入状
332        osal_start_timerEx( sapi_TaskID, IR_LEARN_EVT, (uint16)(2 * 1000));
333      }
334      else if(ch == 0xff && f_ucIrStatus == 1){            // 接收到
335        f_ucIrStatus = 0;                                  // 进入状
336        osal_start_timerEx( sapi_TaskID, IR_LEARN_EVT, (uint16)(2 * 1000));
337      }
338      else if(ch == 0xff && f_ucIrStatus == 3){            // 接收到
339        f_ucIrStatus = 2;                                  // 进入判
```

图 5.2.14　红外遥控学习模式调试 3

5）红外遥控控制模式调试

程序中修改 D1 的值为 0。进入遥控控制模式。重新编译代码，烧写程序到 LiteB 节点中，进入调试模式，如图 5.2.15 所示。

```
35
36  #define LEARN_CMD              0xF0           // 学习模式
37  #define EXIT_CMD               0xF2           // 遥控模式
38  #define LEARN_SUCCESS_RET      0x00           // 学习成功
39  #define LEARN_ERROR_RET        0xFF           // 学习失败
40  /*****************************************************************
41  * 全局变量
42  ******************************************************************
43  static uint8 D0 = 0;                          // 默认打开主动上报功能
44  static uint8 D1 = 0;                          // 0-遥控/1-学习
45  static uint8 V0 = 30;                         // V0表示红外遥控键值
46  static uint8 f_ucIrStatus = 0;                // 控制状态
47  static uint8 f_ucCmd = 0x00;
48  /*****************************************************************
49  * 函数声明
50  ******************************************************************
51  static void node_uart_init(void);
52  static void ir360_send(void);
53  static void ir360_learn(void);
54  static void node_uart_callback(uint8 port, uint8 event);
55
56  /*****************************************************************
57  * 名称: updateV0()
58  * 功能: 更新V0的值
```

图 5.2.15　红外遥控控制模式调试 1

在 MyEventProcess () 函数中设置断点，如图 5.2.16、图 5.2.17 所示，运行程序，跳至断点处，执行 ir360_send() 函数。

```
248 void MyEventProcess( uint16 event )
249 {
250
251   if (event & MY_REPORT_EVT) {
252     sensorUpdate();
253     if(D1 == 1 && f_ucIrStatus==0){
254     osal_start_timerEx(sapi_TaskID, IR_LEARN_EVT, (uint16)
255   }else{
256     if (f_ucIrStatus == 0) {
257       ir360_send();
258     }
259   }
260     //启动定时器，触发事件：MY_REPORT_EVT
261     osal_start_timerEx(sapi_TaskID, MY_REPORT_EVT, 10*100(
262   }
263   if(event & IR_LEARN_EVT){
264     ir360_learn();
265   }
266 }
```

图 5.2.16　红外遥控控制模式调试 2

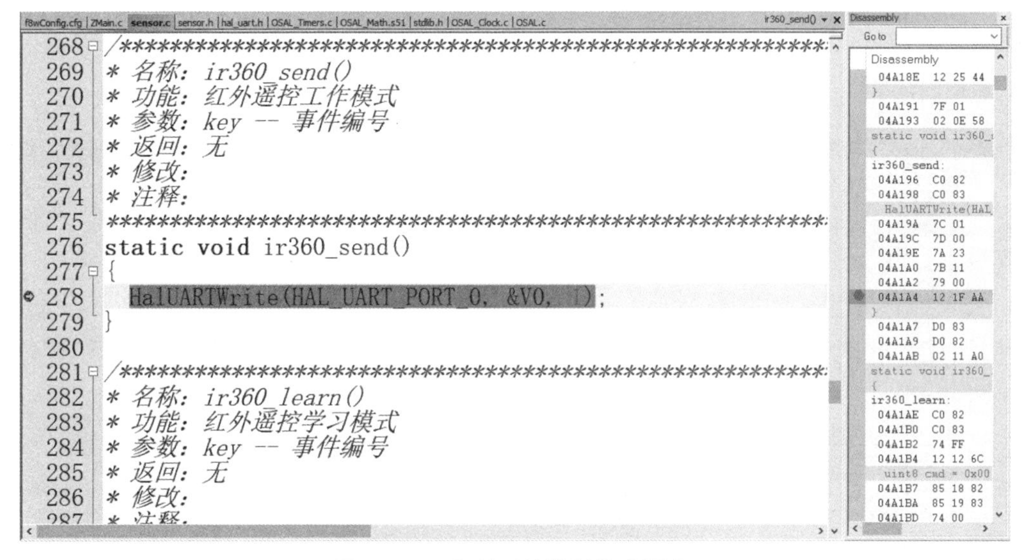

图 5.2.17　红外遥控控制模式调试 3

3. 继电器组驱动设计与调试

实训代码路径：实训例程\09-RemoteControlDriver\LiteB\JDQ001x485\Source。

参照附录 A 的 LiteB 节点驱动代码下载与调试将继电器代码下载到 LiteB 节点中。

1）发送控制指令控制继电器开关

因为不使用无线，所以需要写入控制指令来测试继电器是否能够正常开关。

如图 5.2.18 所示，找到 relay.c 文件的 relay_control() 函数，首先分析一下 relay_on_cmd[6] 数组。初始值为 {0xFB,0x03,0x01,0xBA,0x01,0xF5 }，0xFB 是协议头，0x03 是数据长度，0x01 是 RS-485 地址，0xBA 是数据传输方向，这里代表写入，0x01 代表读取状态，在 relay_status() 函数里面。如图 5.2.18 所示，0x01 代表控制命令，0xF5 是校验码。

```
142 /************************************************************************
143 * 名称: relay_control
144 * 功能: 继电器控制
145 * 参数: 无
146 * 返回: 无
147 * 修改:
148 * 注释:
149 ************************************************************************/
150 void relay_control(unsigned char cmd)
151 {
152   uint8 relay_on_cmd[6] = {0xFB,0x03,0x01,0xBA,0x01,0xF5};
153   relay_on_cmd[4] = cmd;
154   relay_on_cmd[5] = (relay_on_cmd[1] + relay_on_cmd[2] + relay_on_cmd[3] + relay_on_cmd[4]) & 0xff;
155   uart_485_write(relay_on_cmd, 6);
156 }
157
158 /************************************************************************
159 * 名称: relay_status
160 * 功能: 继电器状态
161 * 参数: 无
162 * 返回: 无
163 * 修改:
```

图 5.2.18　relay_control() 函数

通过这种协议格式向 RS-485 写入控制命令控制继电器开关，如图 5.2.19 所示，修改 relay_init() 函数里面的 relay_control() 函数的参数控制继电器。

```
93 * 名称: relay_init
94 * 功能: 噪声传感器初始化
95 * 参数: 无
96 * 返回: 无
97 * 修改:
98 * 注释:
99 ************************************************************************
100 void relay_init(void)
101 {
102   node_uart_init();
103   relay_control(0x00);
104 }
105 /************************************************************************
106 * 名称: uart_485_write()
107 * 功能: 写485通讯
108 * 参数: pbuf -- 输入参数，发送命令指针
109 *        len -- 输入参数，发送命令长度
```

图 5.2.19　relay_control() 函数控制继电器

2）继电器调试

修改 relay_control() 函数的参数，修改为 0x01，编译程序，下载到 LiteB 节点中，进入调试模式，如图 5.2.20 所示。

```
91
92 /*********************************************************************
93 * 名称：relay_init
94 * 功能：噪声传感器初始化
95 * 参数：无
96 * 返回：无
97 * 修改：
98 * 注释：
99 *********************************************************************
100 void relay_init(void)
101 {
102   node_uart_init();
103   relay_control(0x01);
104 }
105 /*********************************************************************
106 * 名称：uart_485_write()
107 * 功能：写485通讯
108 * 参数：pbuf -- 输入参数，发送命令指针
109 *       len -- 输入参数，发送命令长度
110 * 返回：无
```

图 5.2.20　继电器调试

运行程序，程序跳至断点，再运行程序，继电器打开，如图 5.2.21 所示。控制继电器是高电平开，低电平关。总共有 4 个继电器。控制第 1 个继电器，最低位为 1，二进制对应 0b0001，十进制为 1。修改 cmd 为 1，烧写程序执行。如图 5.2.22 所示，可以看见第 1 个继电器打开，对应蓝色灯点亮。

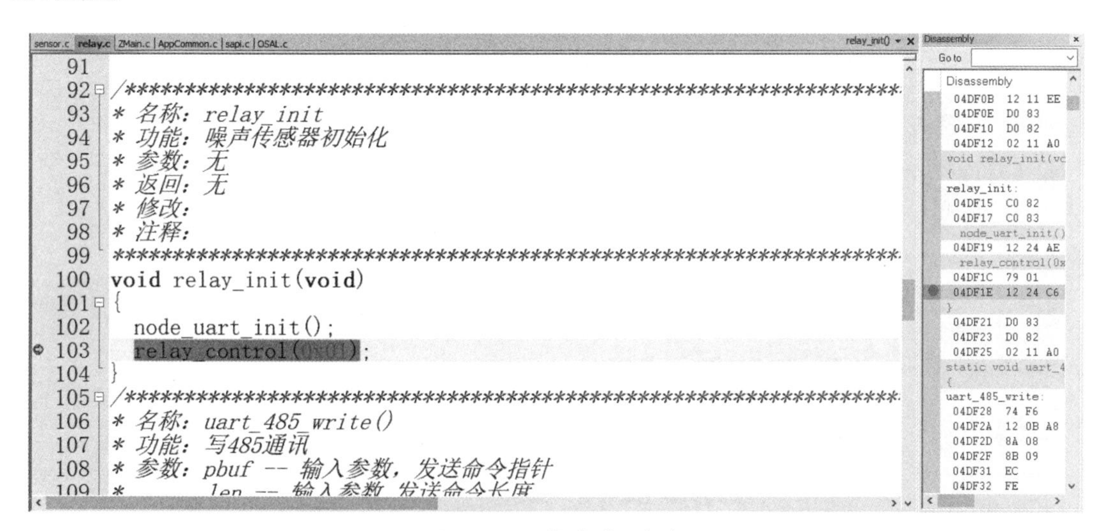

图 5.2.21　程序跳至断点

4. 智能插座驱动设计与调试

本实训代码路径：实训例程\09-RemoteControlDriver\LiteB\ZNCZ001xIO\Source。

参照附录 A 的 LiteB 节点驱动代码下载与调试将智能插座代码下载到 LiteB 节点中。

智能插座主要是继电器通过 I/O 口控制开关。

图 5.2.22　继电器打开蓝色灯被点亮

5. 步进电动机驱动设计与调试

本实训代码路径：实训例程 \09-RemoteControlDriver\PlusB\NYTJ001 文件夹。

参照附录 A 的 Plus 节点驱动代码下载与调试将农业套件代码下载到 Plus 节点中。

1）通过按键去控制步进电动机的开关

首先，在 sensor.c 文件里找到 sensor_control () 函数，通过 motor_control () 函数对步进电动机进行控制，如图 5.2.23 所示。

```
244  * 注释:
245  *****************************************************************************
246  void sensor_control(unsigned char cmd)
247  {
248      if(cmd & 0x01)
249      {
250          relay_on(1);
251      }
252      else
253      {
254          relay_off(1);
255      }
256      if(cmd & 0x02)
257      {
258          relay_on(2);
259      }
260      else
261      {
262          relay_off(2);
263      }
264      motor_control(cmd);
265  }
```

图 5.2.23 motor_control () 函数对步进电动机进行控制

通过函数查找 sensor_control() 函数调用，option_2_Handle() 函数控制步进电动机开关。option_4_Handle() 函数控制水泵开关，如图 5.2.24 所示。

```
34   *****************************************************
35   void option_2_Handle(optionStatus_t status)
36   {
37       if(status==SELECT)
38       {
39           D1 |= 0x04;
40       }
41       else if(status==UNSELECT)
42       {
43           D1 &= ~(0x04);
44       }
45       sensor_control(D1);
46   }
```

图 5.2.24 控制步进电动机开关以及水泵开关

对于按键的判断，在 key.c 文件 PROCESS_THREAD(KeyProcess, ev, data) 线程中获取按键值，如图 5.2.25 所示。

在 PROCESS_THREAD(LcdProcess, ev, data) 线程中执行按键事件，调用按键处理函数 lcdKeyHandle() 处理按键值，如图 5.2.26、图 5.2.27 所示。

```
24  ****************************************************************************
25  PROCESS_THREAD(KeyProcess, ev, data)
26  {
27      PROCESS_BEGIN();
28
29      static struct etimer key_timer;
30      static uint8_t keyStatus=0,keyFlag=1;
31
32      key_init();
33      key_event = process_alloc_event();
34
35      while (1)
36      {
37          keyStatus = get_key_status();
38          if(keyStatus==0)
39          {
40              keyFlag=1;
41          }
42          else if(keyFlag)
43          {
44              keyFlag=0;
45              process_post(PROCESS_BROADCAST, key_event, &keyStatus);
46          }
47          etimer_set(&key_timer,50);
```

图 5.2.25　按键的判断

```
553                 lcdInitPage(SysInit_Status,timeoutCount);
554                 if(SysInit_Status == 4)
555                 {
556                     SysInit_Status = 0xff;
557                     lcdShowPage(0x80);
558                 }
559             }
560
561             if(ev==key_event)
562             {
563                 if(SysInit_Status == 0xff)
564                 {
565                     lcdKeyHandle(*((unsigned char*)data));
566                 }
567             }
568
569             if(ev == PROCESS_EVENT_TIMER)
570             {
571                 if(etimer_expired(&lcd_timeout))
572                 {
573                     etimer_set(&lcd_timeout,1000);
```

图 5.2.26　线程中执行按键事件

```
514
515 void lcdKeyHandle(unsigned char keyValue)
516 {
517     if(lcdPageIndex)
518     {
519         menuKeyHandle(keyValue);
520     }
521     else if(keyValue==0x01)
522     {
523         lcdPageIndex = 1;
524         lcdShowPage(0x80);
525     }
526 }
527
528 PROCESS(LcdProcess, "LcdProcess");
```

图 5.2.27　处理按键值

4 个按键对应 4 种功能，即确定、退出、向上、向下，如图 5.2.28 所示。

```
316 }
317
318 void menuKeyHandle(unsigned char keyStatus)
319 {
320     switch(keyStatus)
321     {
322         case 0x01:
323             menuConfirmHandle();
324             break;
325         case 0x02:
326             menuExitHandle();
327             break;
328         case 0x04:
329             menuKeyUpHandle();
330             break;
331         case 0x08:
332             menuKeyDownHandle();
333             break;
334     }
335 }
```

图 5.2.28　4 个按键对应 4 种功能

在 menuConfirmHandle() 函数中，比较选项状态是否等于 SELECT。调用 optionCallFunc_set() 的 menu.optionHandle[optionIndex–1]() 函数，参数为 optionStatus_t 枚举值 0 和 1，如图 5.2.29 所示。

```
277     menuShowOptionList(refresh);
278     menuShowHint(refresh);
279     lcdShowTable(refresh);
280 }
281
282 /*****************************************************************************
283 菜单操作
284 *****************************************************************************/
285
286 void menuConfirmHandle(void)
287 {
288     menu.optionState[menu.index-1] = (menu.optionState[menu.index-1]==SELECT)?UNSELECT:SELECT;
289     if(menu.optionHandle[menu.index-1] != NULL)
290         menu.optionHandle[menu.index-1](menu.optionState[menu.index-1]);
291 }
292
293 void menuExitHandle()
294 {
295     menu.index=1;
296     lcdPageIndex=0;
```

图 5.2.29　比较选项状态及调用函数

2）步进电动机控制调试

下载程序，烧写程序到 Plus 节点中，如图 5.2.30 所示，设置断点，运行程序，按下 K1 按键，进入系统设置界面，如图 5.2.31 所示。

```
318 void menuKeyHandle(unsigned char keyStatus)
319 {
320     switch(keyStatus)
321     {
322         case 0x01:
323             menuConfirmHandle();
324             break;
325         case 0x02:
326             menuExitHandle();
327             break;
328         case 0x04:
329             menuKeyUpHandle();
330             break;
331         case 0x08:
332             menuKeyDownHandle();
333             break;
334     }
335 }
336
337
```

图 5.2.30　烧写程序到 Plus 节点中

图 5.2.31　设置断点按下 K1 键进入系统设置界面

按下 K4 键，程序跳至断点，menu.index 加 1，如图 5.2.32 所示。

```
318 void menuKeyHandle(unsigned char keyStatus)
319 {
320     switch(keyStatus)
321     {
322         case 0x01:
323             menuConfirmHandle();
324             break;
325         case 0x02:
326             menuExitHandle();
327             break;
328         case 0x04:
329             menuKeyUpHandle();
330             break;
331         case 0x08:
332             menuKeyDownHandle();
333             break;
334     }
335 }
```

图 5.2.32　按下 K4 键

运行程序，Plus 节点显示屏上界面条目向下移动，指向启动步进电动机，如图 5.2.33 所示。

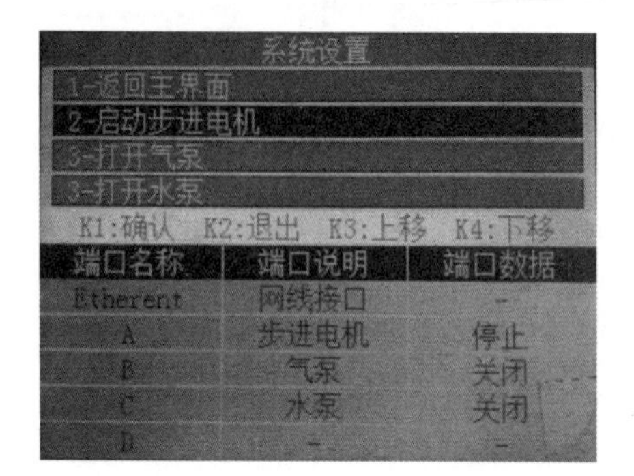

图 5.2.33 指向启动步进电动机

如图 5.2.34、图 5.2.35 所示，在 menuConfirmHandle() 函数处设置断点，按下 K1 键，程序运行至断点处，然后在 menu.optionHandle[menu.index−1](menu.optionState[menu.index−1]) 处设置断点，将 menu.optionState[menu.index−1] 添加到 watch 窗口，运行程序，跳至断点处，得到 menu.optionState[menu.index−1] 值为 SELECT。

```
316 }
317
318 void menuKeyHandle(unsigned char keyStatus)
319 {
320     switch(keyStatus)
321     {
322         case 0x01:
323             menuConfirmHandle();
324             break;
325         case 0x02:
326             menuExitHandle();
327             break;
328         case 0x04:
329             menuKeyUpHandle();
330             break;
331         case 0x08:
332             menuKeyDownHandle();
333             break;
334     }
335 }
```

图 5.2.34 设置断点

```
283 菜单操作
284 ***************************************************************
285
286 void menuConfirmHandle(void)
287 {
288     menu.optionState[menu.index-1] = (menu.optionState[menu.index-1]
289     if(menu.optionHandle[menu.index-1] != NULL)
290         menu.optionHandle[menu.index-1](menu.optionState[menu.index-
291 }
292
293 void menuExitHandle()
294 {
295     menu.index=1;
296     lcdPageIndex=0;
297     lcdShowPage(0x80);
298 }
299
300 void menuKeyUpHandle()
301 {
302     menu.index--;
```

Expression	Value	Location
Cmd	Error (c...	
menu.op...	SELECT	0x20000

图 5.2.35 跳至断点处

找到 api_lcd.c 文件，在 option_2_Handle() 函数的 D1 |= 0x04 处设置断点，运行程序，跳至断点，D1 置为 4；然后调用 sensor_control() 函数控制步进电动机打开，如图 5.2.36 所示。

```
key.h | sensor.c | drive_key.c | key.c | sensor_process.c | lcdMenu.c | lcdMenu.h | cc.h | contiki-main.c | relay.c | api_lcd.c
35  void option_2_Handle(optionStatus_t status)
36  {
37      if(status==SELECT)
38      {
39          D1 |= 0x04;
40      }
41      else if(status==UNSELECT)
42      {
43          D1 &= ~(0x01);
44      }
45      sensor_control(D1);
46  }
```

图 5.2.36　控制步进电动机打开

在 sensor_control() 函数中设置断点，运行程序，程序跳至 motor_control(cmd) 中，如图 5.2.37 所示。

```
key.h | sensor.c | drive_key.c | key.c | sensor_process.c | lcdMenu.c | lcdMenu.h | cc.h | contiki-main.c | relay.c | api_lcd.c
246  void sensor_control(unsigned char cmd)
247  {
248      if(cmd & 0x01)
249      {
250          relay_on(1);
251      }
252      else
253      {
254          relay_off(1);
255      }
256      if(cmd & 0x02)
257      {
258          relay_on(2);
259      }
260      else
261      {
262          relay_off(2);
263      }
264      motor_control(cmd);
265  }
```

图 5.2.37　程序跳至 motor_control(cmd)

进入 motor_control(cmd) 中，设置断点，运行程序，通过对 cmd 判断程序跳至断点，如图 5.2.38 所示。

```
key.h | sensor.c | drive_key.c | key.c | sensor_process.c | lcdMenu.c | lcdMenu.h | cc.h | contiki-main.c | relay.c | api_lcd.c
79  void motor_control(unsigned char Cmd)
80  {
81      if(Cmd & 0x04)
82      {
83          if(Cmd & 0x08)
84          {
85              motor_reverse();
86              pulseNum = V1 * 5 / 9 + 4;
87          }
88          else
89          {
90              motor_forward();
91              pulseNum = V1 * 5 / 9 + 4;
92          }
93          motorRun = 1;
94          TIM_Cmd(TIM2, ENABLE);
95      }
```

图 5.2.38　通过对 cmd 判断程序跳至断点 1

进入 motor_forward() 函数，设置断点如图 5.2.39 所示。通过设置 GPIO 口来使步进电动机运动，如图 5.2.39 所示。

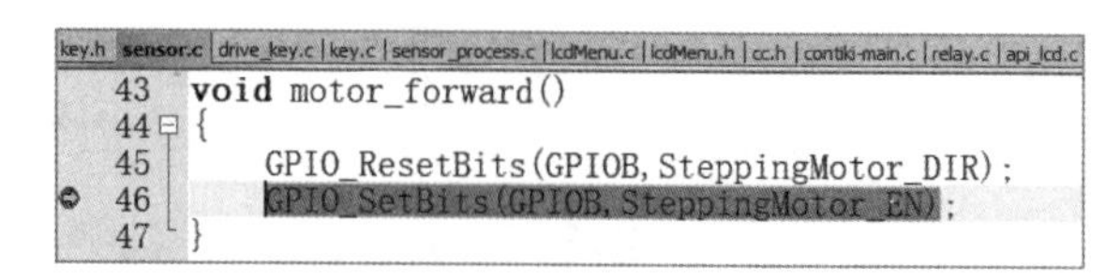

图 5.2.39　通过对 cmd 判断程序跳至断点 2

五、注意事项

控制继电器的顺序从左到右。

六、实训评价

过程质量管理见表 5.2.6。

表 5.2.6　过程质量管理

姓名			组名	
评分项目		分值	得分	组内管理人
通用部分（40 分）	团队合作能力	10		
	任务完成情况	10		
	功能实现展示	10		
	解决问题能力	10		
专业能力（60 分）	电器控制模块硬件连线	10		
	360 红外遥控驱动设计与调试	20		
	继电器组驱动设计与调试	10		
	智能插座驱动设计与调试	10		
	步进电动机	10		
过程质量得分				

实训 3　智能家居（电器控制模块）通信设计

一、相关知识

电器远程控制系统采用智云传感器驱动框架开发，实现了传感器数据的定时上报、数据的查询、报警事件处理、无线数据包的封包/解包等功能。下面详细分析电器远程控制系统项目的程序逻辑。

（1）传感器应用部分：在 sensor.c 文件中实现，包括传感器硬件初始化（sensorInit()）、传感器节点入网调用（sensoLinkOn()）、传感器数值上报（sensoUpdate()）、处理下行的用户命令（ZXBeeUserProcess()）、用户事件处理（MyEventProcess()），见表 5.3.1。

（2）无线数据的收发处理：在 zxbee-inf.c 文件中实现，包括 ZigBee 无线数据的收发处理函数。

（3）无线数据的封包/解包：在 zxbee.c 文件中实现，封包函数有 ZXBeeBegin()、ZXBeeAdd(char* tag, char* val)、ZXBeeEnd(void)，解包函数有 ZXBeeDecodePackage(char *pkg, int len)。

表 5.3.1　传感器通信应用接口函数

函数名称	函数说明
sensorInit()	传感器硬件初始化
sensorLinkOn ()	传感器节点入网调用
sensorUpdate()	传感器数值上报
sensorControl()	传感器/执行器控制函数
sensorCheck ()	传感器预警监测及处理函数
ZXBeeInfRecv()	解析接收到的传感器控制命令函数
MyEventProcess()	用户事件处理

二、实训目标

（1）搭建无线开发与调试环境，完成 360 红外遥控、继电器组、步进电动机的连接与设置。

（2）设计 360 红外遥控设备的 ZigBee 无线数据包传输程序，通过代码调试分析数据的上行功能。

（3）设计继电器组的 ZigBee 无线数据包传输程序，通过代码调试分析控制指令的下行功能。

（4）设计步进电动机的 ZigBee 无线数据包传输程序，通过代码调试分析控制指令的下行功能。

三、实训环境

实训环境见表 5.3.2。

表 5.3.2　实训环境

项　目	具体信息
硬件环境	PC、Pentium 处理器、双核 2 GHz 以上、内存 4 GB 以上
操作系统	Windows 7 64 位及以上操作系统
实训软件	IAR For 8051, IAR For ARM, xLabTools, ZCloudTools
实训器材	360 红外遥控（ZY-YK001xTTL）、继电器组（ZY-JDQ001x485）、智能插座（ZY-CP001xIO）、步进电动机（ZY-BJDJxIO）、LiteB 无线节点 ×3、Plus 无线节点
实训配件	SmartRF04EB 仿真器、J-Link 仿真器、USB 串口线、12 V 电源

四、实训步骤

1. 通信协议设计与分析

本实训主要使用的是360红外遥控、继电器组、智能插座、步进电动机。其ZXBee协议定义见表5.3.3。

表5.3.3 ZXBee协议定义

节点类型	传感器名称	TYPE	参数	含义	读写权限	说明
LiteB	360红外遥控	100	D1(OD1/CD1)	模式	R(W)	1：学习模式；2：遥控模式
			V0	键值	RW	学习的键值，取值0～15
LiteB	继电器组	003	D1(OD1/CD1)	继电器控制	R(W)	D1的bit0～bit3分别表示4路继电器的开关。0表示继电器不吸合；1表示继电器吸合
LiteB	智能插座	237	D1(OD1/CD1)	插座开关控制	R(W)	D1的bit0和bit1分别表示智能插座的开关。0表示关闭插座；1表示打开插座
PlusB	步进电动机	851	D1(OD1/CD1)	步进电动机控制	R(W)	D1的bit0和bit1分别表示气泵和水泵开关状态。1表示开，0表示关。 D1的bit3和bit2表示步进电动机的转动状态。11表示反转，01表示正转，10和00表示停止

2. 节点通信硬件环境与程序下载

（1）无线通信整体硬件连接图如图5.3.1所示。

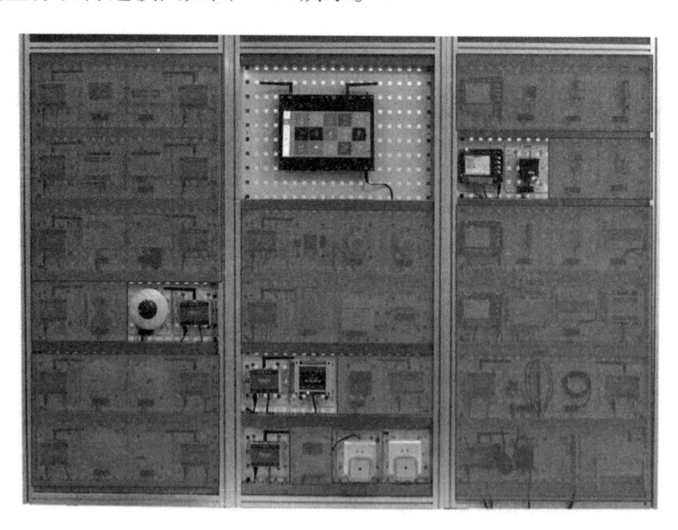

图5.3.1 无线通信整体硬件连接图

（2）网关程序下载设置。网关程序默认已经下载好，如网关程序有误，请联系售后。

（3）节点程序下载。本实训代码路径：

360红外遥控：实训例程\10-RemoteControlWsn\LiteB\YK001xTTL文件夹。

继电器组：实训例程\10-RemoteControlWsn\LiteB\JDQ001x485文件夹。

智能插座：实训例程\10-RemoteControlWsn\LiteB\ZNCZ001xIO文件夹。

步进电动机控制器：实训例程\10-RemoteControlDriver\PlusB 中的 NYTJ001 文件夹。

参照附录 A 的 LiteB 节点驱动代码下载与调试将 360 红外遥控和继电器组代码下载到 LiteB 节点中。

参照附录 A 的 1.2 PlusB 节点驱动代码下载与调试将步进电动机代码下载到 PlusB 节点中。

3. 无线通信程序调试

在进行组网之前，需要修改 PANID 和 CHANNEL。保证节点的 PANID、CHANNEL 和协调器一致。修改的方式有两种具体见单元 4 相关内容。

1）360 红外遥控节点从上层接收红外遥控键值

在 ZXBeeUserProcess() 函数里 D1 |= val 和 updateV0() 设置断点，在 ZCloudTools 工具上面数据分析区，选择红外遥控节点，然后发送命令 {OD1=1}，程序跳至断点处，主要的作用是将 360 红外遥控模式设置为学习模式；然后运行程序，发送命令 {V0=10}，程序跳至断点处，更新 V0 值，如图 5.3.2 ~ 图 5.3.5 所示。

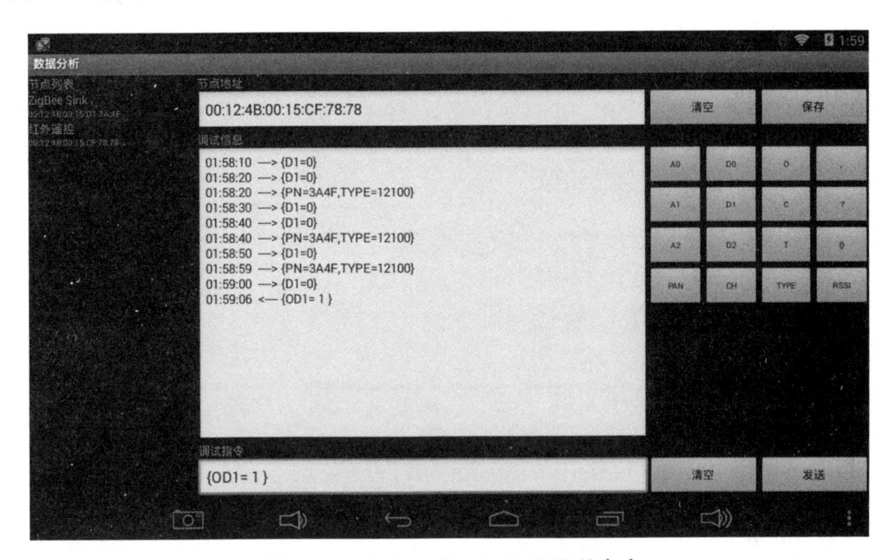

图 5.3.2　ZCloudTools 工具发送命令

```
204  if (0 == strcmp("CD0", ptag)){                 // 对D0的位进行
205    D0 &= ~val;
206  }
207  if (0 == strcmp("OD0", ptag)){                 // 对D0的位进行
208    D0 |= val;
209  }
210  if (0 == strcmp("D0", ptag)){                  // 查询上报使能
211    if (0 == strcmp("?", pval)){
212      ret = sprintf(p, "%u", D0);
213      ZXBeeAdd("D0", p);
214    }
215  }
216  if (0 == strcmp("CD1", ptag)){                 // 对D1的位进行
217    D1 &= ~val;
218    //sensorControl(D1);                           // 处理执行命
219  }
220  if (0 == strcmp("OD1", ptag)){                 // 对D1的位进行
221    D1 |= val;
222    //sensorControl(D1);                           // 处理执行命
223  }
224  if (0 == strcmp("D1", ptag)){                  // 查询执行器命
225    if (0 == strcmp("?", pval)){
226      ret = sprintf(p, "%u", D1);
227      ZXBeeAdd("D1", p);
```

图 5.3.3　D1 |= val 设置断点

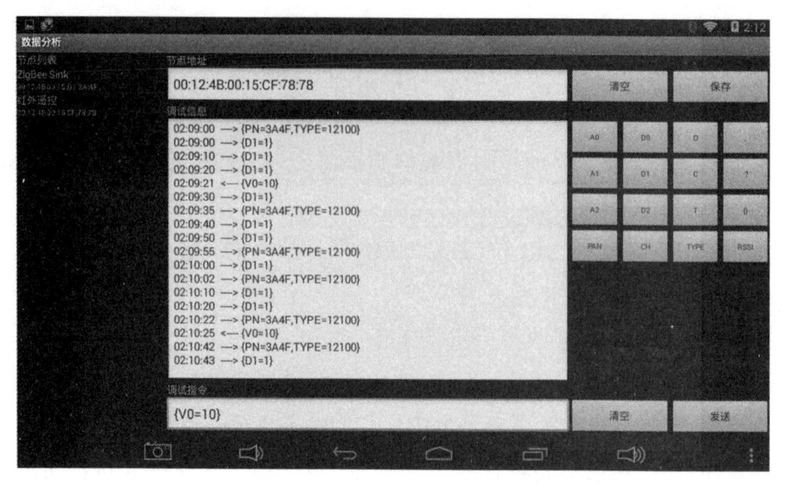

图 5.3.4　ZCloudTools 工具发送命令

```
219   }
220   if (0 == strcmp("OD1", ptag)){                    // 对D1的位进行
221     D1 |= val;
222     //sensorControl(D1);                            // 处理执行命
223   }
224   if (0 == strcmp("D1", ptag)){                     // 查询执行器命
225     if (0 == strcmp("?", pval)){
226       ret = sprintf(p, "%u", D1);
227       ZXBeeAdd("D1", p);
228     }
229   }
230   if (0 == strcmp("V0", ptag)){
231     if (0 == strcmp("?", pval)){
232       ret = sprintf(p, "%u", V0);                   // 上报时间间隔
233       ZXBeeAdd("V0", p);
234     }else{
235       updateV0(pval);
236     }
237   }
238   return ret;
239 }
240 /*********************************************************************
241 * 名称: MyEventProcess()
242 * 功能: 自定义事件处理
```

图 5.3.5　updateV0() 设置断点

然后在 MyEventProcess() 函数里 ir360_learn() 设置断点，如图 5.3.6 所示，运行程序，执行此函数。然后就可以学习红外遥控键值了。

```
240 /*********************************************************************
241 * 名称: MyEventProcess()
242 * 功能: 自定义事件处理
243 * 参数: event -- 事件编号
244 * 返回: 无
245 * 修改:
246 * 注释:
247 *********************************************************************
248 void MyEventProcess( uint16 event )
249 {
250
251   if (event & MY_REPORT_EVT) {
252     sensorUpdate();
253     //启动定时器，触发事件: MY_REPORT_EVT
254     osal_start_timerEx(sapi_TaskID, MY_REPORT_EVT, 10*1000);
255   }
256   if(event & IR_LEARN_EVT){                          // 检测e
257     ir360_learn();                                   // 执行操
258   }
259 }
260
261 /*********************************************************************
262 * 名称: ir360_send()
```

图 5.3.6　ir360_learn() 设置断点

2）继电器命令控制函数调试

接收控制继电器的指令并控制继电器开关。首先找到 sensor.c 文件的 ZXBeeUserProcess() 函数，在 relay_control(D1) 处设置断点，如图 5.3.7 所示。然后在网关上打开 ZCloudTools 应用程序，打开数据分析，选择继电器节点，在调试指令处输入指令 {OD1=1}，单击“发送”按钮，如图 5.3.8 所示。程序运行至断点，表示接收到发送的控制命令。接着调用 relay_control() 函数可以去控制继电器开。解析控制命令函数调用层级关系是 SAPI_ProcessEvent() → SAPI_ReceiveDataIndication() → _zb_ReceiveDataIndication() → zb_ReceiveDataIndication() → ZXBeeInfRecv() → ZXBeeDecodePackage() → ZXBeeUserProcess()。

```
sensor.c | ZMain.c | OSAL.c | AppCommon.c | relay.c | OSAL_Math.s51 | _hal_uart_dma.c | f8wConfig.cfg        ZXBeeUserProcess(char *, char *)
199            D0 |= val;
200        }
201        if (0 == strcmp("D0", ptag)){                          // 查询上报使能编码
202            if (0 == strcmp("?", pval)){
203                ret = sprintf(p, "%u", D0);
204                ZXBeeAdd("D0", p);
205            }
206        }
207        if (0 == strcmp("CD1", ptag)){                         // 对D1的位进行操作，CD1表示位清零操作
208            D1 &= ~val;
209            relay_control(D1);                                // 处理执行命令
210            sensorControl(D1);
211        }
212        if (0 == strcmp("OD1", ptag)){                         // 对D1的位进行操作，OD1表示位置一操作
213            D1 |= val;
214            relay_control(D1);                                // 处理执行命令
215            sensorControl(D1);
216        }
217        if (0 == strcmp("D1", ptag)){                          // 查询执行器命令编码
218            if (0 == strcmp("?", pval)){
219                ret = sprintf(p, "%u", D1);
220                ZXBeeAdd("D1", p);
221            }
222        }
223        if (0 == strcmp("V0", ptag)){
224            if (0 == strcmp("?", pval)){
```

图 5.3.7　relay_control(D1) 处设置断点

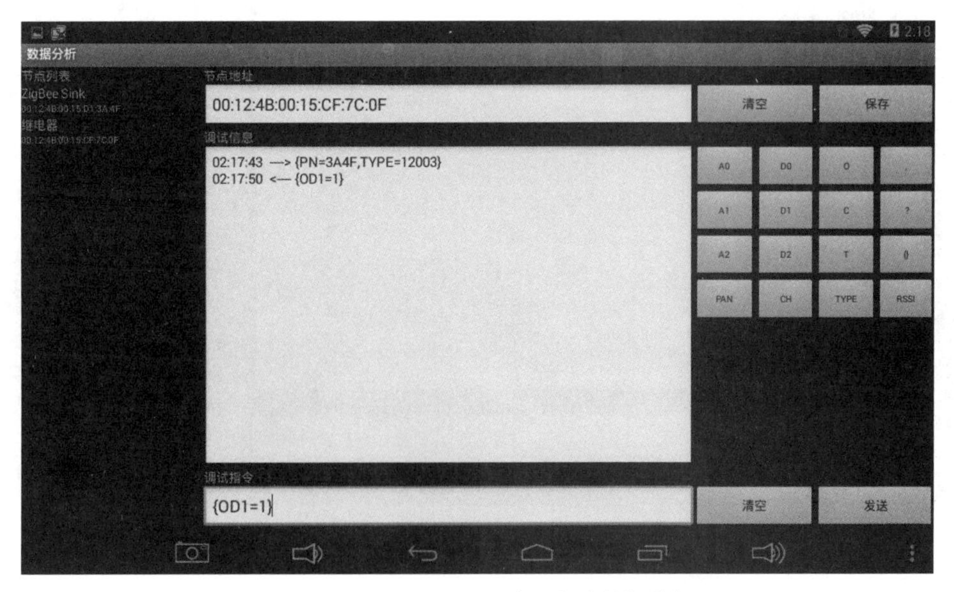

图 5.3.8　ZCloudTools 应用程序数据分析

3）步进电动机传感器下行控制命令调试

接收控制步进电动机的指令并控制步进电动机。首先找到 sensor.c 文件的 z_process_command_

call() 函数，在 sensorControl(D1) 处设置断点，如图 5.3.9 所示。然后在网关上打开 ZCloudTools 应用程序，打开数据分析，选择农业套件，在调试指令处输入指令 {OD1=4}，单击“发送”按钮，如图 5.3.10 所示。程序运行至断点，表示接收到发送的控制命令。接着调用 motor_control(cmd) 函数可以去控制步进电动机开。解析控制命令函数调用层级关系是 PROCESS_THREAD(zigbee_process,ev, data) → _zxbee_onrecv_fun() → ZXBeeUs erProcess()。

```
402          if (pval[0] == '?')
403          {
404              ret = sprintf(obuf, "D1=%d", D1);
405          }
406      }
407      if (memcmp(ptag, "CD1", 3) == 0)                    //若检测到CD1指令
408      {
409          int v = atoi(pval);                        //获取CD1数据
410          D1 &= ~v;                                  //更新D1数据
411          sensor_control(D1);                        //更新电磁阀直流电机状态
412      }
413      if (memcmp(ptag, "OD1", 3) == 0)                    //若检测到OD1指令
414      {
415          int v = atoi(pval);                        //获取OD1数据
416          D1 |= v;                                   //更新D1数据
417          sensor_control(D1);                        //更新电磁阀直流电机状态
418      }
419      if (memcmp(ptag, "V0", 2) == 0)
420      {
421          if (pval[0] == '?')
422          {
423              ret = sprintf(obuf, "V0=%d", V0);
424          }
425          else
```

图 5.3.9　sensorControl(D1) 处设置断点

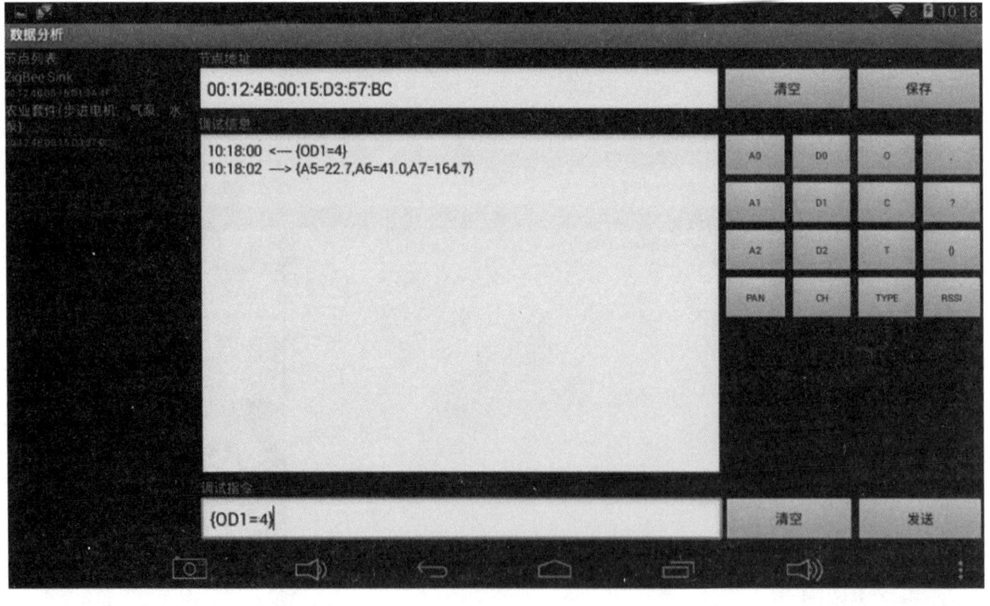

图 5.3.10　ZCloudTools 应用程序数据分析

4. 通信协议测试

1）继电器控制测试

打开 ZCloudTools 工具，打开数据分析，通过发送指令来控制继电器的开关，如图 5.3.11 所示。

首先在节点列表选择对应的节点，通过在调试指令处输入调试指令 {OD1=1}，然后发送指令，控制继电器 1 开；通过在调试指令处输入调试指令 {OD1=3}，然后发送指令，控制继电器 2 开；通过在调试指令处输入调试指令 {CD1=1}，然后发送指令，控制继电器 1 关，如图 5.3.12、图 5.3.13 所示。

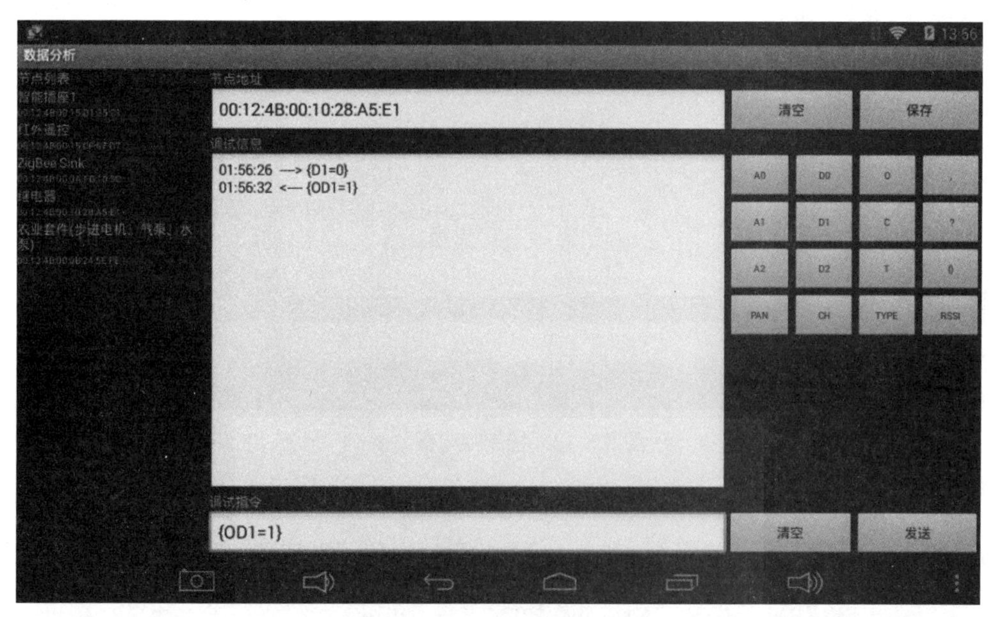

图 5.3.11　控制继电器 1 开

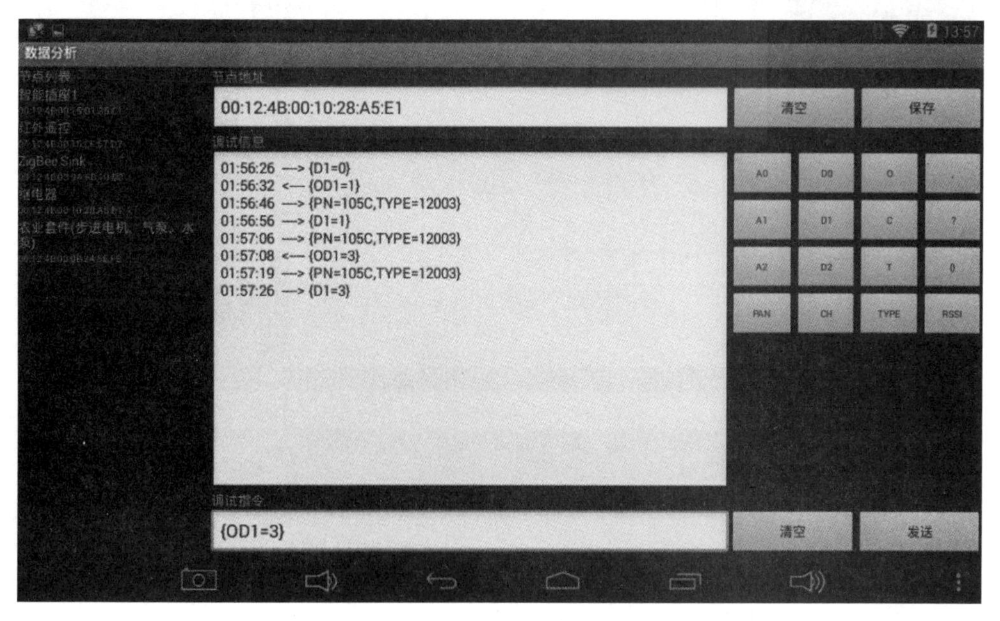

图 5.3.12　控制继电器 2 开

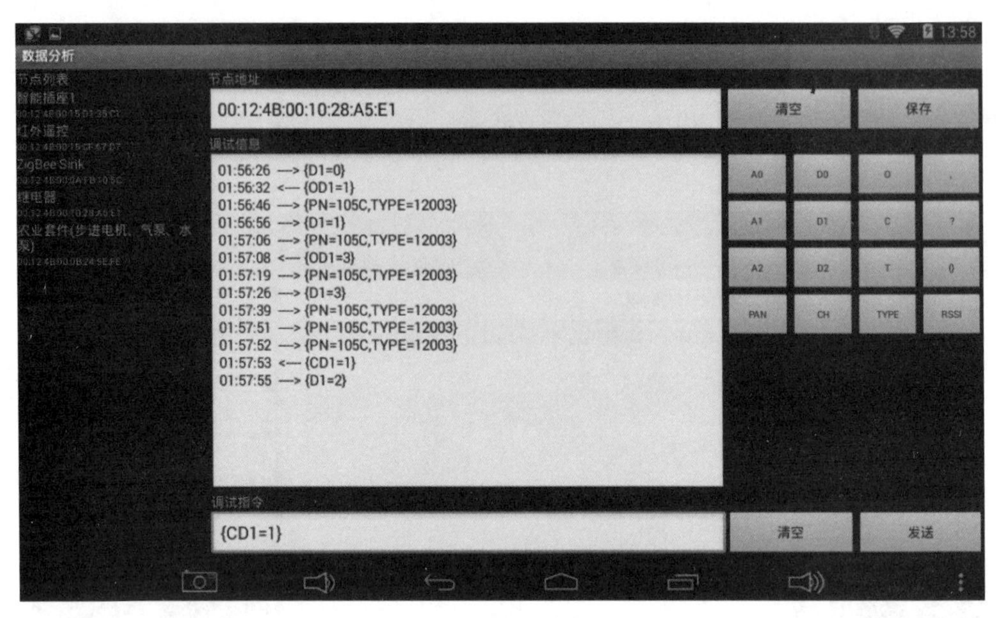

图 5.3.13　控制继电器 1 关

2）360 红外遥控学习模式测试

通过在调试指令处输入调试指令 {OD1=1}，然后发送指令，进入学习模式，如图 5.3.14 所示。

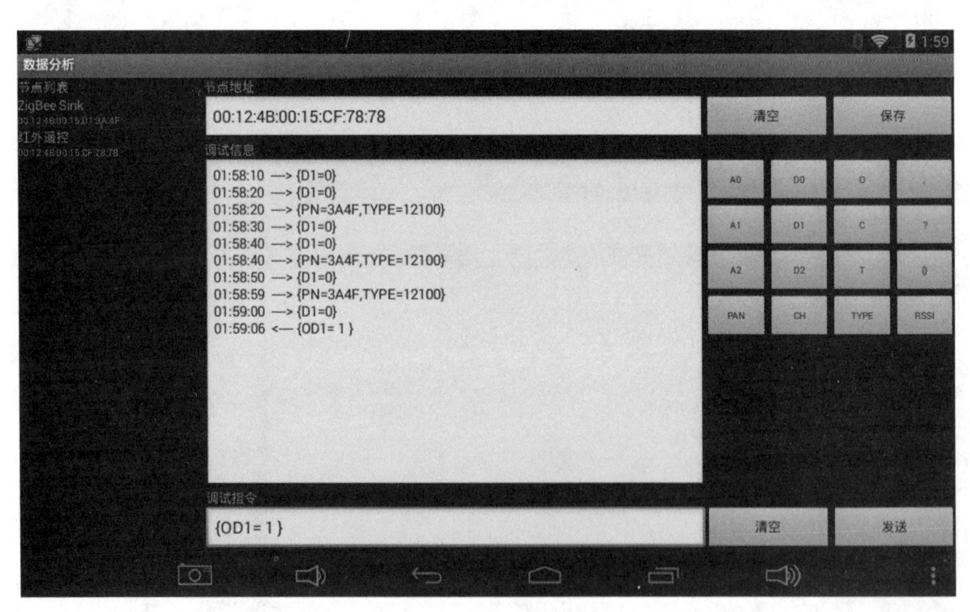

图 5.3.14　进入学习模式

输入调试指令 {V0=10}，然后单击“发送”按钮，实现学习键值的发送。360 红外遥控传感器上蓝色灯闪烁两次，将遥控器对准 360 红外遥控传感器按下按键，进入学习，如图 5.3.15 所示。

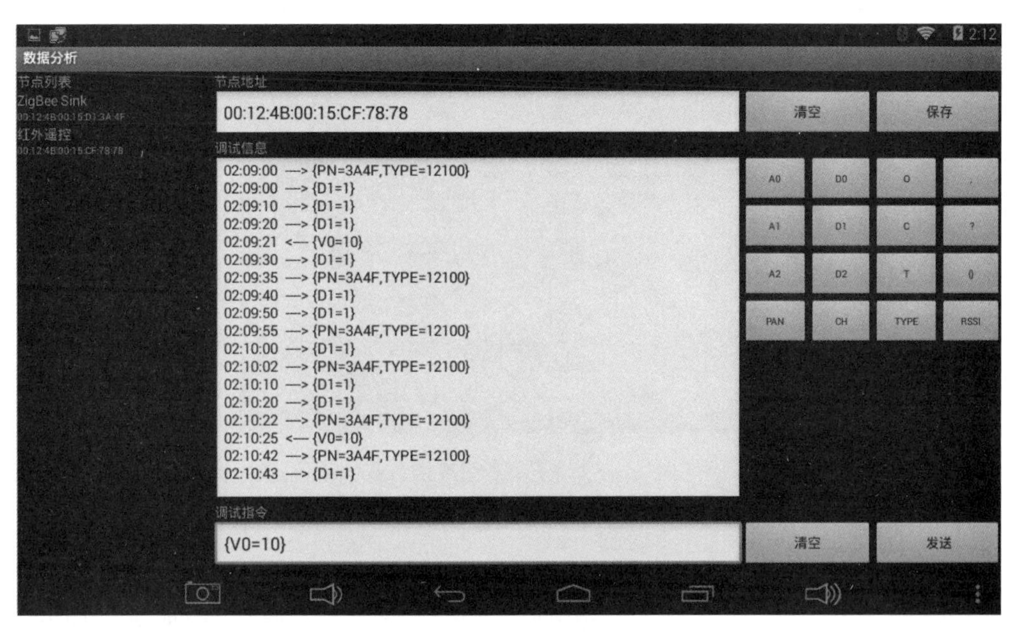

图 5.3.15　发送学习的键值

3）步进电动机控制测试

控制指令：首先在节点列表选择对应的节点，通过在调试指令处输入调试指令 {OD1=4}，然后发送指令，控制步进电动机转动，如图 5.3.16 所示。可以通过 Plus 节点显示屏观察开关状态，如图 5.3.17 所示。

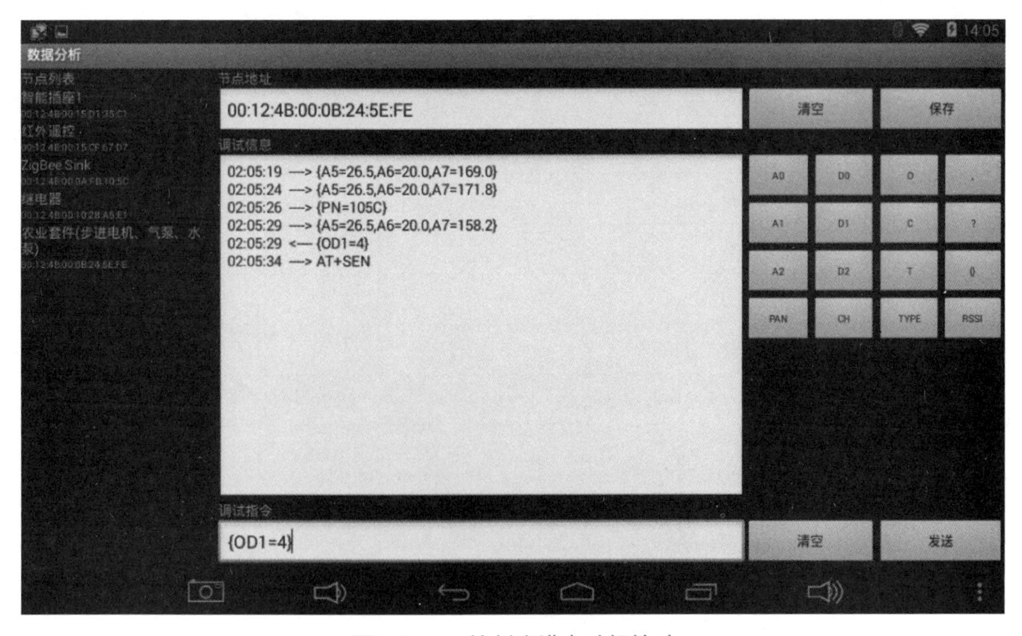

图 5.3.16　控制步进电动机转动

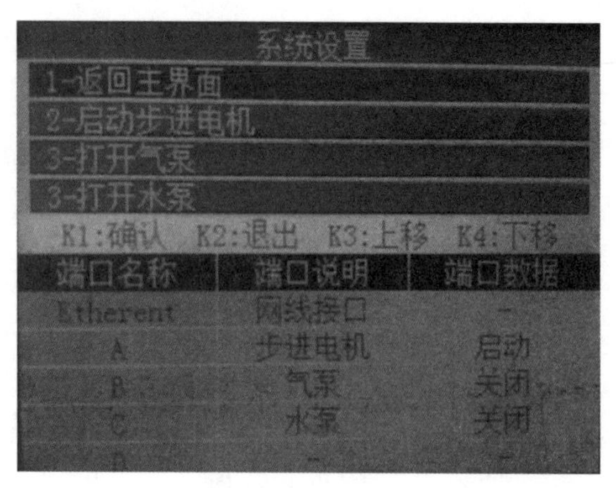

图 5.3.17　Plus 节点显示屏观察开关状态

五、注意事项

360 红外遥控器发射头只有一个，在正中心。在用 360 红外遥控器控制的时候，用正中心对准红外接收头。

六、实训评价

过程质量管理见表 5.3.4。

表 5.3.4　过程质量管理

姓名			组名	
评分项目		分值	得分	组内管理人
通用部分（40 分）	团队合作能力	10		
	任务完成情况	10		
	功能实现展示	10		
	解决问题能力	10		
专业能力（60 分）	通信协议设计与分析	10		
	节点通信硬件环境与程序下载	20		
	无线通信程序调试	20		
	通信协议测试	10		
过程质量得分				

实训 4　智能家居（电器控制模块）部署测试

一、相关知识

1. 硬件的连接与程序下载

对本实训使用的硬件设备进行安装连线，下载节点设备对应的程序。

2. xLabTools 设置 PANDID、CHANNEL

设置本实训无线节点网络参数。

3. 进行组网，查看网络拓扑

参考附录 A 的 Android 网关智云服务设置，对本实训进行组网，查看网络拓扑图。

二、实训目标

（1）完成 360 红外遥控器、继电器组、步进电动机硬件的连接与设置。

（2）实现系统的程序下载与无线组网。

（3）完成模块的功能和性能测试。

三、实训环境

实训环境见表 5.4.1。

表 5.4.1　实训环境

项　目	具体信息
硬件环境	PC、Pentium 处理器、双核 2 GHz 以上、内存 4 GB 以上
操作系统	Windows 7 64 位及以上操作系统
实训软件	IAR For 8051, IAR For ARM, xLabTools, ZCloudTools
实训器材	360 红外遥控（ZY-YK001xTTL）、继电器组（ZY-JDQ001x485）、智能插座（ZY-CP001xIO）、步进电动机（ZY-BJDJxIO）、LiteB 无线节点 ×3、Plus 无线节点
实训配件	SmartRF04EB 仿真器、J-Link 仿真器、USB 串口线、12 V 电源

四、实训步骤

1. 系统硬件安装与连线

准备 S4418/6818 系列的网关 1 个、360 红外遥控器 1 个、继电器组 1 个、智能插座 2 个、步进电动机 1 个、 LiteB 无线节点 3 个、ZXBeePlusB 节点 1 个、J-Link 仿真器 1 个、SmartRF04EB 仿真器 1 个、12 V 电源线 1 根。

1）360 红外遥控器设备部署

将 360 红外遥控器连接到 LiteB 节点的 A 端口，无线节点跳线如图 5.4.1 所示。

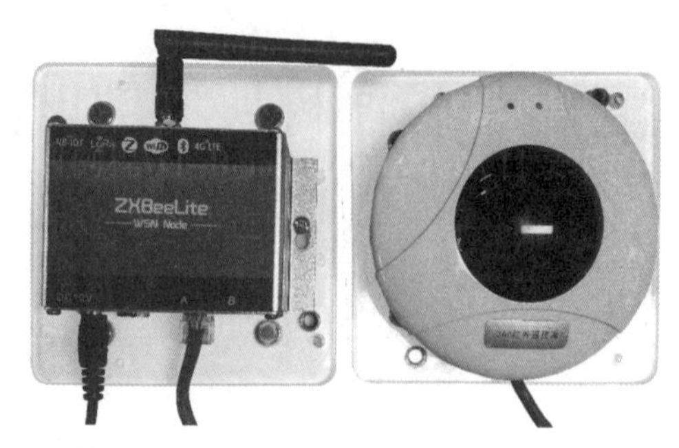

图 5.4.1　360 红外遥控器无线节点跳线

2）继电器组部署

将继电器组连接到 LiteB 节点的 A 端口，无线节点跳线如图 5.4.2 所示。

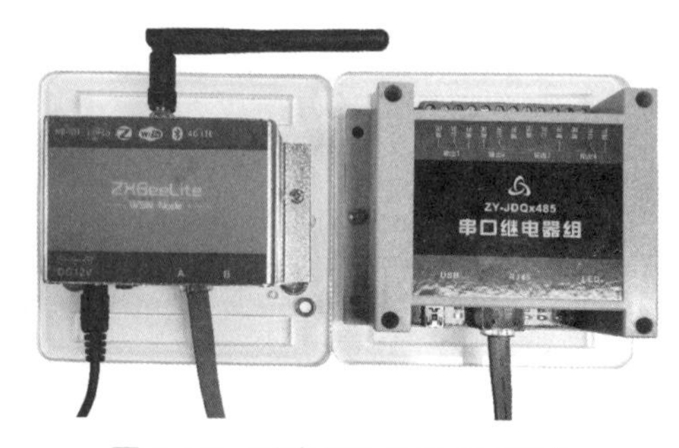

图 5.4.2　继电器组无线节点跳线

3）步进电动机部署

步进电动机通过 RJ-45 端口连接到 ZXBeePlusB 节点的 A 端口，接线图如图 5.4.3 所示。

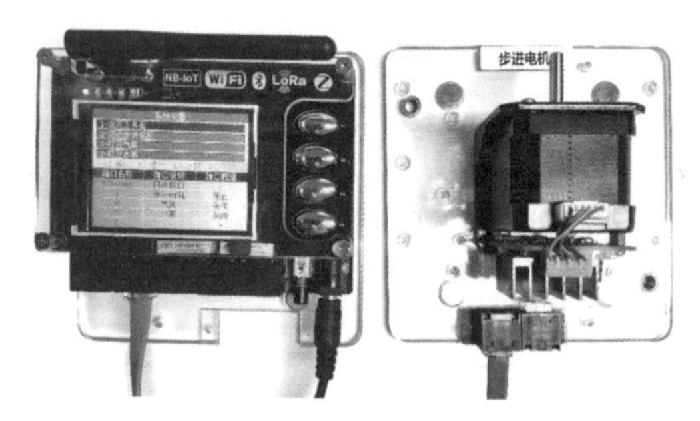

图 5.4.3　步进电动机接线图

4）智能插座部署

智能插座通过 RJ-45 线分别连接到 LiteB 无线节点的 A、B 端口，如图 5.4.4 所示。

2. 节点程序下载

LiteB 节点程序下载参照附录 A 的 LiteB 节点驱动代码下载与调试。

PlusB 节点程序下载参照附录 A 的 PlusB 节点驱动代码下载与调试。

镜像程序文件路径：实训例程\11-RemoteControlTest\ 目录下的 08-360 红外遥控 .hex、13- 继电器组 .hex、17- 智能插座 1.hex、23- 步进电机水泵气泵 .hex。

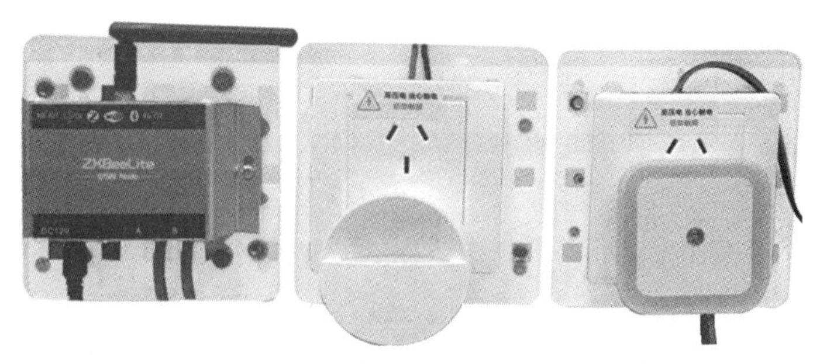

图 5.4.4　步进电动机接线图

3. 系统组网

系统组网与测试参照附录 A 的 xLabTools 工具设置、Android 网关智云服务设置。

组网成功后查看网络拓扑图如图 5.4.5 所示。

4. 模块功能测试

测试步骤 1：在网关打开 ZCloudTools 工具，进入综合演示，单击红外遥控，然后选择学习模式。例如通过数字按键 1 来学习遥控器的开关按钮。单击数字 1，360 红外遥控传感器蓝灯闪烁两次进入学习模式，遥控器对准 360 红外遥控传感器，按下开关按钮，如图 5.4.6 所示。

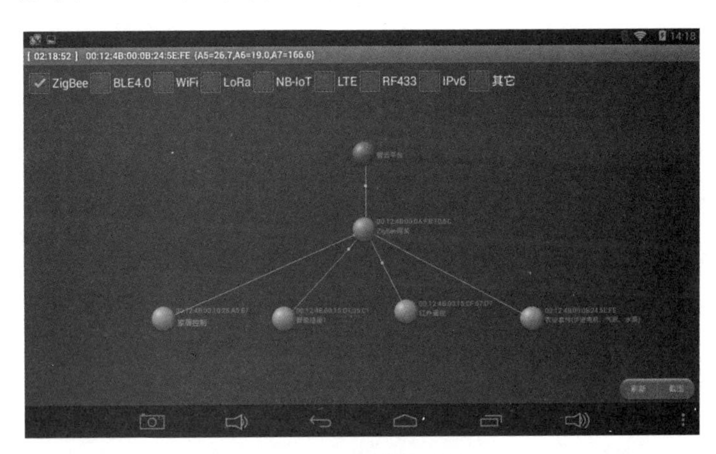

图 5.4.5　网络拓扑图

图 5.4.6　ZCloudTools 工具进入学习模式

学习完成后选择遥控模式，按下数字 1 按键就可以控制电视开关了（360 红外遥控传感器对准电视红外遥控接收头）。

图 5.4.7　ZCloudTools 工具控制电视开关

功能测试用例-1 见表 5.4.2。

表 5.4.2　功能测试用例-1

项　目	具体信息	
功能描述	360 红外遥控开发	
用例目的	ZigBee 网络是否正常，协议控制命令处理是否正常	
前提条件	系统程序运行，设备通电，继电器组设备功能正常	
输入 / 动作	期望的输出/响应	实际情况
通过 OD1=1	进入学习模式	进入学习模式
通过 V0=1	学习红外键值	学习成功

测试结论：成功学习键值。

测试步骤 2：在网关打开 ZCloudTools 工具，进入综合演示，单击继电器，单击开灯，点亮继电器上的灯并打开对应继电器，如图 5.4.8 所示。

图 5.4.8　点亮继电器上的灯并打开对应继电器

功能测试用例–2 见表 5.4.3。

表 5.4.3　功能测试用例 -2

项　目	具体信息	
功能描述	测试继电器组开发	
用例目的	ZigBee 网络是否正常，协议控制命令处理是否正常	
前提条件	系统程序运行，设备通电，继电器组设备功能正常	
输入 / 动作	期望的输出/响应	实际情况
通过 OD1=1	断电器开	开
通过 CD1=1	断电器关	关

测试结论：继电器通过指令正常开关。

5. 模块性能测试

性能测试用例–1 见表 5.4.4。

表 5.4.4　性能测试用例 -1

项　目	具体信息	
性能描述	同时开启两个继电器，能否同时开启	
用例目的	测试系统功能中的继电器组是否可以多开	
前提条件	系统程序运行，设备通电，继电器组设备功能正常	
执行操作	期望的性能（平均值）	实际性能（平均值）
在网关界面同时开启两个继电器	开启两个	开启一个
快速开关继电器	可以快速反应每次操作	可以快速反应每次操作

测试结论：可以快速操作一个继电器开关，但不能同时操作两个继电器。

性能测试用例–2 见表 5.4.5。

表 5.4.5　性能测试用例 -2

项　目	具体信息	
性能描述	红外遥控距离测试	
用例目的	测试红外距离极限	
前提条件	系统程序运行，设备通电，红外遥控设备功能正常	
执行操作	期望的性能（平均值）	实际性能（平均值）
红外遥控通过学习模式控制显示器开关多少米的距离可以控制	⩾ 20 m	⩽ 10 m

测试结论：红外遥控的控制距离在 10 m 以内。

五、注意事项

红外遥控学习时注意蓝灯闪烁两次时按下按键学习。

六、实训评价

过程质量管理见表 5.4.6。

表 5.4.6 过程质量管理

姓名			组名	
评分项目		分值	得分	组内管理人
通用部分（40 分）	团队合作能力	10		
	任务完成情况	10		
	功能实现展示	10		
	解决问题能力	10		
专业能力（60 分）	系统硬件安装与连线	10		
	节点程序下载与系统组网	20		
	模块功能测试	15		
	模块性能测试	15		
过程质量得分				

单元 6 智能家居（安防监控模块）系统设计

在本单元里，主要围绕着智能家居（安防监控模块）系统展开多个实训项目，主要分为 4 个实训，分别是实训 1 智能家居（安防监控模块）功能设计、实训 2 智能家居（安防监控模块）驱动设计、实训 3 智能家居（安防监控模块）通信设计和实训 4 智能家居（安防监控模块）部署测试。

实训 1　智能家居（安防监控模块）功能设计

一、相关知识

（1）家居安防监控系统设计功能及目标如下：

① 基础功能是对家居安防实时监控，燃气传感器、火焰传感器、窗磁传感器、人体红外传感器实时获取异常状态，控制报警器、摄像头实时监控。

② 实时发布室内异常状态并能够控制信号灯实现报警。

③ 定时室内异常播报，播报间隔时间可选。

（2）家居安防监控系统从传输过程分为 3 部分，即传感节点、网关、客户端（Android、Web）。具体通信描述如下：

① 搭载了传感器的 ZXBee 无线节点，加入到网关的协调器组建的 ZigBee 无线网络，并通过 ZigBee 无线网络进行通信。

② ZXBee 无线节点获取传感器的数据后，通过 ZigBee 无线网络，将传感器数据发送给网关的协调器，协调器通过串口将数据发送给网关服务，通过实时数据推送服务将数据推送给网关客户端和智云数据中心。

③ 客户端（Android、Web）应用通过调用智云数据接口，经数据中心，实现实时获取室内异常状态及控制信号灯开关等功能。

二、实训目标

（1）完成安防监控模块功能分析设计，设计绘制功能模块图。

（2）通过对本模块的业务流程分析，设计绘制业务流程图。

（3）通过对本模块功能的要求分析，完成安防监控模块使用传感器设备选型与测试。

三、实训环境

实训环境见表 6.1.1。

表 6.1.1　实训环境

项　目	具体信息
硬件环境	PC、Pentium 处理器、双核 2 GHz 以上、内存 4 GB 以上
操作系统	Windows 7 64 位及以上操作系统
实训软件	IAR For 8051, IAR For ARM, xLabTools, ZCloudTools
实训器材	燃气传感器（ZY-RQ001xIO）、火焰传感器（ZY-HY001xIO）、窗磁传感器（ZY-CC001xIO）、人体红外传感器（ZY-RTHW001xIO）、信号灯控制器（ZY-XHD001x485）、LiteB 无线节点 ×5
实训配件	SmartRF04EB 仿真器、USB 串口线、12 V 电源

四、实训步骤

1. 模块功能分析设计

家居安防监控系统设计功能及目标如图 6.1.1 所示。

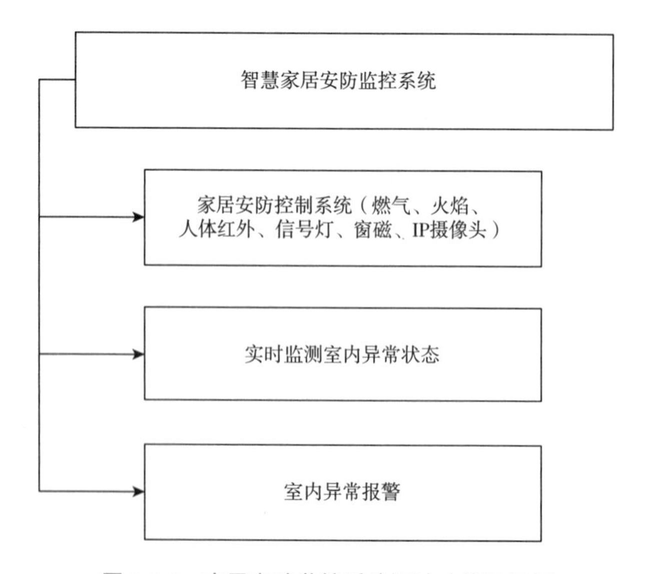

图 6.1.1　家居安防监控系统设计功能及目标

2. 模块业务流程分析

家居安防监控系统模块业务流程分析图如图 6.1.2 所示。

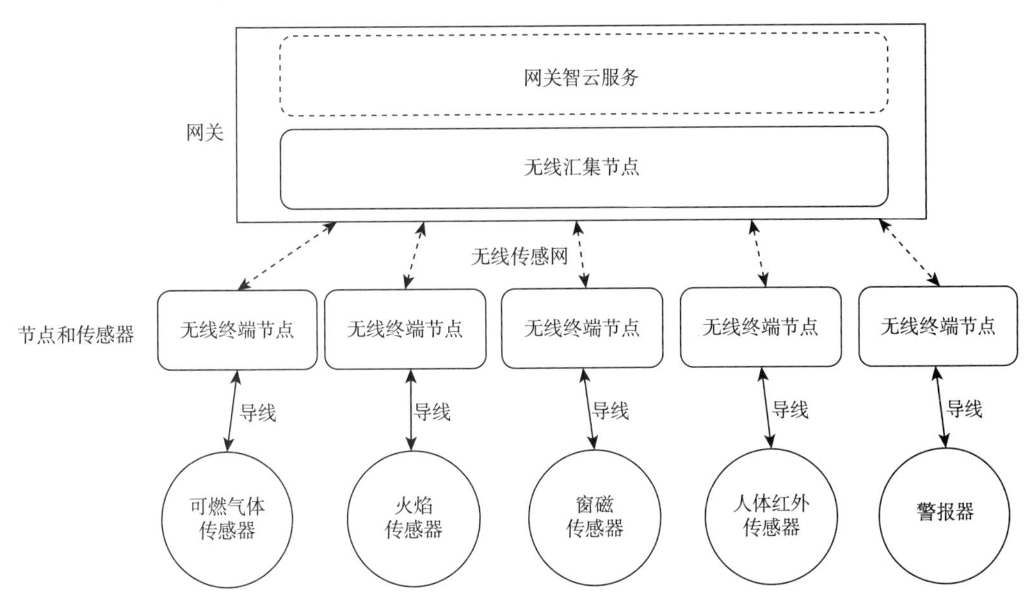

图 6.1.2　家居安防监控系统通信流程图

3. 传感器选型分析

本实训使用商业可燃气体传感器，如图 6.1.3 所示。通信方式为 I/O 电平通信，型号为 ZY-RQ001xIO。可燃气体传感器通过 RJ-45 端口与 LiteB 节点的 B 端子连接。

本实训使用商业火焰传感器，如图 6.1.4 所示。通信方式为电平触发，型号为 ZY-HY001xIO。火焰传感器通过 RJ-45 端口与 LiteB 节点的 B 端子连接。

图 6.1.3　商业可燃气体传感器

图 6.1.4　商业火焰传感器

本实训使用商业窗磁探测器传感器，如图 6.1.5 所示。通信方式为电平触发，型号为 ZY-CC001xIO。窗磁探测器传感器通过 RJ-45 端口与 LiteB 节点的 B 端子连接。

本实训使用商业人体红外探测器传感器，如图 6.1.6 所示。通信方式为 I/O 电平通信，型号为 ZY-RTHW001xIO。人体红外探测器传感器通过 RJ-45 端口与 LiteB 节点的 B 端子连接。

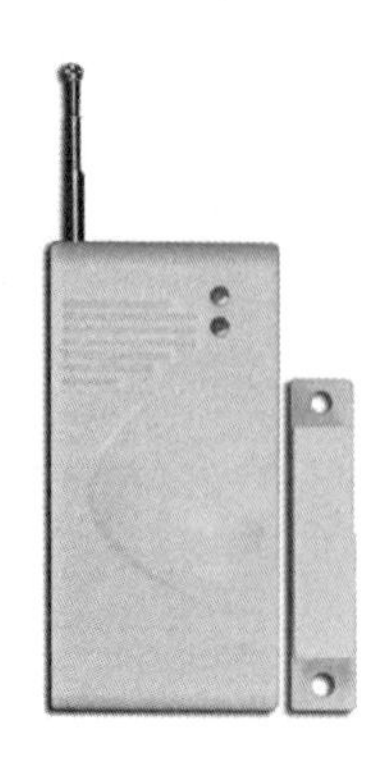

图 6.1.5　商业窗磁探测器传感器

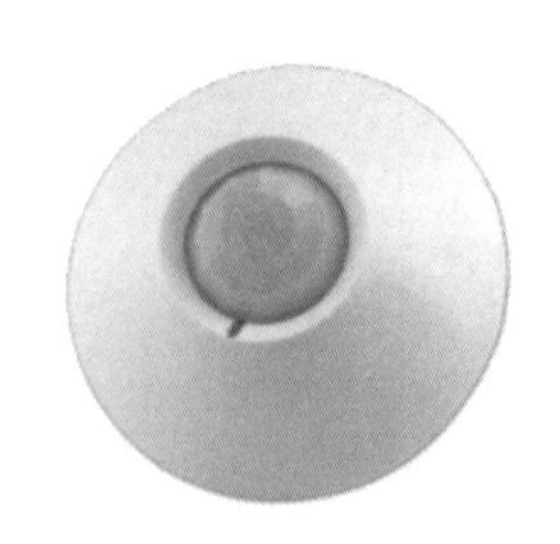

图 6.1.6　商业人体红外探测器传感器

本实训使用商业信号灯控制器，如图 6.1.7 所示。通信接口为 RS-485，型号为 ZY-XHD001x485。信号灯通过 RJ-45 端口与 LiteB 节点的 A 端子连接。

图 6.1.7　商业信号灯控制器

4. 传感器功能测试

安防监控模块硬件选型使用设备如下：燃气传感器（ZY-RQ001xIO）、火焰传感器（ZY-HY001xIO）、窗磁传感器（ZY-CC001xIO）、人体红外传感器（ZY-RTHW001xIO）、信号灯控制器（ZY-XHD001x485）、LiteB 无线节点 ×5。

1）硬件部署

硬件部署图如图 6.1.8 所示。

其中燃气传感器通过 RJ-45 线连接到 LiteB 无线节点的 B 端口，火焰传感器通过 RJ-45 线连接到 LiteB 无线节点的 B 端口，窗磁传感器通过 RJ-45 线连接到 LiteB 无线节点的 B 端口，人体红外传感器通过 RJ-45 线连接到 LiteB 无线节点的 B 端口，信号控制灯通过 RJ-45 线连接到 LiteB 无线节点的 A 端口。

2）程序下载

本实训使用设备节点出厂镜像，代码路径：实训例程\12-HomeSecurityFunction 目录下的 09-火焰传感器 .hex、10-可燃气体传感器 .hex、11-人体红外传感器 .hex、12-窗磁传感器 .hex、15-信号灯 .hex。

图 6.1.8　硬件部署图

当 LiteB 节点需要恢复出厂设置时，通过 Smart Flash Programmer 软件向 LiteB 节点中烧录相对应的出厂镜像，即 .hex 文件即可。

3）节点参数与智云服务配置

参照单元 1 的实训步骤“节点参数与智云服务配置”实训步骤进行操作。ZCloudTools 工具测试。

4）硬件测试

参照附录 A 的 FwsTools 设置与使用，测试本模块选型的硬件设备功能是否正常，如图 6.1.9 所示。

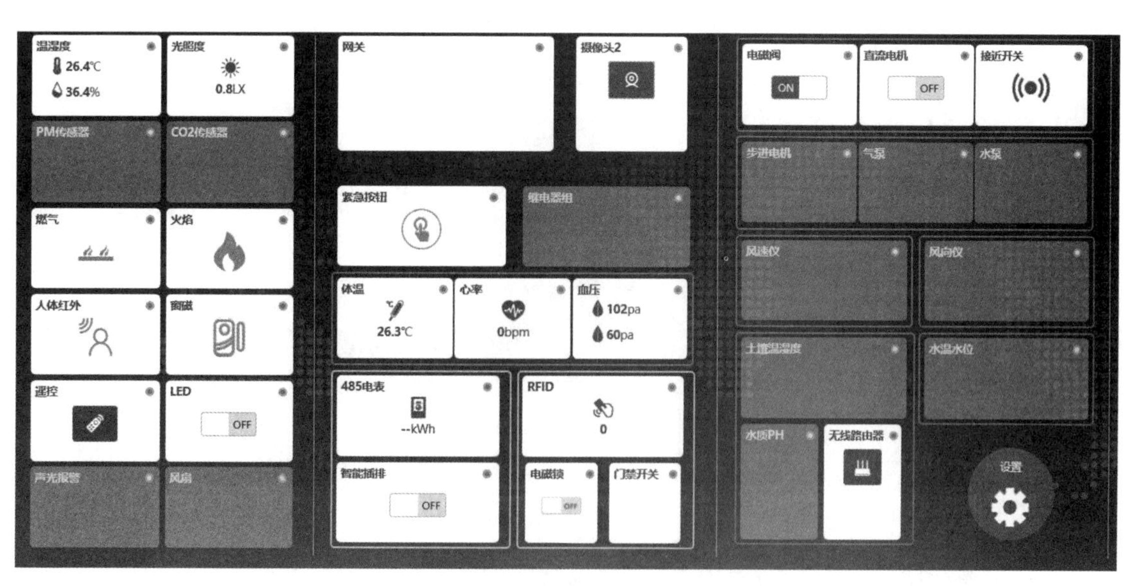

图 6.1.9　FwsTools 设置与使用

五、注意事项

传感器在选型时，注意传感器设备使用的通信方式与通信协议，是否能同无线节点程序兼容，以方便后续驱动程序开发。

六、实训评价

过程质量管理见表 6.1.2。

表 6.1.2　过程质量管理

姓名			组名	
评分项目		分值	得分	组内管理人
通用部分（40 分）	团队合作能力	10		
	任务完成情况	10		
	功能实现展示	10		
	解决问题能力	10		
专业能力（60 分）	完成安防监控模块功能分析设计	20		
	完成安防监控模块业务流程分析	20		
	完成安防监控模块传感器选型与测试	20		
过程质量得分				

实训 2　智能家居（安防监控模块）驱动设计

一、相关知识

（1）燃气传感器。通过 I/O 口检测燃气传感器状态。通过网线连接到 LiteB 节点的 B 端口。燃气传感器函数及说明见表 6.2.1。

表 6.2.1　燃气传感器函数及说明

函数名称	函数说明
void sensorInit(void)	功能： 传感器硬件初始化
void updateA0(void)	功能： 更新 A0 的值

（2）火焰传感器。通过 I/O 口检测火焰传感器状态。通过网线连接到 LiteB 节点的 B 端口。火焰传感器函数及说明同燃气传感器。

（3）窗磁传感器。通过 I/O 口检测窗磁传感器状态。通过网线连接到 LiteB 节点的 B 端口。窗磁传感器函数及说明同燃气传感器。

（4）人体红外传感器。通过 I/O 口检测人体红外传感器状态。通过网线连接到 LiteB 节点的 B 端口。人体红外传感器函数及说明同燃气传感器。

（5）信号灯控制器。通过 I/O 口控制信号灯亮灭。通过网线连接到 LiteB 节点的 A 端口。信号灯控制器函数及说明见表 6.2.2。

表 6.2.2　信号灯控制器函数及说明

函数名称	函数说明
void sensorInit(void)	功能： 初始化 RS-485 通信
void relay_control(unsigned char cmd)	功能： 控制信号灯亮灭。 参数： cmd ——输入参数。控制信号灯亮灭

二、实训目标

（1）搭建驱动开发与调试环境，完成火焰、可燃气体、人体红外、窗磁传感器的连接与设置。

（2）设计人体红外传感器设备的 CC2530 处理器驱动程序，通过代码调试分析驱动程序检测功能。

（3）设计信号灯控制器的 CC2530 处理器驱动程序，通过代码调试分析驱动程序控制信号灯亮灭功能。

三、实训环境

实训环境见表 6.2.3。

表 6.2.3　实训环境

项　目	具体信息
硬件环境	PC、Pentium 处理器、双核 2 GHz 以上、内存 4 GB 以上
操作系统	Windows 7 64 位及以上操作系统
实训软件	IAR For 8051, IAR For ARM, xLabTools, ZCloudTools
实训器材	燃气传感器（ZY-RQ001xIO）、火焰传感器（ZY-HY001xIO）、窗磁传感器（ZY-CC001xIO）、人体红外传感器（ZY-RTHW001xIO）、信号灯控制器（ZY-XHD001x485）、LiteB 无线节点 ×5
实训配件	SmartRF04EB 仿真器、USB 串口线、12 V 电源

四、实训步骤

1. 安防监控模块硬件连线

安防监控模块硬件连线如图 6.2.1 所示。

其中，燃气传感器通过 RJ-45 线连接到 LiteB 无线节点的 B 端口，火焰传感器通过 RJ-45 线连接到 LiteB 无线节点的 B 端口，窗磁传感器通过 RJ-45 线连接到 LiteB 无线节点的 B 端口，人体红外传感器通过 RJ-45 线连接到 LiteB 无线节点的 B 端口，信号控制灯通过 RJ-45 线连接到 LiteB 无线节点的 A 端口。

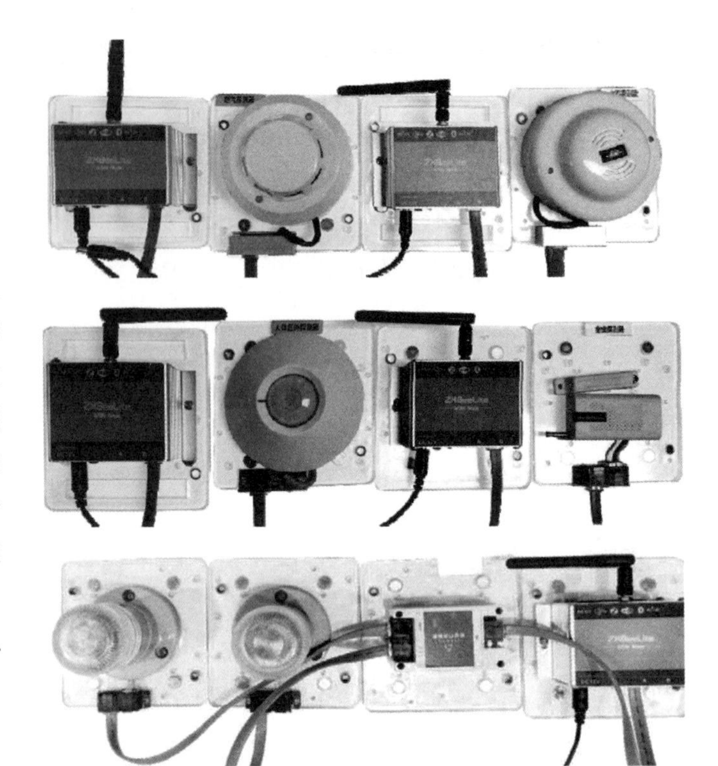

图 6.2.1　安防监控模块硬件连线

2. 火焰、可燃气体、人体红外、窗磁传感器驱动设计与调试

本实训代码路径：

火焰传感器：实训例程\13-HomeSecurityDriver\LiteB\HY001xIO 文件夹。

可燃气体传感器：实训例程\13-HomeSecurityDriver\LiteB\RQ001xIO 文件夹。

人体红外传感器：实训例程\13-HomeSecurityDriver\LiteB\RTHW001xIO 文件夹。

窗磁传感器：实训例程\13-HomeSecurityDriver\LiteB\CC001xIO 文件夹。

参照附录 A 的 LiteB 节点驱动代码下载与调试将传感器代码下载到各 LiteB 节点中。

火焰传感器检测调试。在 sensor.c 文件里找到 updateA0 () 函数，在 A0 = 1 和 A0 = 0 处设置断点，如图 6.2.2 所示。

```
61 * 名称：updateA0()
62 * 功能：更新A0的值
63 * 参数：
64 * 返回：
65 * 修改：
66 * 注释：
67 ****************************************************************************
68 void updateA0(void)
69 {
70   if (D_FLAME_BET){                                    // 判断管脚的电平
71     A0 = 0;                                            // 检测为高电平时
72   }else{
73     A0 = 1;                                            // 否则检测到火焰
74   }
75 }
76 /***************************************************************************
77 * 名称：updateA1()
78 * 功能：更新A1的值
79 * 参数：
```

图 6.2.2　A0 = 1 和 A0 = 0 处设置断点

然后运行程序，等待组网成功。程序跳至断点处，没有检测到火焰；然后在火焰传感器上方将打火机打火，程序跳至断点处，检测到火焰，火焰传感器上红灯亮，如图 6.2.3、图 6.2.4 所示。

```
61  * 名称：updateA0()
62  * 功能：更新A0的值
63  * 参数：
64  * 返回：
65  * 修改：
66  * 注释：
67  ******************************************************************
68  void updateA0(void)
69  {
70    if (D_FLAME_BET){
71      A0 = 0;
72    }else{
73      A0 = 1;
74    }
75  }
76  /*****************************************************************
77  * 名称：updateA1()
78  * 功能：更新A1的值
79  * 参数：
```

图 6.2.3　没有检测到火焰

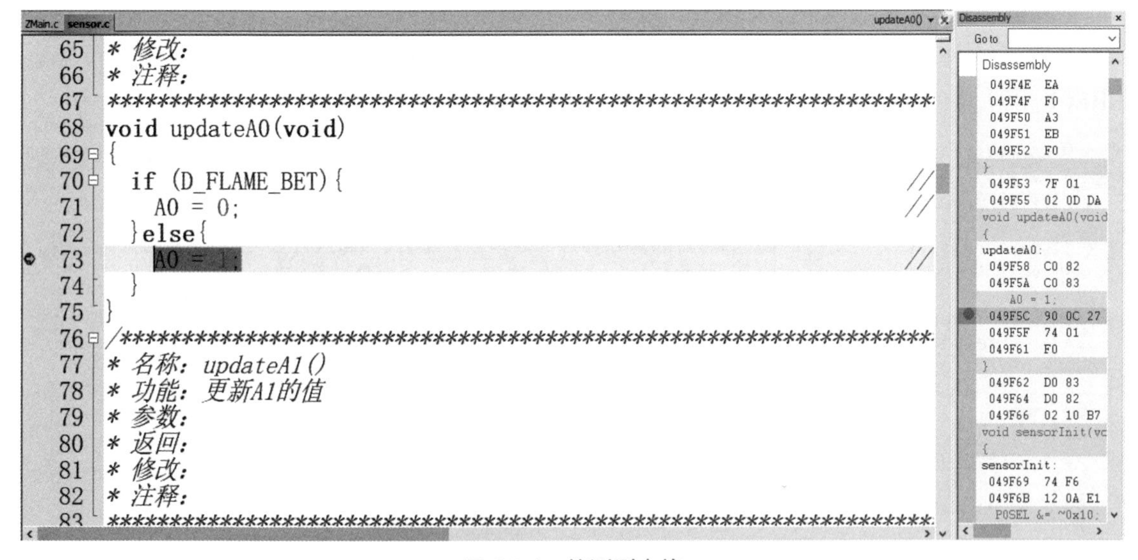

图 6.2.4　检测到火焰

燃气、人体红外、窗磁传感器参照上面火焰传感器检测调试。

3. 信号灯控制器驱动设计与调试

本实训代码路径：实训例程\13-HomeSecurityDriver\LiteB\XHD001x485 文件夹。

参照附录 A 的 LiteB 节点驱动代码下载与调试将信号灯控制器代码下载到 LiteB 节点中。

1）通过给 cmd 赋值来控制信号灯亮灭

因为不接入无线，所以需要写入控制指令来测试信号灯是否能够正常开关。

找到 sensor.c 文件的 relay_control() 函数，首先分析一下 relay_cmd[6] 数组。初始值为 {0xFB，0x03，0x01，0xF0，0x00，0x00 }，0xFB 是协议头，0x03 是数据长度，0x01 是 RS-485 地址，0XF0 是数据传输方向（这里代表写入），0x00 代表控制命令，0X00 是校验码。

```
106 void updateA1(void)
107 {
108 
109 }
110 
111 void delay_ms(uint16 ms)
112 {
113   for(uint16 i=0; i<ms; i++)
114       Onboard_wait(1000);
115 }
116 
117 void relay_control(unsigned char cmd)
118 {
119   unsigned char relay_cmd[6] = {0xFB,0x03,0x01,0xF0,0x00,0x00};
120   relay_cmd[4] =cmd;
121   relay_cmd[5] = ((relay_cmd[1] + relay_cmd[2] + relay_cmd[3] + relay_cmd[4]) & 0xff);
122   HalUARTWrite(HAL_UART_PORT_0, relay_cmd, 6);
123 }
124 
125 /*************************************************************************************
126 * 名称: update_relay()
127 * 功能: 更新继电器控制板状态
```

图 6.2.5　分析 relay_on_cmd[6] 数组

首先看一下执行过程。MyUartInit() 函数对 RS-485 通信进行设置。事件循环执行时，MY_CHECK_EVT 事件调用 sensorCheck() 函数，如图 6.2.6 所示。

```
320 * 返回: 无
321 * 修改:
322 * 注释:
323 *************************************************************************************
324 void MyEventProcess( uint16 event )
325 {
326   if (event & MY_REPORT_EVT) {
327     sensorUpdate();
328     //启动定时器，触发事件：MY_REPORT_EVT
329     osal_start_timerEx(sapi_TaskID, MY_REPORT_EVT, V0*1000);
330   }
331   if (event & MY_CHECK_EVT) {
332     sensorCheck();
333     // 启动定时器，触发事件：MY_CHECK_EVT
334     osal_start_timerEx(sapi_TaskID, MY_CHECK_EVT, 1000);
335   }
336 }
337 
338 /*************************************************************************************
339 * 名称: MyUartInit()
340 * 功能: 串口初始化
341 * 参数: 无
```

图 6.2.6　调用 sensorCheck() 函数

sensorCheck() 函数调用 relay_control() 函数更新信号灯状态，如图 6.2.7 所示。

```
f8wConfig.cfg | sensor.h | OSAL_Clock.c | AppCommon.c | sapi.c | OSAL.c | mac_mcu.c | ZMain.c | OSAL_Timers.c | sensor.c *
147         else
148         {
149           relay_control(D1);
150           twinkle_flag = 1;
151         }
152         num = 0;
153       }
154       num++;
155     }
156     else
157     {
158       if(twinkle_flag == 0 || last_D1 != D1)
159       {
160         relay_control(D1);
161         last_D1 = D1;
162         twinkle_flag = 1;
163       }
164     }
165   }
166
```

图 6.2.7　调用 relay_control() 函数

通过协议格式向 RS-485 写入控制命令控制信号灯开关，调用 relay_control() 函数，将参数 D1 初始化值修改为 1，控制信号灯 1 的红灯亮，如图 6.2.8 所示。

```
f8wConfig.cfg | sensor.h | OSAL_Clock.c | AppCommon.c | sapi.c | OSAL.c | mac_mcu.c | ZMain.c | OSAL_Timers.c | sensor.c *
32  /*****************************************************************************
33  * 宏定义
34  *****************************************************************************
35  #define RELAY1                  P0_6                          // 定义继电器控制引脚
36  #define RELAY2                  P0_7                          // 定义继电器控制引脚
37  #define ON                      0                             // 宏定义打开状态控制为(
38  #define OFF                     1                             // 宏定义关闭状态控制为(
39  /*****************************************************************************
40  * 全局变量
41  *****************************************************************************
42  static uint8 D0 = 1;                                          // 默认打开主动上报功能
43  static uint8 D1 = 1;                                          // 继电器初始状态为全关
44  static uint16 V0 = 30;                                        // V0设置为上报时间间隔
45  static uint16 V1 = 0;                                         // 三色灯闪烁间隔，默认
46  unsigned char relay_off[5] = {0xFB,0x00,0xFF,0x02,0x01};
47  /*****************************************************************************
48  * 函数声明
49  *****************************************************************************
50  void update_relay(void);
51  void MyUartInit(void);
52  void MyUartCallBack ( uint8 port, uint8 event );
53
```

图 6.2.8　控制信号灯 1 的红灯亮

重新编译程序，下载到 LiteB 节点中，进入调试模式，在 relay_control() 函数中设置断点，如图 6.2.9 所示。运行程序，跳至断点处，继续运行程序，红灯亮，如图 6.2.10 所示。

```
152         num = 0;
153       }
154       num++;
155     }
156     else
157     {
158       if(twinkle_flag == 0 || last_D1 != D1)
159       {
160         relay_control(D1);
161         last_D1 = D1;
162         twinkle_flag = 1;
163       }
164     }
165 }
166
167 /*****************************************************
168 * 名称: sensorInit()
169 * 功能: 传感器硬件初始化
```

Expression	Value
D1	'.' (0x01)

图 6.2.9　在 relay_control() 函数中设置断点

图 6.2.10　控制红灯亮

控制两个信号灯同时亮红灯，需要将 D1 修改为 9。使用 6 位来控制两个信号灯 3 种颜色，9 对应二进制为 0b001001，烧写编译程序执行，两组红灯亮，如图 6.2.11、图 6.2.12 所示。

```
35 #define RELAY1                    P0_6                // 定义继电器控制
36 #define RELAY2                    P0_7                // 定义继电器控制
37 #define ON                        0                   // 宏定义打开状态
38 #define OFF                       1                   // 宏定义关闭状态
39 /*********************************************************************
40 * 全局变量
41 *********************************************************************/
42 static uint8 D0 = 1;                                  // 默认打开主动上
43 static uint8 D1 = 9;                                  // 继电器初始状态
44 static uint16 V0 = 30;                                // V0设置为上报时
45 static uint16 V1 = 0;                                 // 三色灯闪烁间隔
46 unsigned char relay_off[5] = {0xFB,0x00,0xFF,0x02,0x01};
47 /*********************************************************************
48 * 函数声明
49 *********************************************************************/
50 void update_relay(void);
51 void MyUartInit(void);
52 void MyUartCallBack ( uint8 port, uint8 event );
53
54 /*********************************************************************
```

图 6.2.11　D1 修改为 9

图 6.2.12　控制两个信号灯同时亮红灯

D1 修改为 36，36 对应二进制为 0b100100，编译程序执行，两组绿灯亮，如图 6.2.13、图 6.2.14 所示。

```
33  * 宏定义
34  ****************************************************************************
35  #define RELAY1                    P0_6                          // 定义继电器控制
36  #define RELAY2                    P0_7                          // 定义继电器控制
37  #define ON                        0                             // 宏定义打开状态
38  #define OFF                       1                             // 宏定义关闭状态
39  /***************************************************************************
40  * 全局变量
41  ****************************************************************************
42  static uint8 D0 = 1;                                            // 默认打开主动上
43  static uint8 D1 = 36;                                           // 继电器初始状
44  static uint16 V0 = 30;                                          // V0设置为上报时
45  static uint16 V1 = 0;                                           // 三色灯闪烁间隔
46  unsigned char relay_off[5] = {0xFB,0x00,0xFF,0x02,0x01};
47  /***************************************************************************
48  * 函数声明
49  ****************************************************************************
50  void update_relay(void);
51  void MyUartInit(void);
52  void MyUartCallBack ( uint8 port, uint8 event );
```

图 6.2.13　D1 修改为 36

图 6.2.14　控制两组绿灯亮

2）控制信号灯闪烁频率

首先将 D1 设定为 1，固定亮一个红灯。然后将 V1 设置为 2，将红灯闪烁间隔时间固定为 2 s，如图 6.2.15 所示。

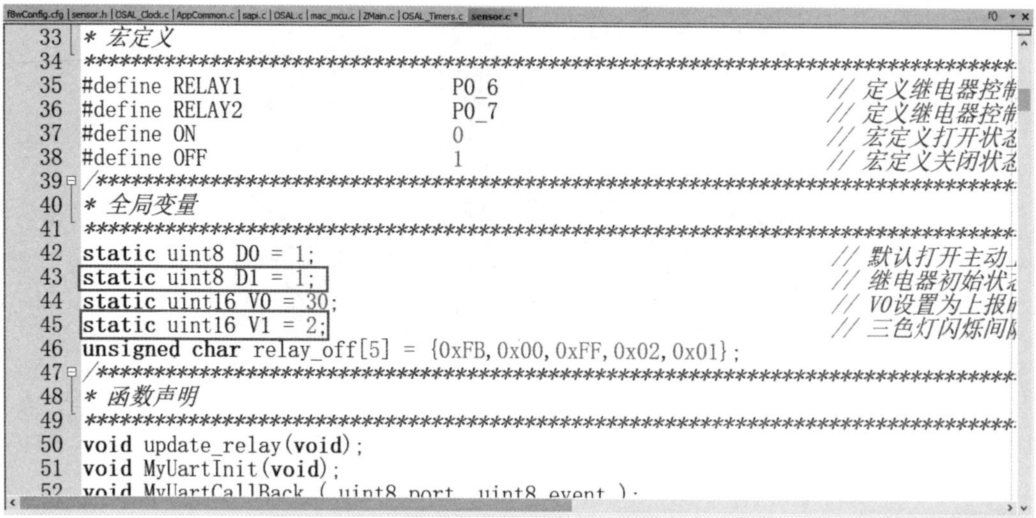

```
f8wConfig.cfg | sensor.h | OSAL_Clock.c | AppCommon.c | sapi.c | OSAL.c | mac_mcu.c | ZMain.c | OSAL_Timers.c | sensor.c *
33  * 宏定义
34  ***************************************************************************
35  #define RELAY1                      P0_6                    // 定义继电器控制
36  #define RELAY2                      P0_7                    // 定义继电器控制
37  #define ON                          0                       // 宏定义打开状态
38  #define OFF                         1                       // 宏定义关闭状态
39  /**************************************************************************
40  * 全局变量
41  ***************************************************************************
42  static uint8 D0 = 1;                                        // 默认打开主动上
43  static uint8 D1 = 1;                                        // 继电器初始状态
44  static uint16 V0 = 30;                                      // V0设置为上报时
45  static uint16 V1 = 2;                                       // 三色灯闪烁间隔
46  unsigned char relay_off[5] = {0xFB,0x00,0xFF,0x02,0x01};
47  /**************************************************************************
48  * 函数声明
49  ***************************************************************************
50  void update_relay(void);
51  void MyUartInit(void);
52  void MyUartCallBack ( uint8 port, uint8 event );
```

图 6.2.15　修改 D1 和 V1

在 update_relay() 函数中设置断点，如图 6.2.16 所示。

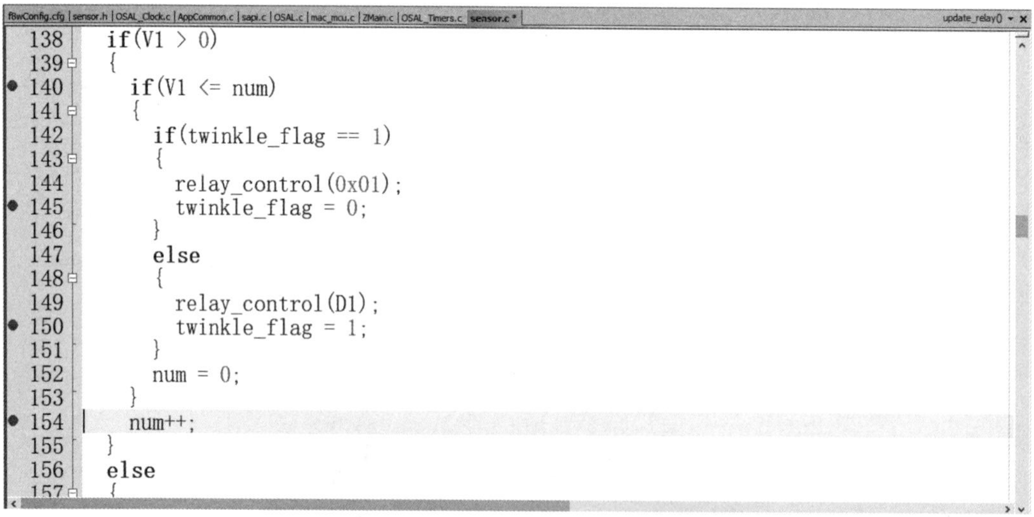

```
f8wConfig.cfg | sensor.h | OSAL_Clock.c | AppCommon.c | sapi.c | OSAL.c | mac_mcu.c | ZMain.c | OSAL_Timers.c | sensor.c *     update_relay()
  138    if(V1 > 0)
  139    {
● 140      if(V1 <= num)
  141      {
  142        if(twinkle_flag == 1)
  143        {
  144          relay_control(0x01);
● 145          twinkle_flag = 0;
  146        }
  147        else
  148        {
  149          relay_control(D1);
● 150          twinkle_flag = 1;
  151        }
  152        num = 0;
  153      }
● 154      num++;
  155    }
  156    else
  157    {
```

图 6.2.16　在 update_relay() 函数中设置断点

运行程序，跳至断点，观察 watch 窗口 V1、twinkle_flag、num、last_D1 数值。首先，V1 大于 0，执行 num++；num 数值加到 2，满足 V1<=num 的判断语句，然后执行 relay_control(D1) 点亮红灯；然后 num 清 0，重新自加。执行时间刚好是 2 s，因为 update_relay() 函数在 sensorCheck() 函数中执行，而 sensorCheck() 函数每秒执行一次。所以，得到的现象是红灯 2 s 亮，2 s 后灭，依此循环，如图 6.2.17 所示。

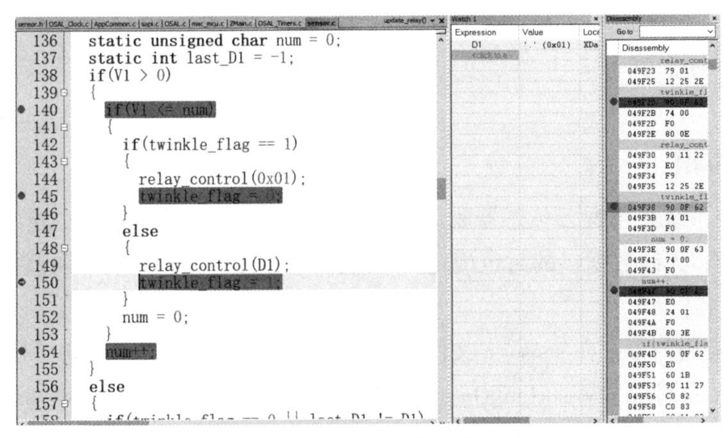

图 6.2.17　控制信号灯闪烁频率

五、注意事项

（1）火焰传感器检测区域在传感器上方。

（2）燃气传感器检测需要达到一定浓度才能检测到。

六、实训评价

过程质量管理见表 6.2.4。

表 6.2.4　过程质量管理

姓名			组名	
评分项目		分值	得分	组内管理人
通用部分（40 分）	团队合作能力	10		
	任务完成情况	10		
	功能实现展示	10		
	解决问题能力	10		
专业能力（60 分）	安防监控模块硬件连线	10		
	火焰、可燃气体、人体红外、窗磁传感器驱动设计与调试	25		
	信号灯控制器驱动设计与调试	25		
过程质量得分				

实训 3　智能家居（安防监控模块）通信设计

一、相关知识

家居安防监控系统采用智云传感器驱动框架开发，实现了传感器数据的定时上报、数据的查询、报警事件处理、无线数据包的封包/解包等功能。下面详细分析家居安防监控系统项目的程序逻辑。

（1）传感器应用部分：在 sensor.c 文件中实现，包括燃气传感器引脚初始化（sensorInit()）、燃气传感器节点入网调用（sensorLinkOn()）、燃气传感器卡号上报（sensorUpdate()）、处理下行的用户命令（ZXBeeUserProcess()）、用户事件处理（MyEventProcess()）。

（2）无线数据的收发处理：在 zxbee-inf.c 文件中实现，包括 ZigBee 无线数据的收发处理函数。

（3）无线数据的封包/解包：在 zxbee.c 文件中实现，封包函数有 ZXBeeBegin()、ZXBeeAdd (char* tag, char* val)、ZXBeeEnd(void)，解包函数有 ZXBeeDecodePackage(char *pkg, int len)。

二、实训目标

（1）搭建无线开发与调试环境，完成火焰、可燃气体、人体红外、窗磁传感器的连接与设置。

（2）设计人体红外传感器设备的 ZigBee 无线数据包传输程序，通过代码调试分析卡号数据的上行功能。

（3）设计信号灯控制器设备的 ZigBee 无线数据包传输程序，通过代码调试分析控制指令的下行功能。

三、实训环境

实训环境见表 6.3.1。

表 6.3.1　实训环境

项　目	具体信息
硬件环境	PC、Pentium 处理器、双核 2 GHz 以上、内存 4 GB 以上
操作系统	Windows 7 64 位及以上操作系统
实训软件	IAR For 8051, IAR For ARM, xLabTools, ZCloudTools
实训器材	可燃气体传感器（ZY-RQ001xIO）、火焰传感器（ZY-HY001xIO）、窗磁传感器（ZY-CC001xIO）、人体红外传感器（ZY-RTHW001xIO）、信号灯控制器（ZY-XHD001x485）、LiteB 无线节点 ×5、4418 网关
实训配件	SmartRF04EB 仿真器、USB 串口线、12 V 电源

四、实训步骤

1. 通信协议设计与分析

本实训主要使用的是火焰、可燃气体、人体红外、窗磁传感器和信号灯控制器。其中，ZXBee 协议定义见表 6.3.2。

表 6.3.2　ZXBee 协议定义

节点类型	传感器名称	TYPE	参数	含义	读写权限	说明
LiteB	火焰传感器	104	D1(OD1/CD1)	传感器使能	R(W)	D1 的 bit0 表示火焰传感器开关，0 表示关；1 表示开
			A0	火焰状态	R	1 表示检测到火焰；0 表示未检测到火焰
			D0(OD0/CD0)	主动上报使能	R(W)	D0 的 bit0 对应 A0 主动上报使能，0 表示不允许主动上报；1 表示允许主动上报
			V0	上报时间间隔	RW	A0 主动上报时间间隔，单位为 s
LiteB	可燃气体传感器	005	D1(OD1/CD1)	传感器使能	R(W)	D1 的 bit 0 表示烟雾探测器开关，0 表示关；1 表示开
			A0	烟雾状态	R	1 表示检测到烟雾；0 表示未检测到烟雾
			D0(OD0/CD0)	主动上报使能	R(W)	D0 的 bit0 对应 A0 主动上报使能，0 表示不允许主动上报；1 表示允许主动上报
			V0	上报时间间隔	RW	A0 主动上报时间间隔，单位为 s
LiteB	人体红外传感器	004	A0	人体状态	R	1 表示检测到附近有人体活动；0 表示未检测到附近有人体活动
			D0(OD0/CD0)	主动上报使能	R(W)	D0 的 bit0 对应 A0 主动上报使能，0 表示不允许主动上报；1 表示允许主动上报
			V0	上报时间间隔	RW	A0 主动上报时间间隔，单位为 s
			A0	人体状态	R	1 表示检测到附近有人体活动；0 表示未检测到附近有人体活动
LiteB	窗磁传感器	026	A0	窗磁门磁状态	R	1 表示门 / 窗被打开；0 表示门 / 窗未被打开
			D0(OD0/CD0)	主动上报使能	R(W)	D0 的 bit0 对应 A0 主动上报使能，0 表示不允许主动上报；1 表示允许主动上报
			V0	上报时间间隔	RW	A0 主动上报时间间隔，单位为 s
			A0	窗磁门磁状态	R	1 表示门 / 窗被打开；0 表示门 / 窗未被打开
LiteB	信号灯控制器	217	D1(OD1/CD1)	信号灯控制	R(W)	D1 的 bit0 ~ bit2 和 bit3 ~ bit5 分别表示 OUT1、OUT2 的红黄绿 3 种颜色的开关，0 表示关闭；1 表示打开

2. 节点通信硬件环境与程序下载

（1）无线通信整体硬件连接图如图 6.3.1 所示。

图 6.3.1 无线通信整体硬件连接图

（2）网关程序下载设置。网关程序默认已经下载好，如网关程序有误，请联系售后。

（3）节点程序下载。本实训代码路径：

火焰传感器：实训例程\14-HomeSecurityWsn\LiteB\HY001xIO 文件夹。

可燃气体传感器：实训例程\14-HomeSecurityWsn\LiteB\RQ001xIO 文件夹。

人体红外传感器：实训例程\14-HomeSecurityWsn\LiteB\RTHW001xIO 文件夹。

窗磁传感器：实训例程\14-HomeSecurityWsn\LiteB\CC001xIO 文件夹。

信号灯控制器：实训例程\14-HomeSecurityWsn\LiteB\XHD001x485 文件夹。

参照附录 A 的 LiteB 节点驱动代码下载与调试将代码下载到 LiteB 节点中。

3. 无线通信程序调试

在进行组网之前，需要修改 PANID 和 CHANNEL。保证节点的 PANID、CHANNEL 和协调器一致。

修改的方式有两种，具体见单元 4 相关内容。

1）人体红外传感器节点监测函数调试

节点入网后执行 MY_CHECK_EVT 事件，在 sensorCheck() 函数内，更新当前人体红外状态，当状态改变后通过 sensorUpdate() 函数将状态值通过 ZXBeeInfSend() 发送到上层应用中。在 sensorCheck () 函数的 updateA0() 和 sensorUpdate() 处设置断点，运行程序，跳至断点，如图 6.3.2、图 6.3.3 所示。

```
152 /************************************************************************
153 * 名称: sensorCheck()
154 * 功能: 传感器监测
155 * 参数: 无
156 * 返回: 无
157 * 修改:
158 * 注释:
159 ************************************************************************
160 void sensorCheck(void)
161 {
162   static uint8 last_A0 = 0;
163   updateA0();
164   if(last_A0 != A0)
165   {
166     sensorUpdate();
167     last_A0 = A0;
168   }
169 }
170 /************************************************************************
171 * 名称: sensorControl()
172 * 功能: 传感器控制
173 * 参数: cmd - 控制命令
174 * 返回: 无
```

图 6.3.2　updateA0() 处设置断点

```
152 /*****************************************************************
153 * 名称: sensorCheck()
154 * 功能: 传感器监测
155 * 参数: 无
156 * 返回: 无
157 * 修改:
158 * 注释:
159 *****************************************************************
160 void sensorCheck(void)
161 {
162   static uint8 last_A0 = 0;
163   updateA0();
164   if(last_A0 != A0)
165   {
166     sensorUpdate();
167     last_A0 = A0;
168   }
169 }
170 /*****************************************************************
```

图 6.3.3　sensorUpdate() 处设置断点

靠近人体红外传感器，检测到人体红外后，状态改变，代码如图 6.3.4 所示。

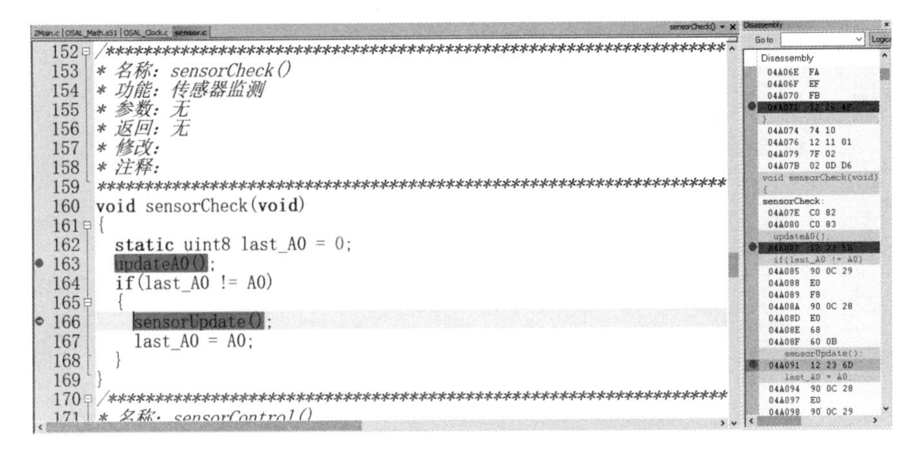

图 6.3.4　检测到人体红外后状态改变

执行 sensorUpdate()，将当前状态通过 ZXBeeInfSend() 函数上报，如图 6.3.5 所示。

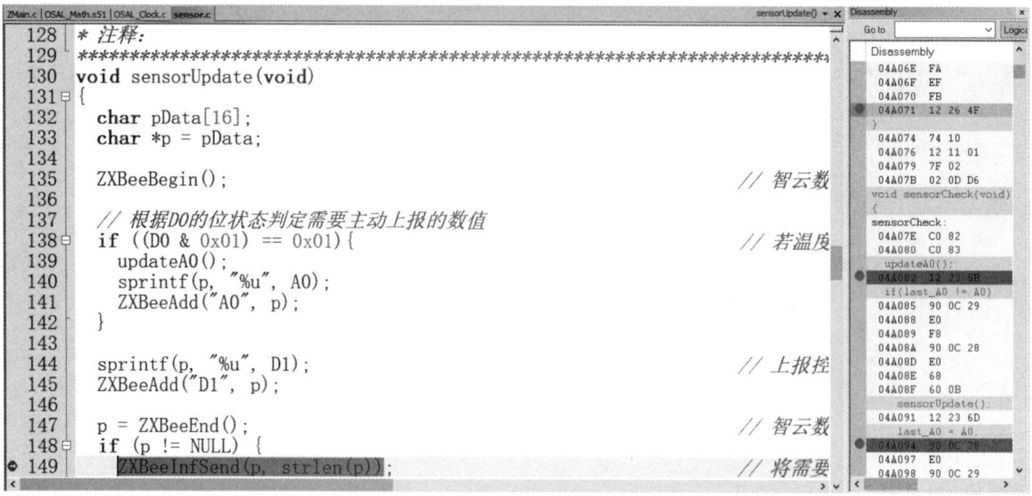

```
128  * 注释:
129  ****************************************************************
130  void sensorUpdate(void)
131  {
132    char pData[16];
133    char *p = pData;
134
135    ZXBeeBegin();                                        // 智云数
136
137    // 根据D0的位状态判定需要主动上报的数值
138    if ((D0 & 0x01) == 0x01){                            // 若温度
139      updateA0();
140      sprintf(p, "%u", A0);
141      ZXBeeAdd("A0", p);
142    }
143
144    sprintf(p, "%u", D1);                                // 上报控
145    ZXBeeAdd("D1", p);
146
147    p = ZXBeeEnd();                                      // 智云数
148    if (p != NULL) {
149      ZXBeeInfSend(p, strlen(p));                        // 将需要
```

图 6.3.5　上报当前状态

燃气、火焰、窗磁传感器调试参照上面人体红外传感器。

2）信号灯控制器命令下行函数调试

接收控制信号灯开关的指令并控制门锁开关。首先找到 sensor.c 文件的 ZXBeeUserProcess() 函数，在 D1 |= val 处设置断点，如图 6.3.6 所示。然后打开 ZCloudTools 应用程序，单击数据分析选择信号灯，在调试指令处输入指令 {OD1=1}，单击“发送”按钮，如图 6.3.7 所示。程序运行至断点，表示接收到发送的控制命令。解析控制命令函数调用层级关系是 SAPI_ProcessEvent() → SAPI_ReceiveDataIndication() → _zb_ReceiveDataIndication() → zb_ReceiveDataIndication() → ZXBeeInfRecv() → ZXBeeDecodePackage() → ZXBeeUserProcess()。

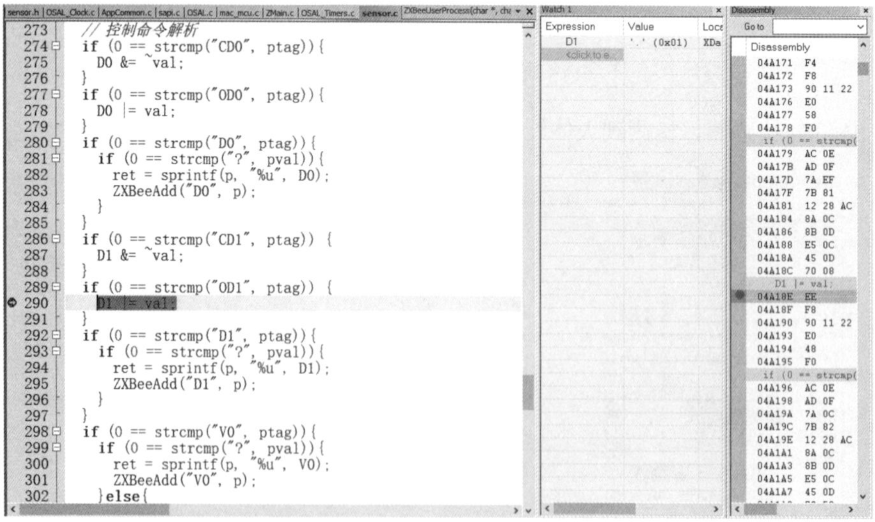

```
273    // 控制命令解析
274    if (0 == strcmp("CD0", ptag)){
275      D0 &= ~val;
276    }
277    if (0 == strcmp("OD0", ptag)){
278      D0 |= val;
279    }
280    if (0 == strcmp("D0", ptag)){
281      if (0 == strcmp("?", pval)){
282        ret = sprintf(p, "%u", D0);
283        ZXBeeAdd("D0", p);
284      }
285    }
286    if (0 == strcmp("CD1", ptag)) {
287      D1 &= ~val;
288    }
289    if (0 == strcmp("OD1", ptag)) {
290      D1 |= val;
291    }
292    if (0 == strcmp("D1", ptag)){
293      if (0 == strcmp("?", pval)){
294        ret = sprintf(p, "%u", D1);
295        ZXBeeAdd("D1", p);
296      }
297    }
298    if (0 == strcmp("V0", ptag)){
299      if (0 == strcmp("?", pval)){
300        ret = sprintf(p, "%u", V0);
301        ZXBeeAdd("V0", p);
302      }else{
```

图 6.3.6　D1 |= val 处设置断点

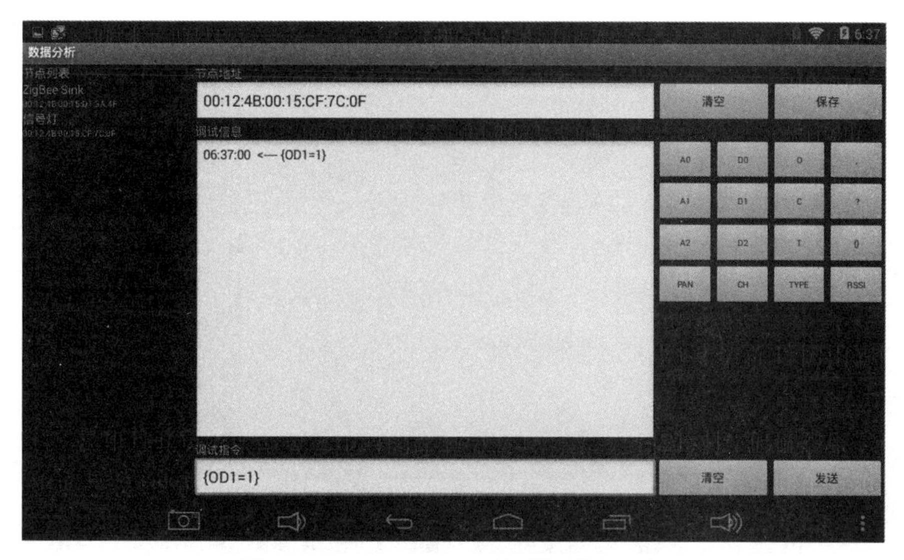

图 6.3.7　ZCloudTools 应用程序数据分析

在 MY_CHECK_EVT 事件中执行 sensorCheck() 函数，接着调用 update_relay() 函数可以控制信号灯亮灭，如图 6.3.8 所示。

```
133 void update_relay(void)
134 {
135   static unsigned char twinkle_flag = 0;
136   static unsigned char num = 0;
137   static int last_D1 = -1;
138   if(V1 > 0)
139   {
140     if(V1 <= num)
141     {
142       if(twinkle_flag == 1)
143       {
144         relay_control(0x00);
145         twinkle_flag = 0;
146       }
147       else
148       {
149         relay_control(D1);
150         twinkle_flag = 1;
151       }
152       num = 0;
153     }
154     num++;
155   }
156   else
```

图 6.3.8　控制信号灯亮灭

4. 通信协议测试

在网关上打开 ZCloudTools 工具，打开数据分析，通过发送指令来查询传感器状态，如图 6.3.10 所示。

1）火焰传感器

查询火焰传感器状态：首先在节点列表选择对应的节点，将打火机在火焰传感器上方打火，通过在调试指令处输入调试指令 {A0=?}，然后发送指令，在调试信息处显示返回的数据 A0=1，如图 6.3.9 所示。

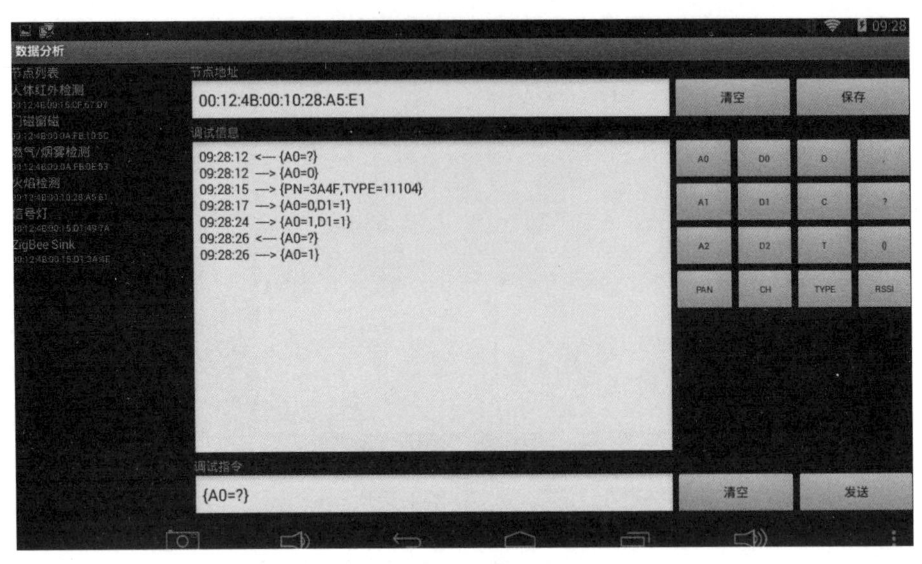

图 6.3.9　火焰传感器数据分析

2）可燃气体传感器

查询可燃气体传感器状态：首先在节点列表选择对应的节点，用打火机在可燃气体传感器旁边将燃气输入，通过在调试指令处输入调试指令 {A0=?}，然后发送指令，在调试信息处显示返回的数据 A0=1，如图 6.3.10 所示。

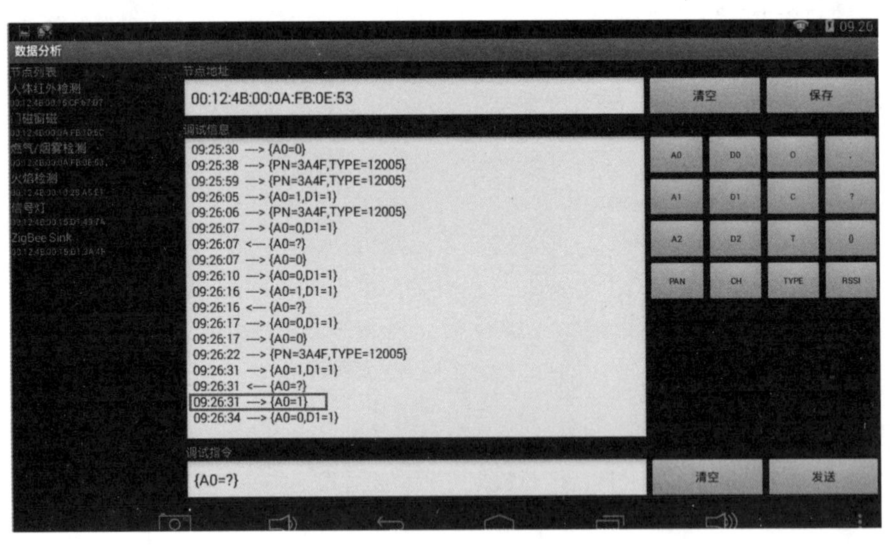

图 6.3.10　可燃气体传感器数据分析

3）人体红外传感器

查询人体红外传感器状态：首先在节点列表选择对应的节点，用手遮挡人体红外传感器，通过在调试指令处输入调试指令 {A0=?}，然后发送指令，在调试信息处显示返回的数据 A0=1，如图 6.3.11 所示。

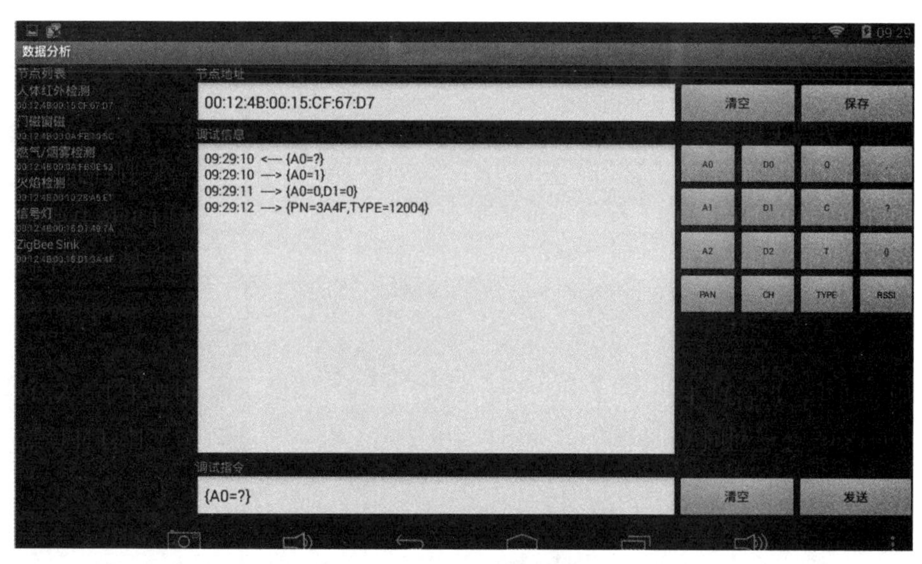

图 6.3.11　人体红外传感器数据分析

4）窗磁传感器

查询窗磁传感器状态：首先在节点列表选择对应的节点，将窗磁传感器窗体打开，通过在调试指令处输入调试指令 {A0=?}，然后发送指令，在调试信息处显示返回的数据 A0=1，如图 6.3.12 所示。

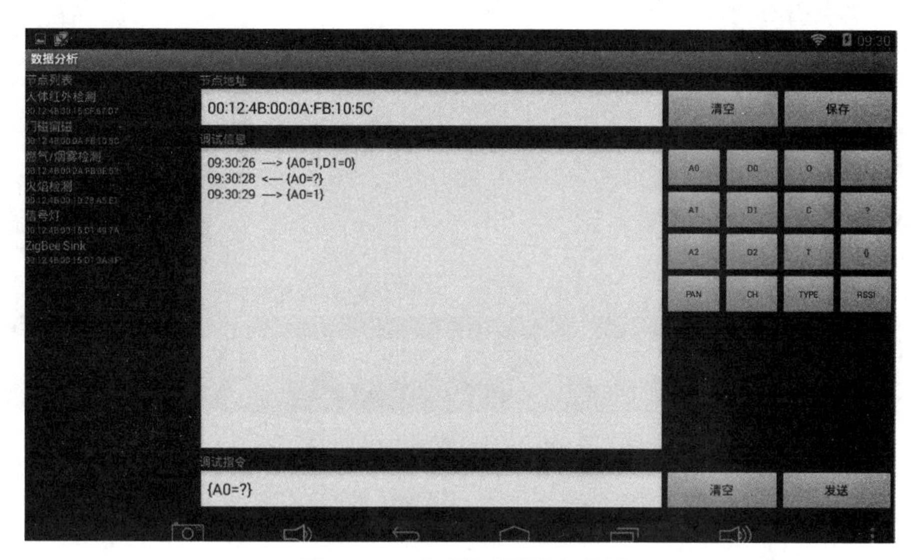

图 6.3.12　窗磁传感器数据分析

5）信号灯控制器

控制信号灯亮灭：首先在节点列表选择对应的节点，通过在调试指令处输入调试指令 {OD1=1}，然后发送指令，红灯点亮。通过在调试指令处输入调试指令 {CD1=1}，然后发送指令，红灯熄灭，如图 6.3.13、图 6.3.14 所示。

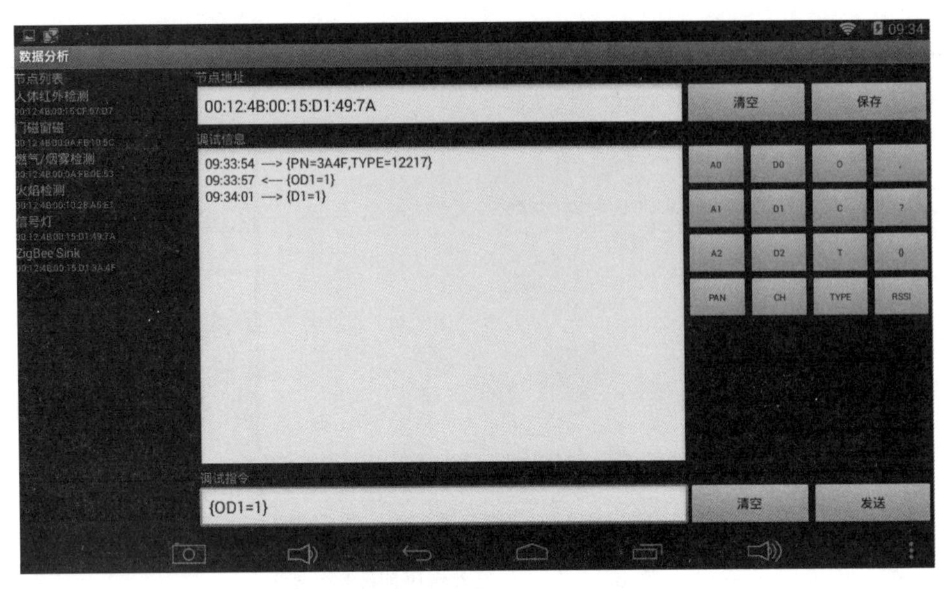

图 6.3.13 信号灯控制器数据分析 1

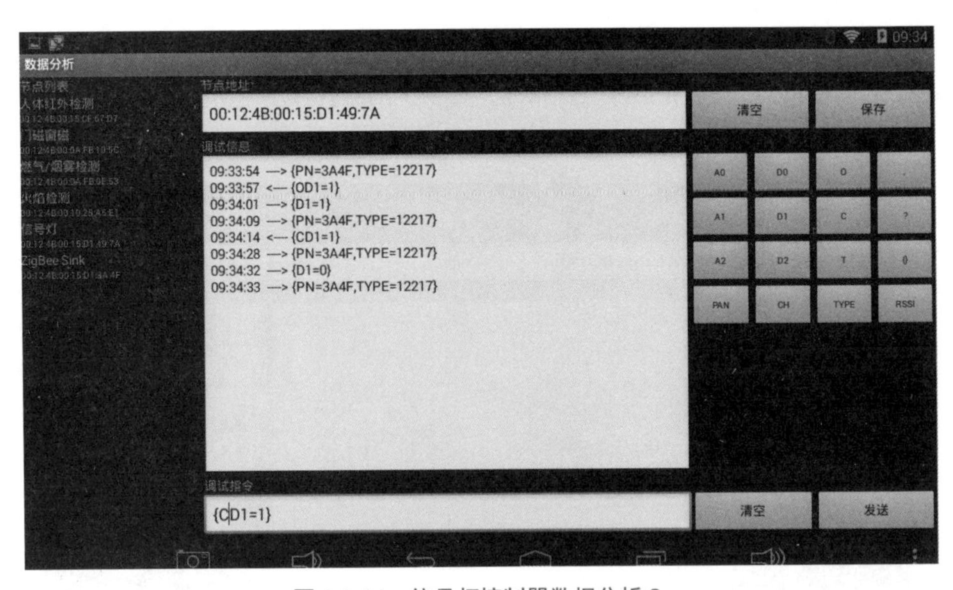

图 6.3.14 信号灯控制器数据分析 2

五、注意事项

人体红外传感器检测很灵敏，需要用纸板挡住红外检测区，不然会一直显示检测到红外传感器。

六、实训评价

过程质量管理见表 6.3.3。

表 6.3.3　过程质量管理

姓名			组名	
评分项目		分值	得分	组内管理人
通用部分（40 分）	团队合作能力	10		
	任务完成情况	10		
	功能实现展示	10		
	解决问题能力	10		
专业能力（60 分）	通信协议设计与分析	10		
	节点通信硬件环境与程序下载	20		
	无线通信程序设计	20		
	通信协议测试	10		
过程质量得分				

实训 4　智能家居（安防监控模块）部署测试

一、相关知识

1. 硬件的连接与程序下载

对本实训使用的硬件设备进行安装连线，下载节点设备对应的程序。

2. xLabTools 设置 PANDID、CHANNEL

设置本实训无线节点网络参数。

3. 进行组网，查看网络拓扑

参考附录 A 的 Android 网关智云服务设置，对本实训进行组网，查看网络拓扑图。

二、实训目标

（1）完成火焰、可燃气体、人体红外、窗磁传感器和信号灯控制器硬件的连接与设置。

（2）实现系统的程序下载与无线组网。

（3）完成模块的功能和性能测试。

三、实训环境

实训环境见表 6.4.1。

表 6.4.1　实训环境

项　目	具体信息
硬件环境	PC、Pentium 处理器、双核 2 GHz 以上、内存 4 GB 以上
操作系统	Windows 7 64 位及以上操作系统
实训软件	IAR For 8051, IAR For ARM, xLabTools, ZCloudTools
实训器材	可燃气体传感器（ZY-RQ001xIO）、火焰传感器（ZY-HY001xIO）、窗磁传感器（ZY-CC001xIO）、人体红外传感器（ZY-RTHW001xIO）、信号灯控制器（ZY-XHD001x485）、LiteB 无线节点 ×5、S4418 网关（协调器）
实训配件	SmartRF04EB 仿真器、USB 串口线、12 V 电源

四、实训步骤

1. 系统硬件安装与连线

准备 S4418/6818 系列网关 1 个、燃气传感器 1 个、火焰传感器 1 个、人体红外传感器 1 个、信号灯控制器 1 个、信号灯 1 个、窗磁传感器 1 个、IP 摄像头 1 个、路由器 1 个、ZXBeeLiteB 无线节点 5 个。

1）传感器设备部署

如图 6.4.1 所示，将燃气传感器通过 RJ-45 端口与 LiteB 节点的 B 端子连接，将火焰传感器通过 RJ-45 端口与 LiteB 节点的 B 端子连接，将窗磁传感器通过 RJ-45 端口与 LiteB 节点的 B 端子连接，将人体红外传感器通过 RJ-45 端口与 LiteB 节点的 B 端子连接，将信号控制灯通过 RJ-45 端口与 LiteB 节点的 A 端子连接。

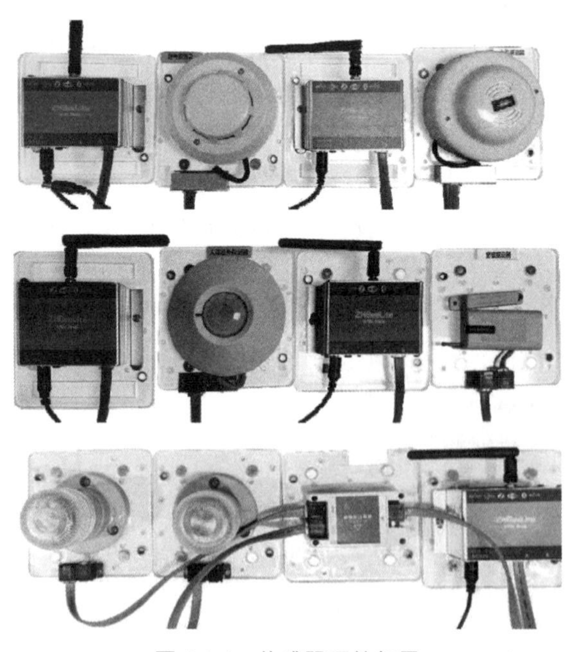

图 6.4.1　传感器硬件部署

2）IP 摄像头部署

参考附录 B 进行部署测试。摄像头如图 4.4.2 所示。

2. 节点程序下载

节点程序下载参照附录 A 的 LiteB 节点驱动代码下载与调试。

本实训使用设备节点出厂镜像，程序路径：实训例程\15-HomeSecurityTest 目录下的 09-火焰传感器.hex、10-可燃气体传感器.hex、11-人体红外传感器.hex、12-窗磁传感器.hex、15-信号灯.hex。

3. 系统组网

系统组网与测试参照附录 A 的 xLabTools 工具设置、Android 网关智云服务设置。

组网成功后查看网络拓扑图如图 6.4.2 所示。

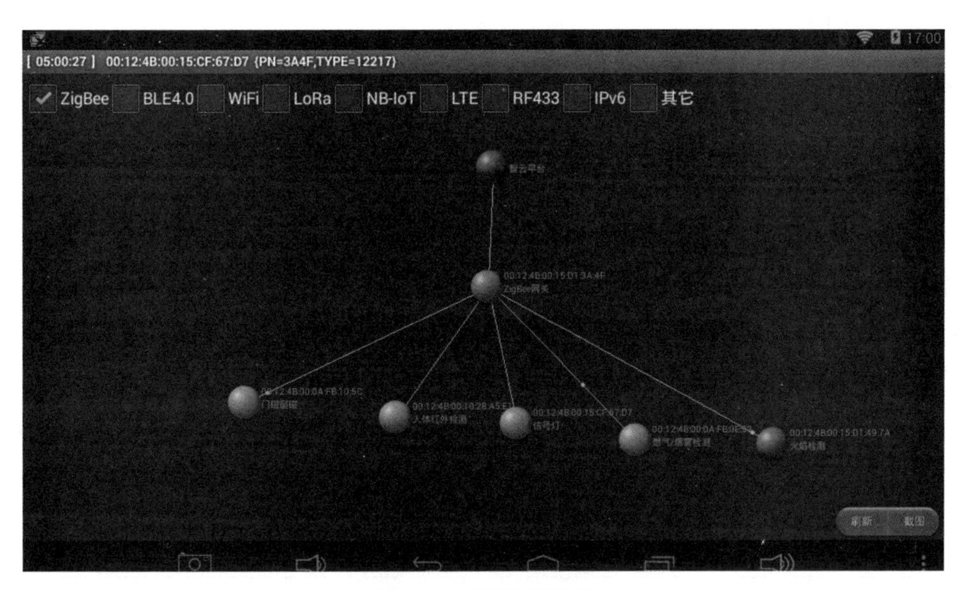

图 6.4.2　网络拓扑图

4. 模块功能测试

功能测试用例-1 见表 6.4.2。

表 6.4.2　功能测试用例-1

项　目	具体信息	
功能描述	燃气传感器正常检测	
用例目的	测试燃气传感器是否正常工作	
前提条件	系统程序运行，设备通电，燃气传感器功能正常	
输入 / 动作	期望的输出/响应	实际情况
通过在燃气传感器检测位置输入燃气，能否正常检测	不能	能

测试结论：组网成功后在燃气传感器输入燃气，打开 ZCloudTools 综合演示。单击燃气传感器，当检测到燃气后，燃气传感器图标由灰色变为彩色并且报警。

功能测试用例-2 见表 6.4.3。

表 6.4.3　功能测试用例-2

项　目	具体信息	
功能描述	人体红外传感器正常检测	
用例目的	测试人体红外传感器是否正常工作	
前提条件	系统程序运行，设备通电，人体红外传感器功能正常	
输入 / 动作	期望的输出/响应	实际情况
在人体红外传感器感应区用手遮挡	检测到人体红外，亮红灯	检测到人体红外，亮红灯

测试结论：组网成功后将手放在人体红外传感器上方，打开 ZCloudTools 综合演示。单击人体红外传感器，当检测到人体红外后，人体红外传感器图标由灰色变为彩色并且报警。

5. 模块性能测试

性能测试用例-1 见表 6.4.4。

表 6.4.4　性能测试用例-1

项　目	具体信息	
性能描述	信号灯连续开关测试	
用例目的	测试系统功能中的信号灯能否连续开关	
前提条件	系统程序运行，设备通电，信号灯工作正常	
执行操作	期望的性能（平均值）	实际性能（平均值）
在网关连续开关信号灯是否全部执行	全部执行	执行一次

测试结论：组网成功后打开 ZCloudTools 综合演示，单击信号灯，连续单击信号灯开关，看执行次数。

性能测试用例-2 见表 6.4.5。

表 6.4.5　性能测试用例-2

项　目	具体信息	
性能描述	窗磁传感器报警检测	
用例目的	窗磁传感器关闭状态是否产生报警	
前提条件	系统程序运行，设备通电，窗磁传感器工作正常	
执行操作	期望的性能（平均值）	实际性能（平均值）
在关闭状态用磁铁吸附窗磁检测区	不发生警报	发生警报

测试结论：组网成功后打开 ZCloudTools 综合演示，单击窗磁传感器，将磁铁靠近窗磁传感器。检测到磁铁后，窗磁传感器图标由灰色变为彩色并且报警。

五、注意事项

窗磁传感器检测时磁铁放在非监测区域也能检测到。

六、实训评价

过程质量管理见表 6.4.6。

表 6.4.6　过程质量管理

姓名			组名	
评分项目		分值	得分	组内管理人
通用部分（40 分）	团队合作能力	10		
	任务完成情况	10		
	功能实现展示	10		
	解决问题能力	10		
专业能力（60 分）	系统硬件安装与连线	10		
	节点程序下载与系统组网	20		
	模块功能测试	15		
	模块性能测试	15		
过程质量得分				

单元 7 智能家居（环境采集模块）系统设计

在本单元里，主要围绕着智能家居（环境采集模块）系统展开多个实训项目，主要分为 4 个实训，分别是实训 1 智能家居（环境采集模块）功能设计、实训 2 智能家居（环境采集模块）驱动设计、实训 3 智能家居（环境采集模块）通信设计和实训 4 智能家居（环境采集模块）部署测试。

实训 1　智能家居（环境采集模块）功能设计

一、相关知识

（1）家居环境采集系统设计功能及目标如下：

① 基础功能是采集室内环境参数：光照度、温湿度和空气质量数据。

② 实时发布室内环境参数。

③ 能够提供拓展的微信公众账号的功能，可以实时获取室内环境参数。

（2）家居环境采集系统从传输过程分为 3 部分，即传感节点、网关、客户端（Android、Web）。具体通信描述如下：

① 搭载了传感器的 ZXBee 无线节点，加入到网关的协调器组建的 ZigBee 无线网络，并通过 ZigBee 无线网络进行通信。

② ZXBee 无线节点获取传感器的数据后，通过 ZigBee 无线网络，将传感器数据发送给网关的协调器，协调器通过串口将数据发送给网关服务，通过实时数据推送服务将数据推送给网关客户端和智云数据中心。

③ 客户端（Android、Web）应用通过调用智云数据接口，经数据中心，实现实时获取家居环境采集数据。

二、实训目标

（1）完成环境采集模块功能分析设计，设计绘制功能模块图。

（2）通过对本模块的业务流程分析，设计绘制业务流程图。

（3）通过对本模块功能的要求分析，完成环境采集模块使用传感器设备选型与测试。

三、实训环境

实训环境见表 7.1.1。

表 7.1.1　实训环境

项　目	具体信息
硬件环境	PC、Pentium 处理器、双核 2 GHz 以上、内存 4 GB 以上
操作系统	Windows 7 64 位及以上操作系统
实训软件	IAR For 8051, IAR For ARM, xLabTools, ZCloudTools
实训器材	温湿度传感器（ZY-WSx485）、光照度传感器（ZY-GZx485）、空气质量传感器（ZY-CO2x485）、ZXBeeLiteB 无线节点 ×3
实训配件	SmartRF04EB 仿真器、USB 串口线、12 V 电源

四、实训步骤

1. 模块功能分析设计

家居环境采集系统设计功能及目标如图 7.1.1 所示。

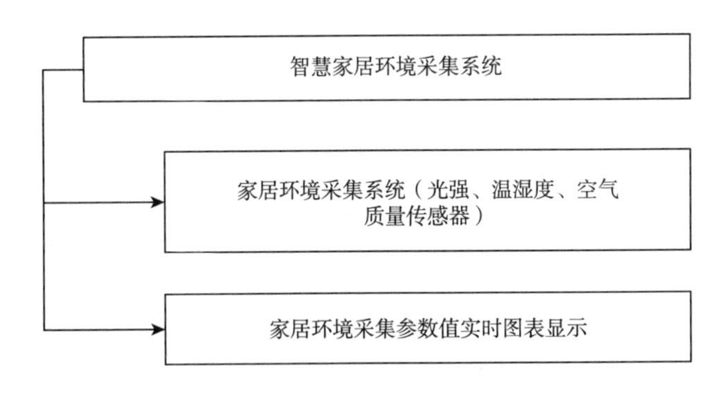

图 7.1.1　家居环境采集系统设计功能及目标

2. 模块业务流程分析

家居环境采集系统模块业务流程分析图如图 7.1.2 所示。

3. 传感器选型分析

本实训使用商用数字温湿度传感器，如图 7.1.3 所示，通信接口为 RS-485，型号为 WSD001x485。温湿度传感器通过 RJ-45 端口与 LiteB 节点的 A 端子连接。

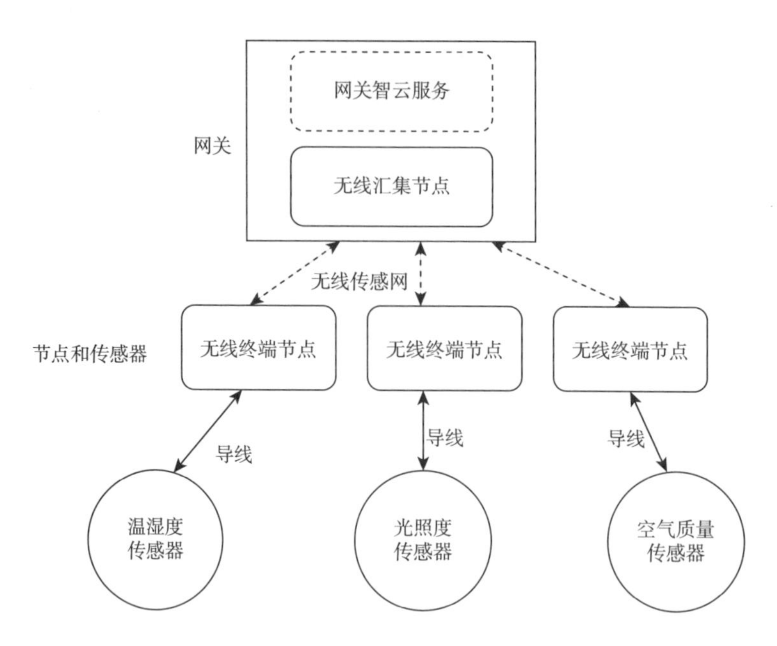

图 7.1.2　家居环境采集系统设计图

本实训使用商用光照度传感器，如图 7.1.4 所示，通信接口为 IIC，型号为 GZ001xIIC。光照度传感器通过 RJ-45 端口与 LiteB 节点的 A 端子连接。

本实训使用商业空气质量传感器，如图 7.1.5 所示，通信接口为 TTL 串口，型号为 KHZL001xTTL。空气质量传感器通过 RJ-45 端口与 LiteB 节点的 A 端子连接。

图 7.1.3　商用数字温湿度传感器

图 7.1.4　商用光照度传感器

图 7.1.5　商业空气质量传感器

4. 传感器功能测试

环境采集模块硬件选型使用设备如下：温湿度传感器（ZY-WSx485）、光照度传感器（ZY-GZx485）、空气质量传感器（ZY-CO2x485）、ZXBeeLiteB 无线节点 ×3。

1）硬件部署

硬件部署图如图 7.1.6 所示。

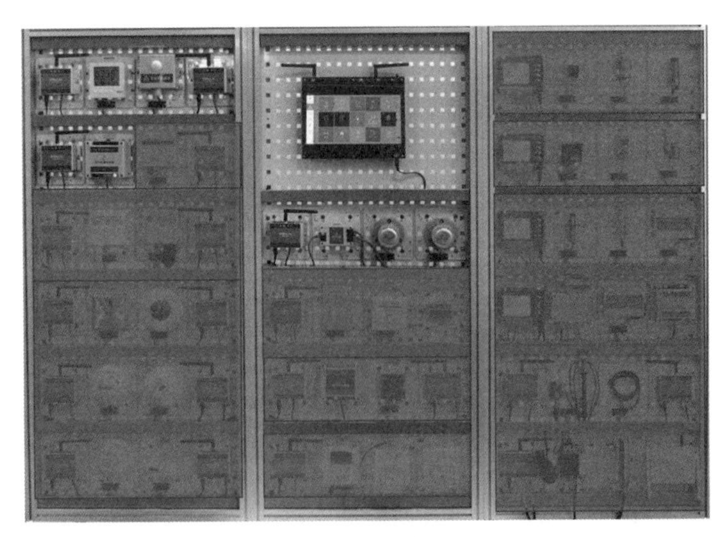

图 7.1.6　硬件部署图

湿度传感器、光强传感器、空气质量传感器通过 RJ-45 线分别接到 LiteB 节点的 A 端子。

2）程序下载

本实训使用设备节点出厂镜像，代码路径：实训例程 \16-HomeEnvironmentFunction\ 目录下的 01–温湿度传感器 .hex、02–光照度传感器 .hex、03–空气质量传感器 .hex。

当 LiteB 节点需要恢复出厂设置时，通过 Smart Flash Programmer 软件向 LiteB 节点中烧录相对应的出厂镜像，即 .hex 文件即可。

3）节点参数与智云服务配置

参照单元 1 的实训步骤“节点参数与智云服务配置”实训步骤进行操作。ZCloudTools 工具测试。

4）硬件测试

参照附录 A 的 FwsTools 设置与使用，测试本模块选型的硬件设备功能是否正常，如图 7.1.7 所示。

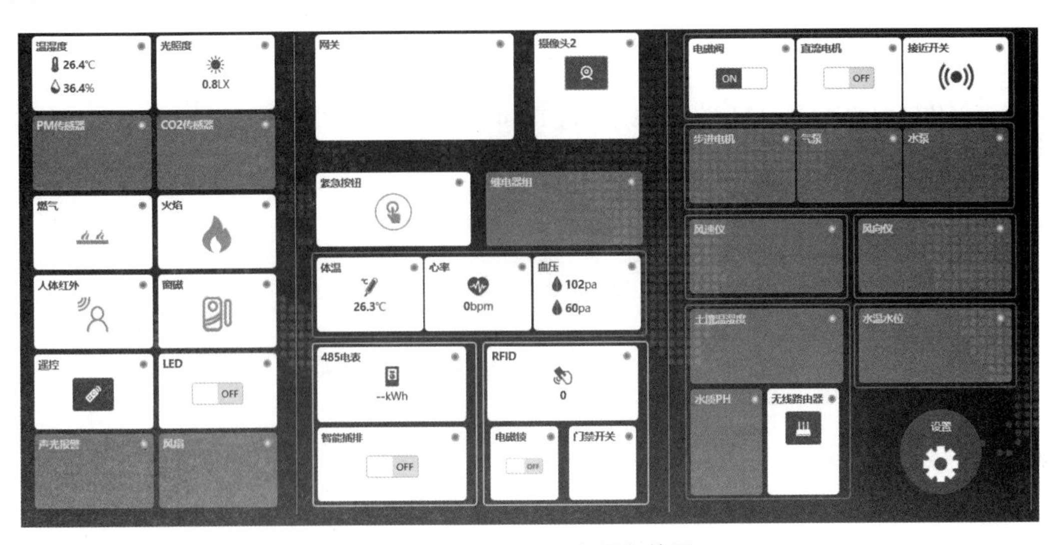

图 7.1.7　FwsTools 设置与使用

五、注意事项

传感器在选型时，注意传感器设备使用的通信方式与通信协议，是否能同无线节点程序兼容，以方便后续驱动程序开发。

六、实训评价

过程质量管理见表 7.1.2。

表 7.1.2　过程质量管理

姓名			组名	
评分项目		分值	得分	组内管理人
通用部分（40 分）	团队合作能力	10		
	任务完成情况	10		
	功能实现展示	10		
	解决问题能力	10		
专业能力（60 分）	完成环境采集模块功能分析设计	20		
	完成环境采集模块业务流程分析	20		
	完成环境采集模块传感器选型与测试	20		
过程质量得分				

实训 2　智能家居（环境采集模块）驱动设计

一、相关知识

温湿度传感器的通信接口为 RS-485，通过 RS-485 串口发送指令获取温湿度值。通过网线连接到 LiteB 节点的 A 端口。温湿度传感器接口函数及说明见表 7.2.1。

表 7.2.1　温湿度传感器接口函数及说明

函数名称	函数说明
void hts_io_init(void)	功能： 温湿度传感器 I/O 口的初始化
float get_hts_temp(void)	功能： 获取温度值，作为外部接口。 返回： f_fTemp ——温度值

续表

函数名称	函数说明
float get_hts_humi(void)	功能： 获取湿度值，作为外部接口。 返回： f_fHumi ——湿度值
void hts_update(void)	功能： 更新一次温湿度值，保存到全部静态变量 f_fTemp、f_fHumi 中
static void uart_485_write(uint8 *pbuf, uint16 len)	功能： 写 RS-485 通信。 参数： pbuf ——输入参数，发送命令指针； len ——输入参数，发送命令长度
static void uart_callback_func(uint8 port, uint8 event)	功能： RS-485 通信回调函数，使用延时。 参数： port ——输入参数，数据接收端口； event ——输入参数，接收事件
static void node_uart_callback (uint8 port ,uint8 event)	功能： 节点串口通信回调函数。 参数： port ——输入参数，数据接收端口； event ——输入参数，接收事件
static void node_uart_init(void)	功能： RS-485 串口初始化
static uint16 calc_crc(uint8 *pbuf, uint8 len)	功能： crc 校验。 参数： pbuf ——输入参数，校验指针； len ——输入参数，校验数组长度

光照度传感器的通信方式为 IIC，通过 IIC 获取光照度传感器。通过网线连接到 LiteB 节点的 A 端口。光照度传感器接口函数及说明见表 7.2.2。

表 7.2.2　光照度传感器接口函数及说明

函数名称	函数说明
uchar bh1750_send_byte(uchar sla,uchar c)	功能： 向无子地址器件发送字节数据函数，从启动总线到发送地址、数据，结束总线的全过程，从器件地址 sla，使用前必须已结束总线。 返回： 如果返回 1 表示操作成功；否则，操作有误
uchar bh1750_read_nbyte(uchar sla,uchar *s,uchar no)	功能： 连续读出 BH1750 内部数据。 返回： 应答或非应答信号
void bh1750_init()	功能： 初始化 BH1750
float bh1750_get_data(void)	功能： BH1750 数据处理。 返回： 处理结果

空气质量传感器采用 TTL 串口通信协议，串口通信配置为：波特率 9 600、8 位数据位、无校验位、无硬件数据流控制、1 位停止位。通过网线连接到 LiteB 节点的 A 端口。空气质量传感器接口函数及说明见表 7.2.3。

表 7.2.3　空气质量传感器接口函数

函数名称	函数说明
void sensorInit(void)	功能： 对 RS-232 串口通信初始化
void updateA0(void)	功能： 更新 A0 的值
static void node_uart_init(void)	功能： RS-232 初始化函数
static void uart_232_write(uint8 *pbuf, uint16 len)	功能： 写 RS-232 通信。 参数： pbuf——输入参数，发送命令指针； len——输入参数，发送命令长度
static void uart_callback_func(uint8 port, uint8 event)	功能： RS-232 通信回调函数，使用延时。 参数： port——输入参数，数据接收端口； event——输入参数，接收事件
static void node_uart_callback (uint8 port ,uint8 event)	功能： 节点串口通信回调函数。 参数： port——输入参数，接收端口； event——输入参数，接收事件
static void node_uart_init(void)	功能： RS-232 串口初始化

二、实训目标

（1）搭建驱动开发与调试环境，完成温湿度、光照度、空气质量传感器的连接与设置。

（2）设计温湿度传感器的 CC2530 处理器驱动程序，通过代码调试分析驱动程序温湿度值的读取功能。

（3）设计光照度传感器的 CC2530 处理器驱动程序，通过代码调试分析驱动程序光照度值的读取功能。

（4）设计空气质量传感器的 CC2530 处理器驱动程序，通过代码调试分析驱动程序空气质量值的读取功能。

三、实训环境

实训环境见表 7.2.4。

表 7.2.4　实训环境

项　目	具体信息
硬件环境	PC、Pentium 处理器、双核 2 GHz 以上、内存 4 GB 以上
操作系统	Windows 7 64 位及以上操作系统
实训软件	IAR For 8051, IAR For ARM, xLabTools, ZCloudTools
实训器材	温湿度传感器（ZY-WSx485）、光照度传感器（ZY-GZx485）、空气质量传感器（ZY-CO2x485）、ZXBeeLiteB 无线节点 ×3
实训配件	SmartRF04EB 仿真器、USB 串口线、12 V 电源

四、实训步骤

1. 环境采集模块硬件连线

环境采集模块硬件连线如图 7.2.1 所示。

温湿度传感器、光照度传感器、空气质量传感器通过 RJ-45 线分别接到 LiteB 节点的 A 端口。

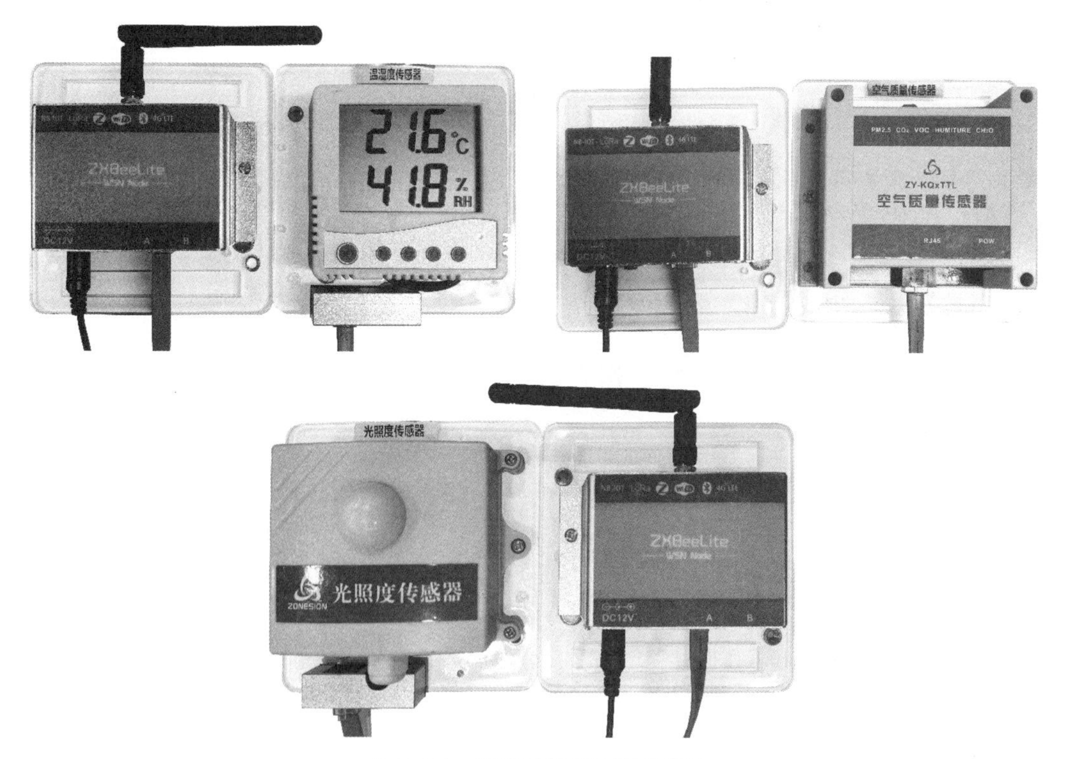

图 7.2.1　环境采集模块硬件连线

2. 温湿度传感器驱动设计与调试

本实训代码路径：实训例程\17-HomeEnvironmentDriver\LiteB\WSD001x485\Source。

参照附录 A 的 LiteB 节点驱动代码下载与调试将温湿度传感器代码下载到 LiteB 节点中。

1）RS-485 写入指令去读取温湿度

首先在 sensor.c 文件中找到 sensorInit() 函数，里面的 hts_io_init() 函数对 RS-485 进行了配置。如图 7.2.2 ~ 图 7.2.4 所示。

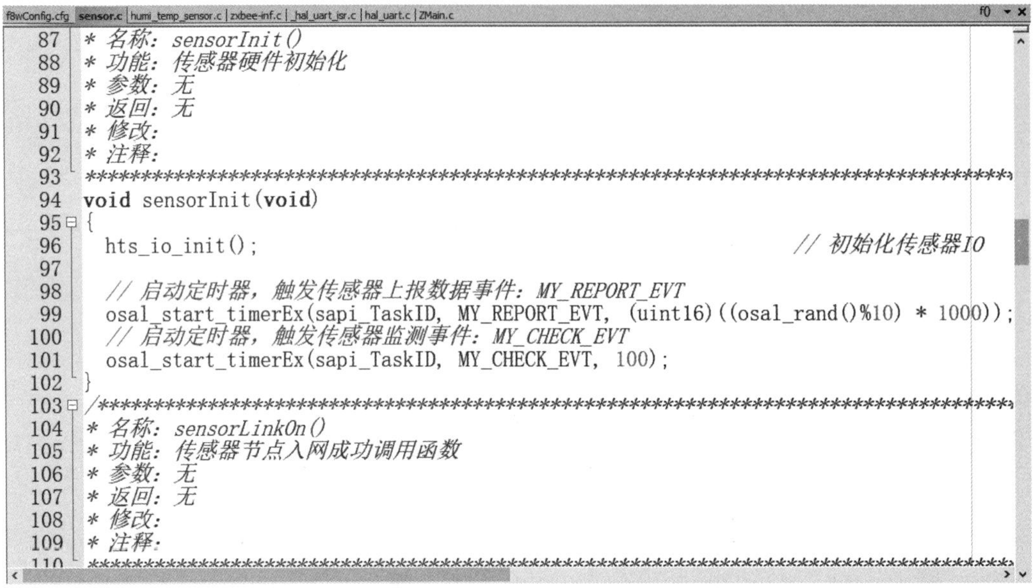

```
f8wConfig.cfg | sensor.c | humi_temp_sensor.c | zxbee-inf.c | _hal_uart_isr.c | hal_uart.c | ZMain.c
 87  * 名称: sensorInit()
 88  * 功能: 传感器硬件初始化
 89  * 参数: 无
 90  * 返回: 无
 91  * 修改:
 92  * 注释:
 93  ******************************************************************************
 94  void sensorInit(void)
 95  {
 96    hts_io_init();                                          // 初始化传感器IO
 97
 98    // 启动定时器，触发传感器上报数据事件: MY_REPORT_EVT
 99    osal_start_timerEx(sapi_TaskID, MY_REPORT_EVT, (uint16)((osal_rand()%10) * 1000));
100    // 启动定时器，触发传感器监测事件: MY_CHECK_EVT
101    osal_start_timerEx(sapi_TaskID, MY_CHECK_EVT, 100);
102  }
103  /*****************************************************************************
104  * 名称: sensorLinkOn()
105  * 功能: 传感器节点入网成功调用函数
106  * 参数: 无
107  * 返回: 无
108  * 修改:
109  * 注释:
110  ******************************************************************************
```

图 7.2.2　hts_io_init() 函数

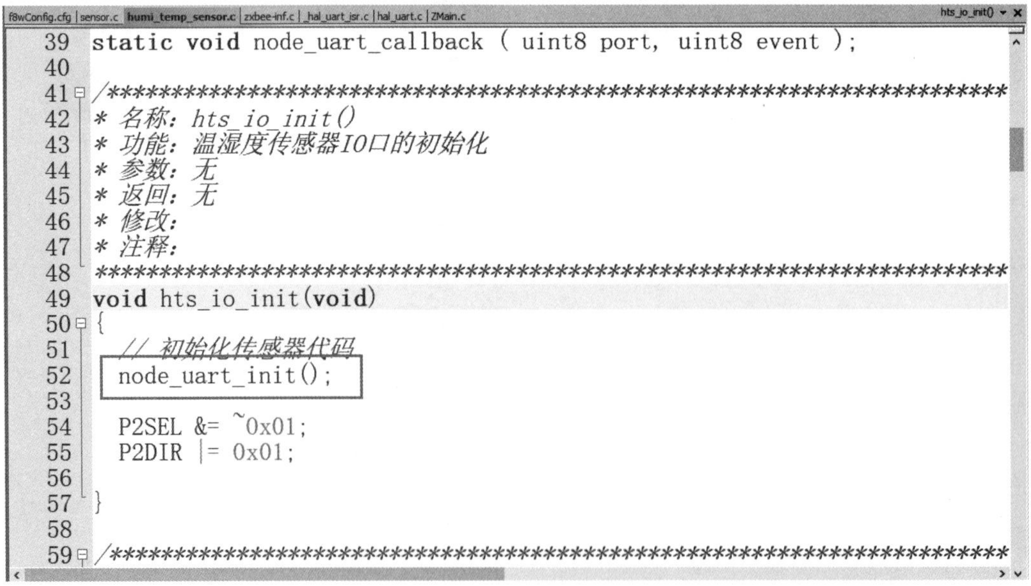

```
f8wConfig.cfg | sensor.c | humi_temp_sensor.c | zxbee-inf.c | _hal_uart_isr.c | hal_uart.c | ZMain.c
39  static void node_uart_callback ( uint8 port, uint8 event );
40
41  /*************************************************************************
42  * 名称: hts_io_init()
43  * 功能: 温湿度传感器IO口的初始化
44  * 参数: 无
45  * 返回: 无
46  * 修改:
47  * 注释:
48  *************************************************************************
49  void hts_io_init(void)
50  {
51    // 初始化传感器代码
52    node_uart_init();
53
54    P2SEL &= ~0x01;
55    P2DIR |= 0x01;
56
57  }
58
59  /*************************************************************************
```

图 7.2.3　node_uart_init() 函数

```
195  * 修改:
196  * 注释:
197  ************************************************************************
198  static void node_uart_init(void)
199  {
200    halUARTCfg_t _UartConfigure;
201
202    // UART 配置信息
203    _UartConfigure.configured              = TRUE;
204    _UartConfigure.baudRate                = HAL_UART_BR_9600;
205    _UartConfigure.flowControl             = FALSE;
206    _UartConfigure.rx.maxBufSize           = 128;
207    _UartConfigure.tx.maxBufSize           = 128;
208    _UartConfigure.flowControlThreshold    = (128 / 2);
209    _UartConfigure.idleTimeout             = 6;
210    _UartConfigure.intEnable               = TRUE;
211    _UartConfigure.callBackFunc            = uart_callback_func;
212
213    HalUARTOpen (HAL_UART_PORT_0, &_UartConfigure);                //启动U
214
215  }
```

图 7.2.4　node_uart_init() 函数内容

然后在 sensor.c 文件中找到 MyEventProcess() 函数，运行 MY_CHECK_EVT 事件，RS-485 向温湿度传感器写入温湿度读取命令，如图 7.2.5 ~ 图 7.2.7 所示。

```
240  /***********************************************************************
241  * 名称: MyEventProcess()
242  * 功能: 自定义事件处理
243  * 参数: event -- 事件编号
244  * 返回: 无
245  * 修改:
246  * 注释:
247  ************************************************************************
248  void MyEventProcess( uint16 event )
249  {
250    if (event & MY_REPORT_EVT) {
251      sensorUpdate();
252      //启动定时器，触发事件: MY_REPORT_EVT
253      osal_start_timerEx(sapi_TaskID, MY_REPORT_EVT, V0*1000);
254    }
255    if (event & MY_CHECK_EVT) {
256      hts_update();                                        //每1000毫秒获耳
257      //sensorCheck();
258      // 启动定时器，触发事件: MY_CHECK_EVT
259      osal_start_timerEx(sapi_TaskID, MY_CHECK_EVT, 1000);
260    }
261  }
```

图 7.2.5　RS-485 写入温湿度读取命令 1

在读取指令发送后，在 humi_temp_sensor.c 文件中，通过 RS-485 通信回调函数 node_uart_callback() 读取温湿度值，将读到的数据保存在 szBuf[] 中。其中，szBuf[] 数组的 szBuf[3]、szBuf[4]、szBuf[5]、szBuf[6] 保存有原始的温湿度值，经过组合得到 nHumi 和 nTemp 值，最后经过换算得到真实的温湿度值，如图 7.2.8 所示。

```
85
86 /************************************************************
87 * 名称: hts_update()
88 * 功能: 更新一次温湿度值，保存到全部静态变量中: f_fTemp、f_fHum
89 * 参数: 无
90 * 返回: 无
91 * 修改:
92 * 注释:
93 ************************************************************
94 void hts_update(void)
95 {
96   uart_485_write(f_szGetTempHumi, sizeof(f_szGetTempHumi));
97 }
98
99 /************************************************************
100 * 名称: uart_485_write()
101 * 功能: 写485通讯
102 * 参数: pbuf -- 输入参数，发送命令指针
```

图 7.2.6　RS-485 写入温湿度读取命令 2

```
16 #include "sapi.h"
17 #include "OnBoard.h"
18
19 #include "humi_temp_sensor.h"
20
21 /************************************************************
22 * 全局变量
23 ************************************************************
24 static uint8 f_szGetTempHumi[8]={0x01, 0x03, 0x00, 0x00, 0x00, 0x03, 0x05, 0xCB}; //
25 static float f_fTemp = 0.0f;                                  //缓存温度值
26 static float f_fHumi = 0.0f;                                  //缓存湿度值
27
28 /************************************************************
29 * 本地函数原型
30 ************************************************************
31 static uint16 calc_crc(uint8 *pbuf, uint8 len);
32
33 /************************************************************
34 * UART RS485相关接口函数
35 ************************************************************
36 static void node_uart_init(void);
37 static void uart_callback_func(uint8 port, uint8 event);
38 static void uart_485_write(uint8 *pbuf, uint16 len);
```

图 7.2.7　RS-485 写入温湿度读取命令 3

```
151   static uint8  len = 0;
152
153   // 接收通过串口传来的数据
154   while (Hal_UART_RxBufLen(port))
155   {
156     HalUARTRead (port, &ch, 1);
157     if (len > 0)
158     {
159       szBuf[len++] = ch;
160       if (len == 11)
161       {
162         uint16 crc;
163         crc = calc_crc(szBuf, 9);
164         if (crc == ((szBuf[10]<<8) | szBuf[9]))
165         {
166           int nTemp, nHumi;
167           nHumi = (szBuf[3]<<8) | szBuf[4];
168           nTemp = (szBuf[5]<<8) | szBuf[6];
169
170           f_fHumi = (float)nHumi/100.0f;
171           f_fTemp = (float)(nTemp - 27315)/100.0f;
172         }
173         len = 0;
```

图 7.2.8　读取温湿度值

2）RS-485 读取温湿度值调试

编译下载程序，进入调试界面，在 node_uart_callback() 函数中设置断点，并将 szBuf[]、nHumi、nTemp 加入到 watch 窗口，如图 7.2.9 所示。

```
157      if (len > 0)
158      {
159        szBuf[len++] = ch;
160        if (len == 11)
161        {
162          uint16 crc;
163          crc = calc_crc(szBuf, 9);
164          if (crc == ((szBuf[10]<<8) | szBuf[9]))
165          {
166            int nTemp, nHumi;
167            nHumi = (szBuf[3]<<8) | szBuf[4];
168            nTemp = (szBuf[5]<<8) | szBuf[6];
169
170            f_fHumi = (float)nHumi/100.0f;
171            f_fTemp = (float)(nTemp - 27315)/100.0f;
172          }
173          len = 0;
174        }
175      }
```

Expression	Value	Location
szBuf	""	XData:0x0932
nHumi	Error (c...	
nTemp	Error (c...	

图 7.2.9　设置断点

运行程序，跳至断点，得到数组数据，如图 7.2.10 所示。

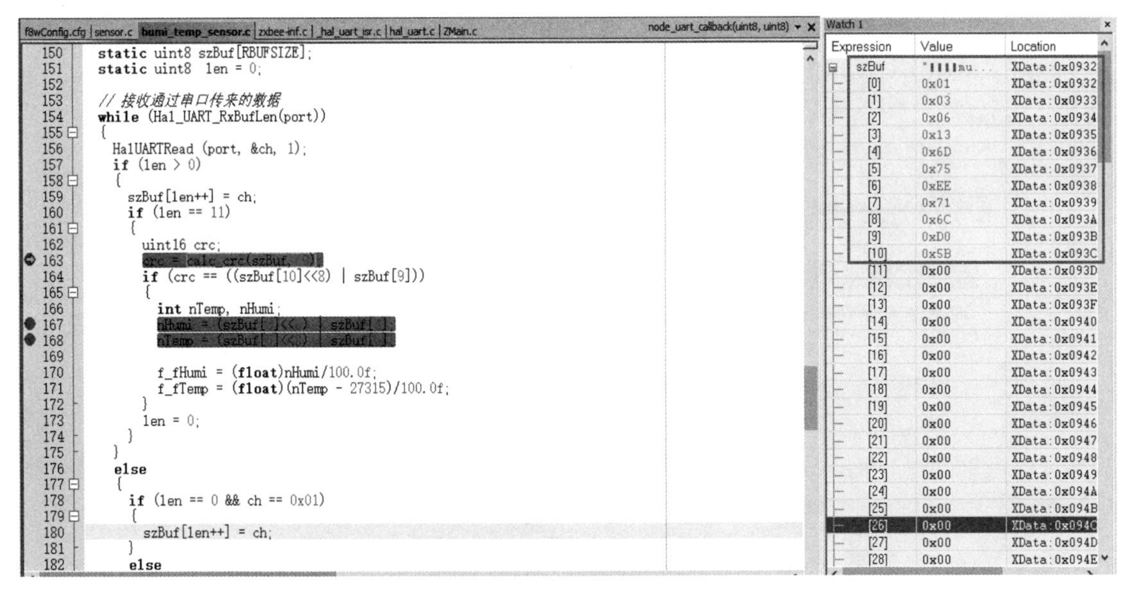

图 7.2.10　得到数组数据

接着运行程序，跳至断点，然后继续向下执行一步，得到 nHumi 值。szBuf[3]=0x13，szBuf[4]=0x6D。nHumi=0x13<<8+0x53=4973，如图 7.2.11 所示。

f8wConfig.cfg | sensor.c | humi_temp_sensor.c | zxbee-inf.c | _hal_uart_isr.c | hal_uart.c | ZMain.c　　node_uart_callback(uint8, uint8)

```
150    static uint8 szBuf[RBUFSIZE];
151    static uint8  len = 0;
152
153    // 接收通过串口传来的数据
154    while (Hal_UART_RxBufLen(port))
155    {
156      HalUARTRead (port, &ch, 1);
157      if (len > 0)
158      {
159        szBuf[len++] = ch;
160        if (len == 11)
161        {
162          uint16 crc;
163          crc = calc_crc(szBuf, );
164          if (crc == ((szBuf[10]<<8) | szBuf[9]))
165          {
166            int nTemp, nHumi;
167            nHumi = (szBuf[ ]<< ) | szBuf[ ];
168            nTemp = (szBuf[ ]<< ) | szBuf[ ];
169
170            f_fHumi = (float)nHumi/100.0f;
171            f_fTemp = (float)(nTemp - 27315)/100.0f;
172          }
173          len = 0;
174        }
175      }
176      else
177      {
178        if (len == 0 && ch == 0x01)
179        {
180          szBuf[len++] = ch;
181        }
182        else
```

Watch 1

Expression	Value	Location
[102]	0x00	XData:0x0998
[103]	0x00	XData:0x0999
[104]	0x00	XData:0x099A
[105]	0x00	XData:0x099B
[106]	0x00	XData:0x099C
[107]	0x00	XData:0x099D
[108]	0x00	XData:0x099E
[109]	0x00	XData:0x099F
[110]	0x00	XData:0x09A0
[111]	0x00	XData:0x09A1
[112]	0x00	XData:0x09A2
[113]	0x00	XData:0x09A3
[114]	0x00	XData:0x09A4
[115]	0x00	XData:0x09A5
[116]	0x00	XData:0x09A6
[117]	0x00	XData:0x09A7
[118]	0x00	XData:0x09A8
[119]	0x00	XData:0x09A9
[120]	0x00	XData:0x09AA
[121]	0x00	XData:0x09AB
[122]	0x00	XData:0x09AC
[123]	0x00	XData:0x09AD
[124]	0x00	XData:0x09AE
[125]	0x00	XData:0x09AF
[126]	0x00	XData:0x09B0
[127]	0x00	XData:0x09B1
nHumi	4973	R3:R2
nTemp	14927	XData:0x02C0

图 7.2.11　得到 nHumi 值

然后继续向下执行一步，得到 nTemp 值。szBuf[5]=0x75, szBuf[6]=0xEE。nHumi=0x75<<8+0xEE=4947，如图 7.2.12 所示。

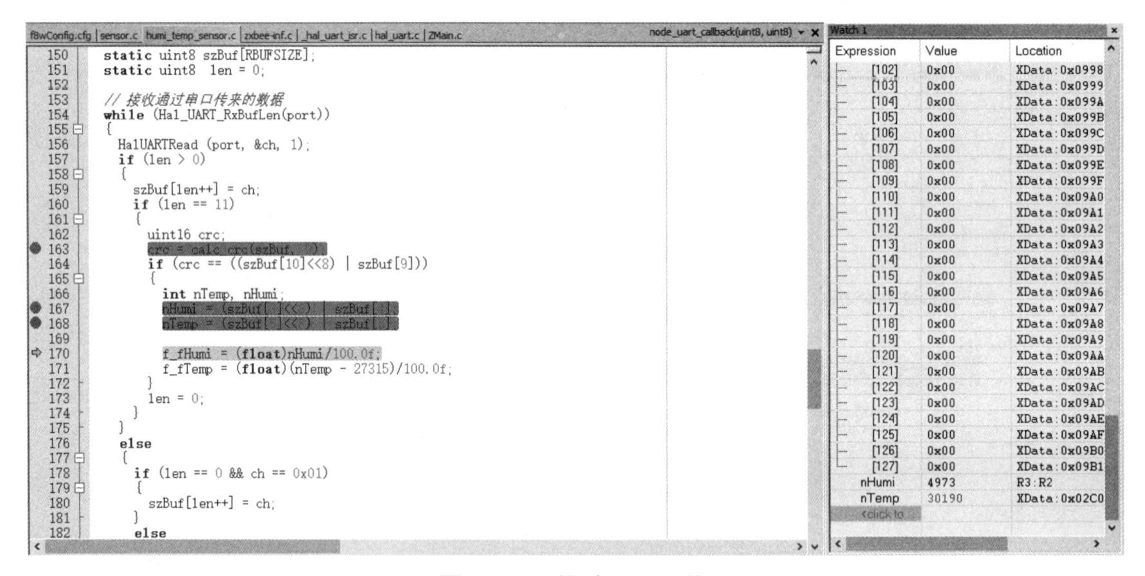

图 7.2.12　得到 nTemp 值

3. 光照度传感器驱动设计与调试

本实训代码路径：实训例程\17-HomeEnvironmentDriver\LiteB\GZ001xIIC\Source。

参照附录 A 的 LiteB 节点驱动代码下载与调试将光照度传感器代码下载到 LiteB 节点中去。

1）通过 IIC 写入指令去读取空气质量

首先在 sensor.c 文件中找到 sensorInit() 函数，里面的 bh1750_init () 函数对 IIC 进行初始化，如图 7.2.13 ~ 图 7.2.15 所示。

```
72  /*****************************************************************************
73  * 名称：sensorInit()
74  * 功能：传感器硬件初始化
75  * 参数：无
76  * 返回：无
77  * 修改：
78  * 注释：
79  *****************************************************************************
80  void sensorInit(void)
81  {
82    bh1750_init();                                              //光照度传感器初始化
83
84    // 启动定时器，触发传感器上报数据事件：MY_REPORT_EVT
85    osal_start_timerEx(sapi_TaskID, MY_REPORT_EVT, (uint16)((osal_rand()%10) * 1000)
86    // 启动定时器，触发传感器监测事件：MY_CHECK_EVT
87    osal_start_timerEx(sapi_TaskID, MY_CHECK_EVT, 100);
88  }
89  /*****************************************************************************
90  * 名称：sensorLinkOn()
91  * 功能：传感器节点入网成功调用函数
92  * 参数：无
93  * 返回：无
94  * 修改：
```

图 7.2.13　sensorInit() 函数

```
61    return(1);
62  }
63
64  /*****************************************************************************
65  * 名称：bh1750_init()
66  * 功能：初始化BH1750
67  * 参数：无
68  * 返回：无
69  * 修改：
70  * 注释：
71  *****************************************************************************
72  //初始化BH1750，根据需要请参考pdf进行修改****
73  void bh1750_init()
74  {
75    iic_init();                                                 //IIC初始化
76  }
77
78  /*****************************************************************************
79  * 名称：bh1750_get_data()
80  * 功能：BH1750数据处理函数
81  * 参数：无
```

图 7.2.14　bh1750_init () 函数

```
38
39  /*****************************************************************************
40  * 名称：iic_init()
41  * 功能：I2C初始化函数
42  * 参数：无
43  * 返回：无
44  * 修改：
45  * 注释：
46  *****************************************************************************
47  void iic_init(void)
48  {
49    P0SEL &= ~0x03;                                            //设置P0_0/P0_1为普
50    P0DIR |= 0x03;                                             //设置P0_0/P0_1为输
51    SDA = 1;                                                   //拉高数据线
52    iic_delay_us(10);                                          //延时10us
53    SCL = 1;                                                   //拉高时钟线
54    iic_delay_us(10);                                          //延时10us
55  }
56
57  /*****************************************************************************
58  * 名称：iic_start()
59  * 功能：I2C起始信号
60  * 参数：无
```

图 7.2.15　IIC 初始化

然后在 sensor.c 文件中找到 MyEventProcess() 函数，运行 MY_REPORT_EVT 事件，sensorUpdate() 函数上报数据，如图 7.2.16 所示。

```
233 }
234 /*************************************************************************
235 * 名称: MyEventProcess()
236 * 功能: 自定义事件处理
237 * 参数: event -- 事件编号
238 * 返回: 无
239 * 修改:
240 * 注释:
241 *************************************************************************
242 void MyEventProcess( uint16 event )
243 {
244   if (event & MY_REPORT_EVT) {
245     sensorUpdate();
246     //启动定时器，触发事件: MY_REPORT_EVT
247     osal_start_timerEx(sapi_TaskID, MY_REPORT_EVT, V0*1000);
248   }
249   if (event & MY_CHECK_EVT) {
250     sensorCheck();
251     // 启动定时器，触发事件: MY_CHECK_EVT
252     osal_start_timerEx(sapi_TaskID, MY_CHECK_EVT, 100);
253   }
254 }
```

图 7.2.16　上报数据

sensorUpdate() 函数中通过 updateA0() 函数获取光强值，如图 7.2.17 所示。

```
108 *************************************************************************
109 void sensorUpdate(void)
110 {
111   char pData[16];
112   char *p = pData;
113
114   ZXBeeBegin();                                        // 智云数据
115
116   // 根据D0的位状态判定需要主动上报的数值
117   if ((D0 & 0x01) == 0x01){                            // 若温度上
118     updateA0();
119     sprintf(p, "%.1f", A0);
120     ZXBeeAdd("A0", p);
121   }
122
123   p = ZXBeeEnd();                                      // 智云数据
124   if (p != NULL) {
125     ZXBeeInfSend(p, strlen(p));                        // 将需要上
126   }
127 }
128 /*************************************************************************
```

图 7.2.17　通过 updateA0() 函数获取光强值

在 updateA0() 函数中通过 bh1750_get_data() 函数获取光强值，如图 7.2.18 所示。

```
62 * 功能：更新A0的值
63 * 参数：
64 * 返回：
65 * 修改：
66 * 注释：
67 **********************************************************
68 void updateA0(void)
69 {
70   A0 = bh1750_get_data();
71 }
72 /*********************************************************
73 * 名称：sensorInit()
74 * 功能：传感器硬件初始化
75 * 参数：无
76 * 返回：无
77 * 修改：
78 * 注释：
```

图 7.2.18　通过 bh1750_get_data() 函数获取光强值

在 bh1750_get_data() 函数中通过 IIC 中 bh1750_send_byte() 函数向光照度传感器写入读取指令，通过 bh1750_read_nbyte() 函数读取光强值，经过换算得到实际测量的光强值，如图 7.2.19 所示。

```
78 /*********************************************************
79 * 名称：bh1750_get_data()
80 * 功能：BH1750数据处理函数
81 * 参数：无
82 * 返回：处理结果
83 * 修改：
84 * 注释：
85 **********************************************************
86 float bh1750_get_data(void)
87 {
88   uchar *p=buf;
89   bh1750_init();                                  //初始
90   bh1750_send_byte(0x46,0x01);                    //power
91   bh1750_send_byte(0x46,0X20);                    //H- re
92   delay_ms(180);                                  //延时1
93   bh1750_read_nbyte(0x46,p,2);                    //连续
94   unsigned short x = buf[0]<<8 | buf[1];
95   return x/1.2;
96 }
```

图 7.2.19　通过 bh1750_read_nbyte() 函数读取光强值

2）通过 IIC 通信读取光强值调试

将程序编译下载，进入调试模式，在 bh1750_get_data () 函数中设置断点，如图 7.2.20 所示。

```
80 * 功能：BH1750数据处理函数
81 * 参数：无
82 * 返回：处理结果
83 * 修改：
84 * 注释：
85 **********************************************************
86 float bh1750_get_data(void)
87 {
88   uchar *p=buf;
89   bh1750_init();
90   bh1750_send_byte(0x46,0x01);
91   bh1750_send_byte(0x46,0X20);
92   delay_ms(180);
93   bh1750_read_nbyte(0x46,p,2);
94   unsigned short x = buf[0]<<8 | buf[1];
95   return x/1.2;
96 }
```

图 7.2.20　在 bh1750_get_data () 函数中设置断点

运行程序，跳至断点，并将 x 加入到 watch 窗口，查看 x 的值，为读取到的光强度原始值，如图 7.2.21 所示。

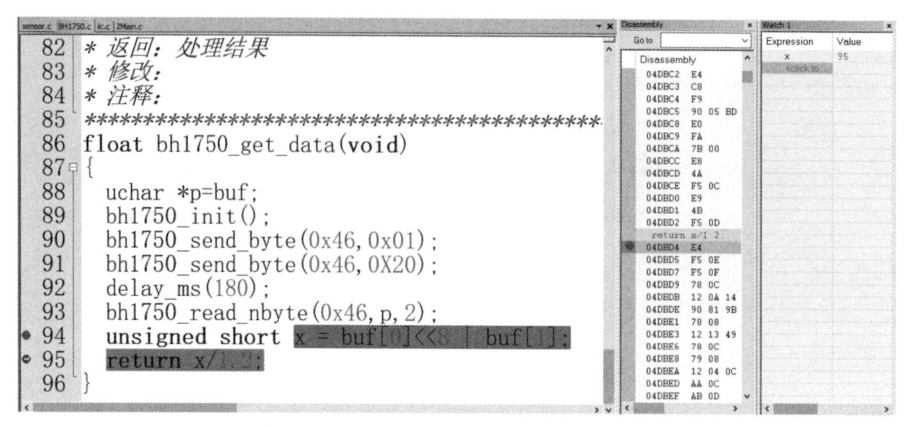

图 7.2.21　查看 x 的值

4. 空气质量传感器驱动设计与调试

本实训代码路径：实训例程 \17-HomeEnvironmentDriver\LiteB\KHZL001xTTL\Source。

参照附录 A 的 LiteB 节点驱动代码下载与调试将空气质量传感器代码下载到 LiteB 节点中。

1）RS-232 写入指令去读取空气质量

首先在 sensor.c 文件中找到 sensorInit() 函数，里面的 node_uart_init () 函数对 RS-232 进行了配置，如图 7.2.22、图 7.2.23 所示。

```
98  }
99  /*********************************************************************************
100 * 名称：sensorInit()
101 * 功能：传感器硬件初始化
102 * 参数：无
103 * 返回：无
104 * 修改：
105 * 注释：
106 *********************************************************************************/
107 void sensorInit(void)
108 {
109   // 初始化传感器代码
110   node_uart_init();
111
112   // 启动定时器，触发传感器上报数据事件：MY_REPORT_EVT
113   osal_start_timerEx(sapi_TaskID, MY_REPORT_EVT, (uint16)((osal_rand()%10) * 1000));
114   // 启动定时器，触发传感器监测事件：MY_CHECK_EVT
115   osal_start_timerEx(sapi_TaskID, MY_CHECK_EVT, 100);
116 }
117 /*********************************************************************************
118 * 名称：sensorLinkOn()
119 * 功能：传感器节点入网成功调用函数
120 * 参数：无
121 * 返回：无
122 * 修改：
```

图 7.2.22　sensorInit() 函数

```
sensor.h | zxbee-inf.c | sapi.c | zxbee.c | sensor.c | ZMain.c | hal_sleep.c        node_uart_init()
317  * 名称: uart0_init()
318  * 功能: 串口0初始化函数
319  * 参数: 无
320  * 返回: 无
321  * 修改:
322  * 注释:
323  ****************************************************************************/
324  static void node_uart_init(void)
325  {
326    halUARTCfg_t _UartConfigure;
327
328    // UART 配置信息
329    _UartConfigure.configured           = TRUE;
330    _UartConfigure.baudRate             = HAL_UART_BR_9600;
331    _UartConfigure.flowControl          = FALSE;
332    _UartConfigure.rx.maxBufSize        = 128;
333    _UartConfigure.tx.maxBufSize        = 128;
334    _UartConfigure.flowControlThreshold = (128 / 2);
335    _UartConfigure.idleTimeout          = 6;
336    _UartConfigure.intEnable            = TRUE;
337    _UartConfigure.callBackFunc         = uart_callback_func;
338
339    HalUARTOpen (HAL_UART_PORT_0, &_UartConfigure);              //启动UART
340  }
341
```

图 7.2.23　node_uart_init () 函数

然后在 sensor.c 文件中找到 MyEventProcess() 函数，运行 MY_CHECK_EVT 事件，RS-232 向空气质量传感器写入温湿度读取命令。发送的命令保存在 read_data[5] 数组中，如图 7.2.24 ~ 图 7.2.27 所示。

```
sensor.h | zxbee-inf.c | sapi.c | zxbee.c | sensor.c | ZMain.c | hal_sleep.c        sensorInit()
296  * 名称: MyEventProcess()
297  * 功能: 自定义事件处理
298  * 参数: event -- 事件编号
299  * 返回: 无
300  * 修改:
301  * 注释:
302  ****************************************************************************/
303  void MyEventProcess( uint16 event )
304  {
305    if (event & MY_REPORT_EVT) {
306      sensorUpdate();
307      //启动定时器，触发事件: MY_REPORT_EVT
308      osal_start_timerEx(sapi_TaskID, MY_REPORT_EVT, V0*1000);
309    }
310    if (event & MY_CHECK_EVT) {
311      sensorCheck();
312      // 启动定时器，触发事件: MY_CHECK_EVT
313      osal_start_timerEx(sapi_TaskID, MY_CHECK_EVT, 1000);
314    }
315  }
316  /****************************************************************************
317  * 名称: uart0_init()
318  * 功能: 串口0初始化函数
319  * 参数: 无
320  * 返回: 无
```

图 7.2.24　写入温湿度读取命令 1

```
179 }
180 /*********************************************************************************
181 * 名称: sensorCheck()
182 * 功能: 传感器监测
183 * 参数: 无
184 * 返回: 无
185 * 修改:
186 * 注释:
187 *********************************************************************************/
188 void sensorCheck(void)
189 {
190   updateA0();
191 }
192 /*********************************************************************************
193 * 名称: sensorControl()
194 * 功能: 传感器控制
195 * 参数: cmd - 控制命令
196 * 返回: 无
197 * 修改:
198 * 注释:
199 *********************************************************************************/
200 void sensorControl(uint8 cmd)
201 {
202   // 根据cmd参数处理对应的控制程序
203   if(cmd & 0x01){
```

图 7.2.25　写入温湿度读取命令 2

```
71   //将字符串变量val解析转换为整型变量赋值
72   V0 = atoi(val);                                          // 获取数据上报时间更改值
73 }
74 /*********************************************************************************
75 * 名称: updateA0()
76 * 功能: 更新A0的值
77 * 参数:
78 * 返回:
79 * 修改:
80 * 注释:
81 *********************************************************************************/
82 void updateA0(void)
83 {
84   // 发送读取空气质量传感器值指令
85   uart_232_write(read_data, 5);
86 }
87 /*********************************************************************************
88 * 名称: updateA1()
89 * 功能: 更新A1的值
90 * 参数:
91 * 返回:
92 * 修改:
93 * 注释:
94 *********************************************************************************/
95 void updateA1(void)
```

图 7.2.26　写入温湿度读取命令 3

```
38 * 全局变量
39 *********************************************************************************/
40 static uint8 D0 = 0xFF;                          // 默认打开主动上报功能
41 static uint8  D1 = 1;                            // 粉尘测量初始状态为开启
42 static uint16 A0 = 0;                            //CO2
43 static uint16 A1 = 0;                            //VOC等级/甲醛
44 static float A2 = 0;                             //湿度
45 static float A3 = 0;                             //温度
46 static uint16 A4 = 0;                            //PM2.5
47 static uint16 V0 = 30;                           // V0设置为上报时间间隔，默认为
48
49 static unsigned char read_data[5] = {0x11,0x02,0x01,0x00,0xEC}; //获取当前传感器的值
50 static unsigned char co2_correct[6] = {0x11,0x03,0x03,0x01,0x90,0x58};//CO2零点校准
51 static unsigned char pm25_open[6] = {0x11,0x03,0x0C,0x02,0x1E,0xC0};//开启粉尘测量
52 static unsigned char pm25_stop[6] = {0x11,0x03,0x0C,0x01,0x1E,0xC1};//停止粉尘测量
53 /*********************************************************************************
54 * UART RS232相关接口函数
55 *********************************************************************************/
56 static void node_uart_init(void);
57 static void uart_callback_func(uint8 port, uint8 event);
58 static void uart_232_write(uint8 *pbuf, uint16 len);
59 static void node_uart_callback ( uint8 port, uint8 event );
60
61 /*********************************************************************************
62 * 名称: updateV0()
```

图 7.2.27　写入温湿度读取命令 4

在读取指令发送后，通过 RS-232 通信回调函数 node_uart_callback() 读取空气质量值。将读到的数据保存在 szBuf[] 中。其中，szBuf[] 数组的 szBuf[0]~szBuf[9] 中保存有原始的空气质量值，经过组合得到 CO_2、甲醛、温度、湿度、PM2.5 的值，如图 7.2.28 所示。

```
407      data_len = ch;
408      flag_ = 0x02;
409    }
410    else if(flag_ == 0x02)
411    {
412      data_mode = ch;
413      flag_ = 0x03;
414    }
415    else if((flag_ == 0x03)){
416      szBuf[rlen++] = ch;
417      if(rlen>=data_len)
418      {
419        flag_ = 0x00;
420        switch (data_mode){
421        case 0x01:
422          A0 = szBuf[0]*256+szBuf[1];
423          A1 = szBuf[2]*256+szBuf[3];
424          A2 = (szBuf[4]*256+szBuf[5])*0.1;
425          A3 = (szBuf[6]*256+szBuf[7]-500)*0.1;
426          A4 = szBuf[8]*256+szBuf[9];
427          break;
428        case 0x03:
429          break;
```

图 7.2.28　读取空气质量值

2）RS-232 读取空气质量值调试

将程序编译下载，进入调试模式，在 node_uart_callback() 函数中设置断点，并将 szBuf[]、A0、A1 加入到 watch 窗口，如图 7.2.29 所示。

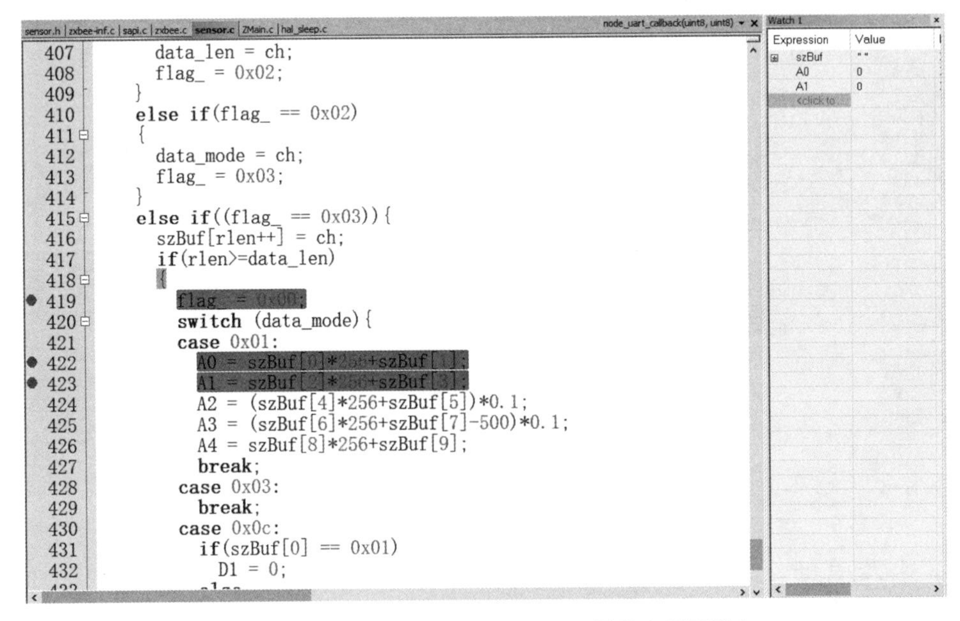

图 7.2.29　在 node_uart_callback() 函数中设置断点

运行程序，跳至断点，得到数组数据，如图 7.2.30 所示。

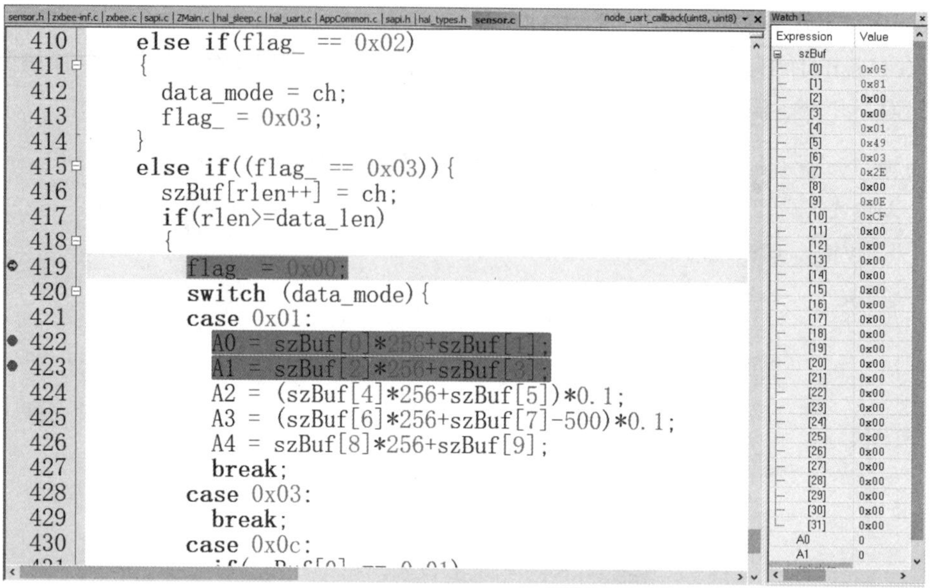
sensor.h | zxbee-inf.c | zxbee.c | sapi.c | ZMain.c | hal_sleep.c | hal_uart.c | AppCommon.c | sapi.h | hal_types.h | sensor.c
node_uart_callback(uint8, uint8)
410 else if(flag_ == 0x02)
411 {
412 data_mode = ch;
413 flag_ = 0x03;
414 }
415 else if((flag_ == 0x03)){
416 szBuf[rlen++] = ch;
417 if(rlen>=data_len)
418 {
419 flag_ = 0x00;
420 switch (data_mode){
421 case 0x01:
422 A0 = szBuf[0]*256+szBuf[1];
423 A1 = szBuf[2]*256+szBuf[3];
424 A2 = (szBuf[4]*256+szBuf[5])*0.1;
425 A3 = (szBuf[6]*256+szBuf[7]-500)*0.1;
426 A4 = szBuf[8]*256+szBuf[9];
427 break;
428 case 0x03:
429 break;
430 case 0x0c:
Watch 1
Expression
Value
szBuf
[0] 0x05
[1] 0x81
[2] 0x00
[3] 0x00
[4] 0x01
[5] 0x49
[6] 0x03
[7] 0x2E
[8] 0x00
[9] 0x0E
[10] 0xCF
[11]–[31] 0x00
A0 0
A1 0

图 7.2.30　得到数组数据

接着运行程序，跳至断点，然后继续向下执行一步，得到 A0 值。szBuf[0]=0x05, szBuf[1]=0x81。A0=0x05*256+0x81=1409。A1 值为 0，因为 szBuf[2] 和 szBuf[3] 都为 0，如图 7.2.31 所示。

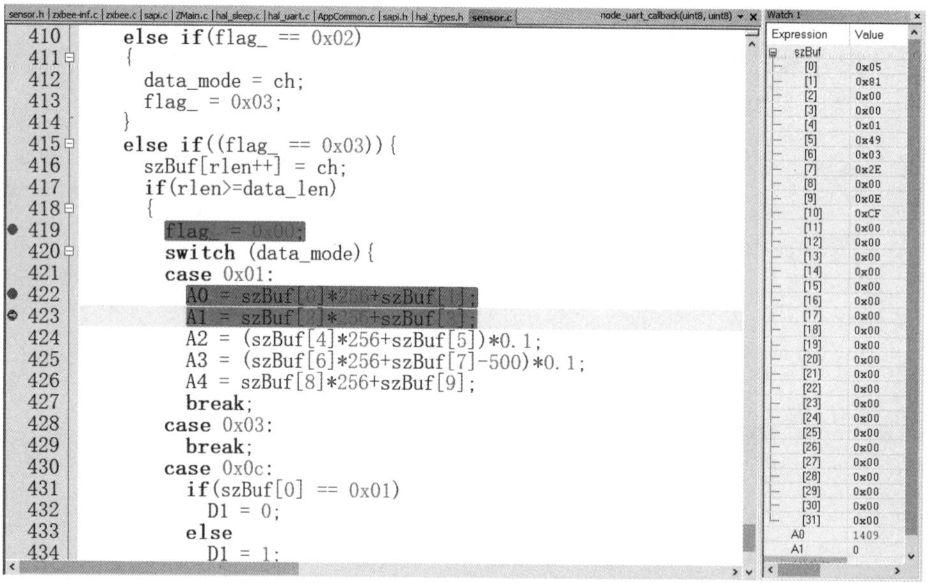
sensor.h | zxbee-inf.c | zxbee.c | sapi.c | ZMain.c | hal_sleep.c | hal_uart.c | AppCommon.c | sapi.h | hal_types.h | sensor.c
node_uart_callback(uint8, uint8)
410 else if(flag_ == 0x02)
411 {
412 data_mode = ch;
413 flag_ = 0x03;
414 }
415 else if((flag_ == 0x03)){
416 szBuf[rlen++] = ch;
417 if(rlen>=data_len)
418 {
419 flag_ = 0x00;
420 switch (data_mode){
421 case 0x01:
422 A0 = szBuf[0]*256+szBuf[1];
423 A1 = szBuf[2]*256+szBuf[3];
424 A2 = (szBuf[4]*256+szBuf[5])*0.1;
425 A3 = (szBuf[6]*256+szBuf[7]-500)*0.1;
426 A4 = szBuf[8]*256+szBuf[9];
427 break;
428 case 0x03:
429 break;
430 case 0x0c:
431 if(szBuf[0] == 0x01)
432 D1 = 0;
433 else
434 D1 = 1;
Watch 1
Expression
Value
szBuf
[0] 0x05
[1] 0x81
[2] 0x00
[3] 0x00
[4] 0x01
[5] 0x49
[6] 0x03
[7] 0x2E
[8] 0x00
[9] 0x0E
[10] 0xCF
[11]–[31] 0x00
A0 1409
A1 0

图 7.2.31　得到 A0 值

五、注意事项

注意空气质量传感器使用的是 RS-232 串口而不是 RS-485 串口，还要注意跳线是否正确。

六、实训评价

过程质量管理见表 7.2.5。

表 7.2.5　过程质量管理

姓名			组名	
评分项目		分值	得分	组内管理人
通用部分（40 分）	团队合作能力	10		
	任务完成情况	10		
	功能实现展示	10		
	解决问题能力	10		
专业能力（60 分）	环境采集模块硬件连线	10		
	温湿度传感器驱动设计与调试	10		
	光照度传感器驱动设计与调试	20		
	空气质量传感器驱动设计与调试	20		
过程质量得分				

实训 3　智能家居（环境采集模块）通信设计

一、相关知识

家居环境采集系统采用智云传感器驱动框架开发，实现了传感器数据的定时上报、数据的查询、报警事件处理、无线数据包的封包 / 解包等功能。下面详细分析家居环境采集系统项目的程序逻辑。

（1）传感器应用部分：在 sensor.c 文件中实现，包括传感器硬件初始化（sensorInit()）、传感器节点入网调用（sensoLinkOn()）、传感器数值上报（sensoUpdate()）、处理下行的用户命令（ZXBeeUserProcess()）、用户事件处理（MyEventProcess()），见表 5.3.1。

（2）无线数据的收发处理：在 zxbee-inf.c 文件中实现，包括 ZigBee 无线数据的收发处理函数。

（3）无线数据的封包/解包：在 zxbee.c 文件中实现，封包函数有 ZXBeeBegin()、ZXBeeAdd(char* tag, char* val)、ZXBeeEnd(void)，解包函数有 ZXBeeDecodePackage(char *pkg, int len)。

二、实训目标

（1）搭建无线开发与调试环境，完成温湿度、光照度、空气质量传感器的连接与设置。

（2）设计温湿度传感器设备的 ZigBee 无线数据包传输程序，通过代码调试分析温湿度值的查询和上报功能。

（3）设计光照度传感器设备的 ZigBee 无线数据包传输程序，通过代码调试分析光照度值的查询和上报功能。

（4）设计空气质量传感器设备的 ZigBee 无线数据包传输程序，通过代码调试分析空气质量值的查询和上报功能。

三、实训环境

实训环境见表 7.3.1。

表 7.3.1　实训环境

项　目	具体信息
硬件环境	PC、Pentium 处理器、双核 2 GHz 以上、内存 4 GB 以上
操作系统	Windows 7 64 位及以上操作系统
实训软件	IAR For 8051, IAR For ARM, xLabTools, ZCloudTools
实训器材	温湿度传感器（ZY-WSx485）、光照度传感器（ZY-GZx485）、空气质量传感器（ZY-CO2x485）、ZXBeeLiteB 无线节点 ×3、S4418 网关（协调器）
实训配件	SmartRF04EB 仿真器、USB 串口线、12 V 电源

四、实训步骤

1. 通信协议设计与分析

本实训主要使用的是温湿度、光照度、空气质量传感器。其 ZXBee 协议定义见表 7.3.3。

表 7.3.2　ZXBee 协议定义

节点类型	传感器名称	TYPE	参数	含义	读写权限	说明
LiteB	温湿度传感器	002	A0	温度	R	浮点型，0.1 精度，单位为℃
			A1	湿度	R	浮点型，0.1 精度，单位 %
			D0(OD0/CD0)	主动上报使能	R(W)	D0 的 bit0 和 bit1 对应 A0 和 A1 主动上报使能，0 表示不允许主动上报；1 表示允许主动上报
			V0	主动上报时间间隔	RW	A0 和 A1 主动上报时间间隔
LiteB	光照度传感器	001	A0	光照强度	R	浮点型，0.1 精度，单位为 lx
			D0(OD0/CD0)	主动上报使能	R(W)	D0 的 bit0 对应 A0 主动上报使能，0 表示不允许主动上报；1 表示允许主动上报
			V0	主动上报时间间隔	RW	A0 主动上报时间间隔

续表

节点类型	传感器名称	TYPE	参数	含义	读写权限	说明
LiteB	空气质量传感器	216	A0	CO_2	R	浮点型，0.1 精度，单位 ppm（1×10^{-6}）
			A1	VOC 等级	R	整型，0 ~ 4
			A2	湿度	R	浮点型，0.1 精度，单位为%
			A3	温度	R	浮点型，0.1 精度，单位为℃
			A4	PM2.5	R	整型，单位为 $\mu g/m^3$
			D1(OD1/CD1)	PM2.5 开关	R(W)	D1 的 bit0 表示 PM2.5 变送器开关，0 表示关；1 表示开
			D0(OD0/CD0)	主动上报使能	R(W)	D0 的 bit0 ~ bit4 对应 A0 ~ A4 主动上报能，0 表示不允许主动上报；1 表示允许主动上报
			V0	上报时间间隔	RW	A0 ~ A4 主动上报时间间隔，单位为 s

2. 节点通信硬件环境与程序下载

（1）无线通信整体硬件连接图如图 7.3.1 所示。

（2）网关程序下载设置。网关程序默认已经下载好，如网关程序有误，请联系售后。

（3）节点程序下载。本实训代码路径：

温湿度传感器：实训例程\18-HomeEnvironmentWsn\LiteB\WSD001x485\Source。

光照度传感器：实训例程\18-HomeEnvironmentWsn\LiteB\GZ001xIIC\Source。

空气质量传感器：实训例程\18-HomeEnvironmentWsn\LiteB\HZL001xTTL\Source。

参照附录 A 的 LiteB 节点驱动代码下载与调试将代码下载到 LiteB 节点中。

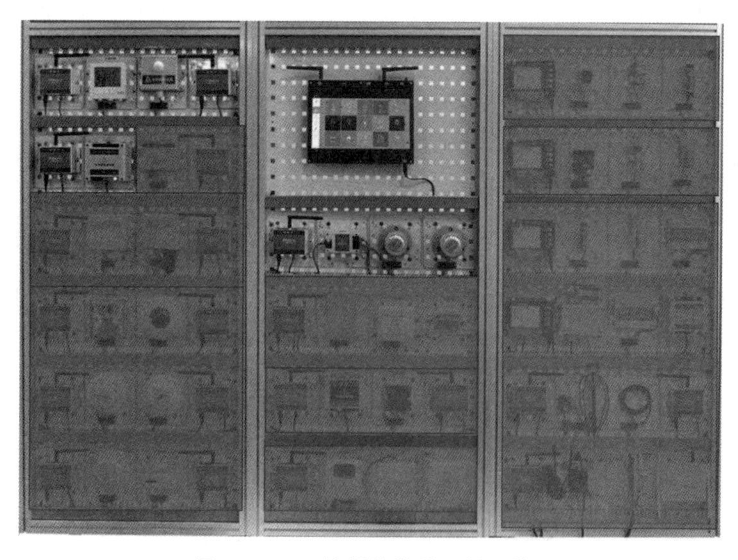

图 7.3.1　无线通信整体硬件连接图

3. 无线通信程序调试

在进行组网之前，需要修改 PANID 和 CHANNEL。保证节点的 PANID、CHANNEL 和协调器一致。

修改的方式有两种，具体见单元 4 相关内容。

1）温湿度传感器实时查询功能调

梳理一下整个查询过程，上层应用发送查询指令，节点接收到查询指令。节点将更新的温湿度值发送到上层应用。

找到 sensor.c 文件的 ZXBeeUserProcess() 函数，在 ZXBeeAdd("A0", p) 处设置断点，如图 7.3.2 所示。然后打开 ZCloudTools 应用程序，打开数据分析，选择温湿度传感器，在调试指令处输入指令 {A0=?}，单击“发送”按钮，如图 7.3.3 所示。查询温度值，程序运行至断点，表示接收到发送的查询命令。运行程序，在调试指令处输入指令 {A1=?}，单击“发送”按钮，如图 7.3.4 所示。查询湿度值，程序运行至断点，表示接收到发送的查询命令，如图 7.3.5 所示。解析控制命令函数调用层级关系是 SAPI_ProcessEvent() → SAPI_ReceiveDataIndication() → _zb_ReceiveDataIndication() → zb_ReceiveDataIndication() → ZXBeeInfRecv() → ZXBeeDecodePackage() → ZXBeeUserProcess()。

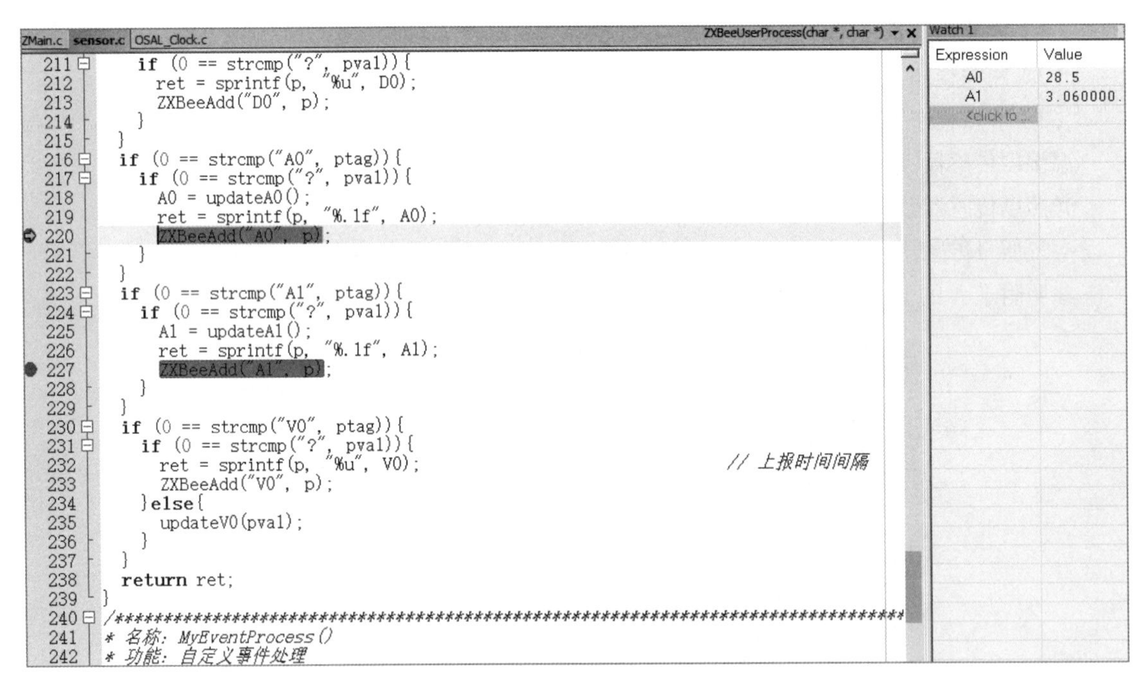

图 7.3.2　ZXBeeAdd("A0", p) 处设置断点

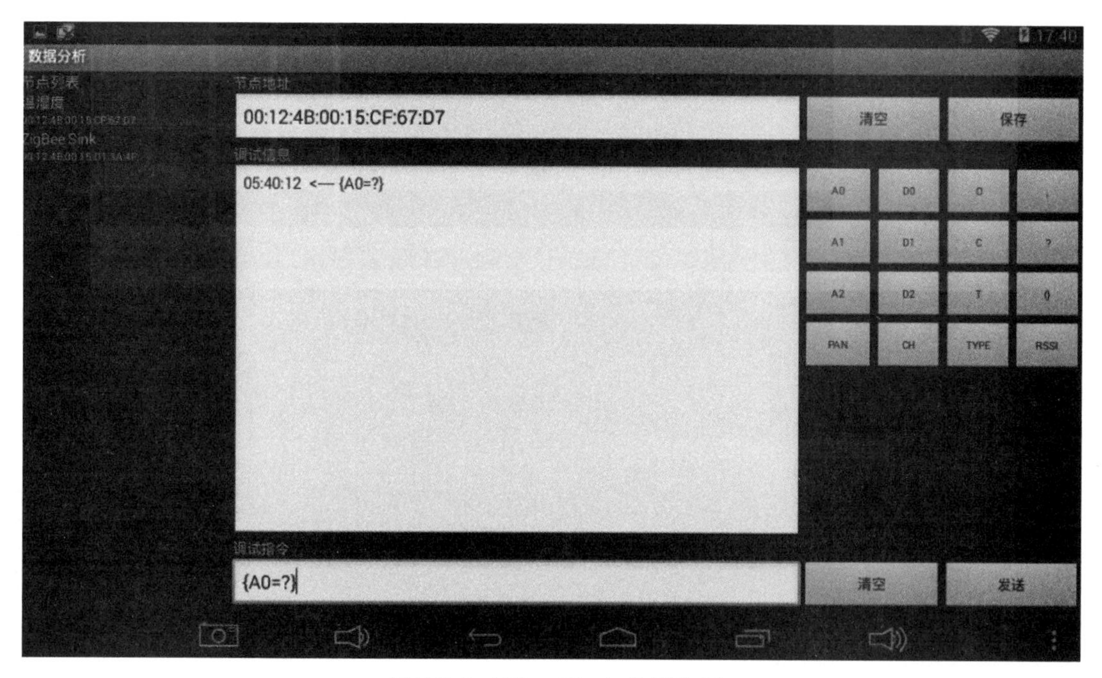

图 7.3.3　ZCloudTools 数据分析

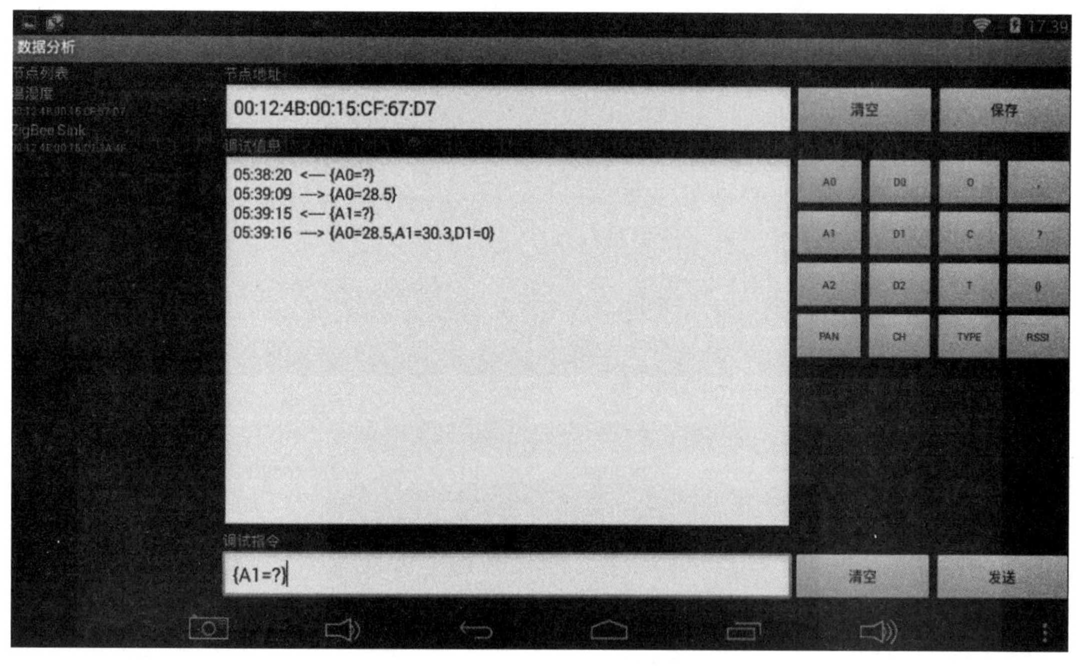

图 7.3.4　ZCloudTools 数据分析

```
ZMain.c  sensor.c  OSAL_Clock.c
211      if (0 == strcmp("?", pval)){
212        ret = sprintf(p, "%u", D0);
213        ZXBeeAdd("D0", p);
214      }
215    }
216    if (0 == strcmp("A0", ptag)){
217      if (0 == strcmp("?", pval)){
218        A0 = updateA0();
219        ret = sprintf(p, "%.1f", A0);
220        ZXBeeAdd("A0", p);
221      }
222    }
223    if (0 == strcmp("A1", ptag)){
224      if (0 == strcmp("?", pval)){
225        A1 = updateA1();
226        ret = sprintf(p, "%.1f", A1);
227        ZXBeeAdd("A1", p);
228      }
229    }
230    if (0 == strcmp("V0", ptag)){
231      if (0 == strcmp("?", pval)){
232        ret = sprintf(p, "%u", V0);                         // 上报时
233        ZXBeeAdd("V0", p);
234      }else{
235        updateV0(pval);
236      }
237    }
238    return ret;
239  }

Watch 1
Expression   Value
A0           28.5
A1           3.029999..
<click to...
```

图 7.3.5 程序运行至断点

查询指令发送后，执行 sensorCheck() 函数更新温湿度值，然后调用 ZXBeeInfSend() 发送更新的数据到上层应用，如图 7.3.6 所示。层级关系是 SAPI_ProcessEvent → SAPI_ReceiveDataIndication → _zb_ReceiveDataIndication → zb_ReceiveDataIndication() → ZXBeeInfRecv() → ZXBeeInfSend()。

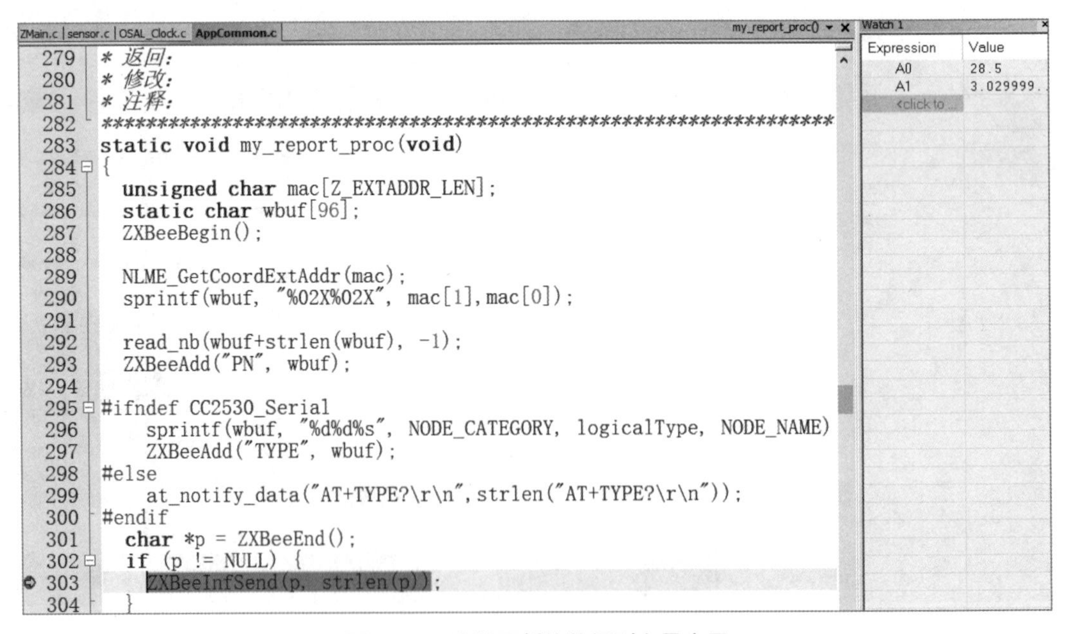

图 7.3.6 发送更新的数据到上层应用

2）温湿度传感器上报功能调试

上报功能是调用 sensorUpdate() 函数定时上报当前温湿度值。上报时间由 V0 的值设置。设置断点，如图 7.3.7 所示。

```
BH1750.c | iic.c | ZMain.c | f8wConfig.cfg | string.h | zxbee-inf.c | AppCommon.c | sensor.c     MyEventProcess(uint16)
234 /**********************************************************
235 * 名称：MyEventProcess()
236 * 功能：自定义事件处理
237 * 参数：event -- 事件编号
238 * 返回：无
239 * 修改：
240 * 注释：
241 **********************************************************
242 void MyEventProcess( uint16 event )
243 {
244   if (event & MY_REPORT_EVT) {
245     sensorUpdate();
246     //启动定时器，触发事件：MY_REPORT_EVT
247     osal_start_timerEx(sapi_TaskID, MY_REPORT_EVT, V0*1000)
248   }
249   if (event & MY_CHECK_EVT) {
250     sensorCheck();
251     // 启动定时器，触发事件：MY_CHECK_EVT
252     osal_start_timerEx(sapi_TaskID, MY_CHECK_EVT, 100);
253   }
254 }
```

图 7.3.7　sensorUpdate() 函数设置断点

运行程序，等待程序跳至断点，如图 7.3.8 所示。

```
sensor.h | zxbee-inf.c | zxbee.c | sapi.c | ZMain.c | hal_sleep.c | hal_uart.c | AppCommon.c | sapi.h | hal_types.h | sensor.c     MyEventProcess(uint16)
301 * 注释：
302 **********************************************************
303 void MyEventProcess( uint16 event )
304 {
305   if (event & MY_REPORT_EVT) {
306     sensorUpdate();
307     //启动定时器，触发事件：MY_REPORT_EVT
308     osal_start_timerEx(sapi_TaskID, MY_REPORT_EVT, V0*1000);
309   }
310   if (event & MY_CHECK_EVT) {
311     sensorCheck();
312     // 启动定时器，触发事件：MY_CHECK_EVT
313     osal_start_timerEx(sapi_TaskID, MY_CHECK_EVT, 1000);
314   }
315 }
316 /**********************************************************
317 * 名称：uart0_init()
318 * 功能：串口0初始化函数
319 * 参数：无
```

图 7.3.8　sensorUpdate() 函数跳至断点

然后在 sensorUpdate() 函数中设置断点，如图 7.3.9 所示。运行程序，程序跳至断点，将获取的温湿度数据上报到上层应用中。ZCloudTools 数据分析如图 7.3.10 所示。

```
123  void sensorUpdate(void)
124  {
125    char pData[16];
126    char *p = pData;
127
128    ZXBeeBegin();
129
130    // 根据D0的位状态判定需要主动上报的数值
131    if ((D0 & 0x01) == 0x01){
132      A0 = updateA0();
133      sprintf(p, "%.1f", A0);
134      ZXBeeAdd("A0", p);
135    }
136    if ((D0 & 0x02) == 0x02){
137      A1 = updateA1();
138      sprintf(p, "%.1f", A1);
139      ZXBeeAdd("A1", p);
140    }
141
142    sprintf(p, "%u", D1);
143    ZXBeeAdd("D1", p);
144
145    p = ZXBeeEnd();
146    if (p != NULL) {
147      ZXBeeInfSend(p, strlen(p));
148    }
149  }
```

Expression	Value
A0	28.5
A1	3.020000.
<click to	

图 7.3.9　温湿度数据上报到上层应用

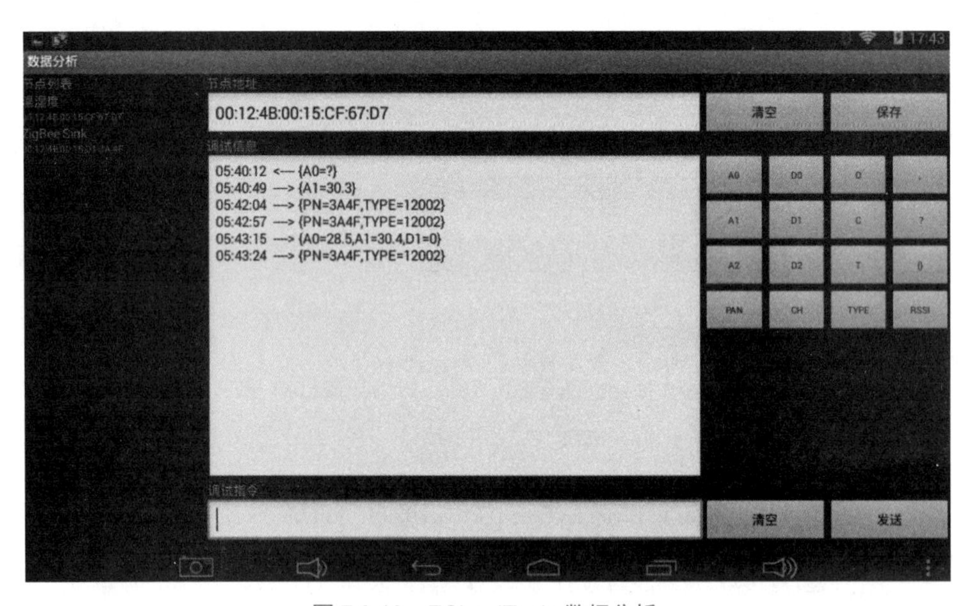

图 7.3.10　ZCloudTools 数据分析

3）光照度传感器实时查询功能调试

梳理一下整个查询过程，上层应用发送查询指令，节点接收到查询指令。节点将更新的光强值发送到上层应用。

找到 sensor.c 文件的 ZXBeeUserProcess() 函数，在 ZXBeeAdd("A0", p) 处设置断点，如图 7.3.11

所示。然后打开 ZCloudTools 应用程序，打开数据分析，选择光照度传感器，在调试指令处输入指令 {A0=?}，单击“发送”按钮，如图 7.3.12 所示。

程序运行至断点，表示收到发送的查询命令。解析控制命令函数调用层级关系是 SAPI_ProcessEvent() → SAPI_ReceiveDataIndication() → _zb_ReceiveDataIndication() → zb_ReceiveDataIndication() → ZXBeeInfRecv() → ZXBeeDecodePackage() → ZXBeeUserProcess()。

```
sensor.c | BH1750.c | iic.c | ZMain.c | f8wConfig.cfg        ZXBeeUserProcess(char *, char *
208      D1 |= val;
209      sensorControl(D1);                                   // 处
210    }
211    if (0 == strcmp("D1", ptag)){                          // 查
212      if (0 == strcmp("?", pval)){
213        ret = sprintf(p, "%u", D1);
214        ZXBeeAdd("D1", p);
215      }
216    }
217    if (0 == strcmp("A0", ptag)){
218      if (0 == strcmp("?", pval)){
219        updateA0();
220        ret = sprintf(p, "%.1f", A0);
221        ZXBeeAdd("A0", p);
222      }
223    }
224    if (0 == strcmp("V0", ptag)){
225      if (0 == strcmp("?", pval)){
226        ret = sprintf(p, "%u", V0);                        // 上
227        ZXBeeAdd("V0", p);
228      }else{
229        updateV0(pval);
230      }
231    }
232    return ret;

Watch 1
Expression    Value
A0            5.749999...
<click to ...
```

图 7.3.11　ZXBeeAdd("A0", p) 处设置断点

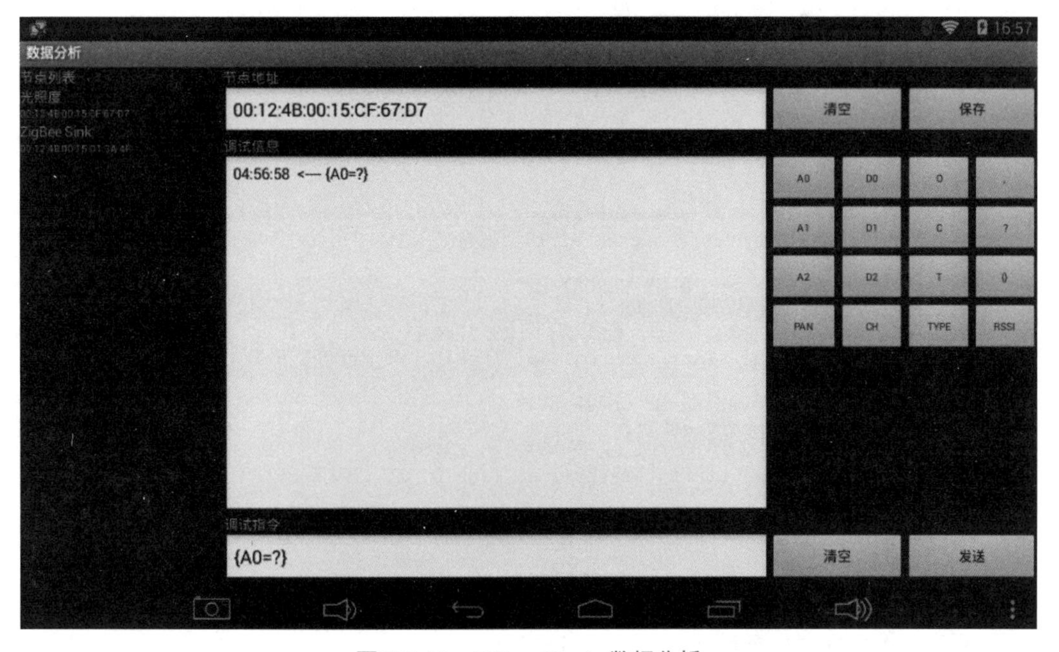

图 7.3.12　ZCloudTools 数据分析

查询指令发送后，执行 sensorCheck() 函数更新光强值，然后调用 ZXBeeInfSend() 发送更新的数据到上层应用。层级关系是 SAPI_ProcessEvent → SAPI_ReceiveDataIndication → _zb_ReceiveDataIndication → zb_ReceiveDataIndication() → ZXBeeInfRecv() → ZXBeeInfSend()，如图 7.3.13 所示。

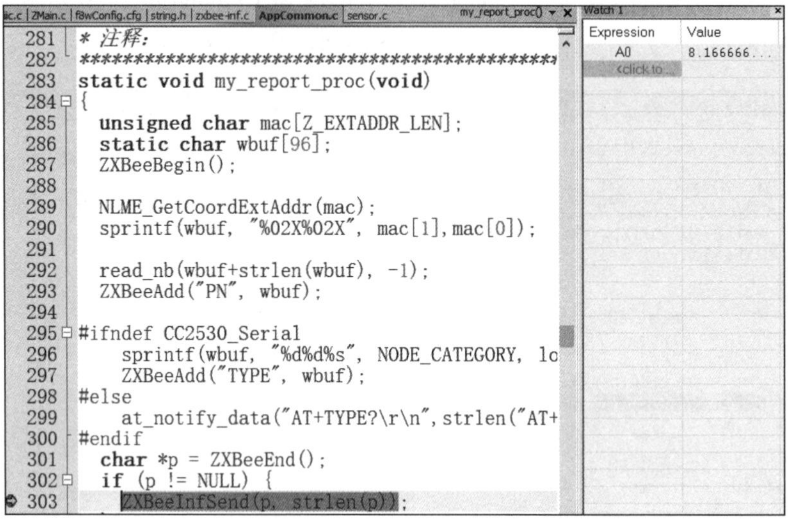

```
281  * 注释:
282  ***********************************************
283  static void my_report_proc(void)
284  {
285    unsigned char mac[Z_EXTADDR_LEN];
286    static char wbuf[96];
287    ZXBeeBegin();
288
289    NLME_GetCoordExtAddr(mac);
290    sprintf(wbuf, "%02X%02X", mac[1],mac[0]);
291
292    read_nb(wbuf+strlen(wbuf), -1);
293    ZXBeeAdd("PN", wbuf);
294
295  #ifndef CC2530_Serial
296      sprintf(wbuf, "%d%d%s", NODE_CATEGORY, lc
297      ZXBeeAdd("TYPE", wbuf);
298  #else
299      at_notify_data("AT+TYPE?\r\n",strlen("AT+
300  #endif
301    char *p = ZXBeeEnd();
302    if (p != NULL) {
303      ZXBeeInfSend(p, strlen(p));
```

图 7.3.13　发送更新的数据到上层应用

4）光照度传感器上报功能调试

上报功能是调用 sensorUpdate() 函数定时上报当前光强值。上报时间由 V0 的值设置。设置断点，如图 7.3.14 所示。

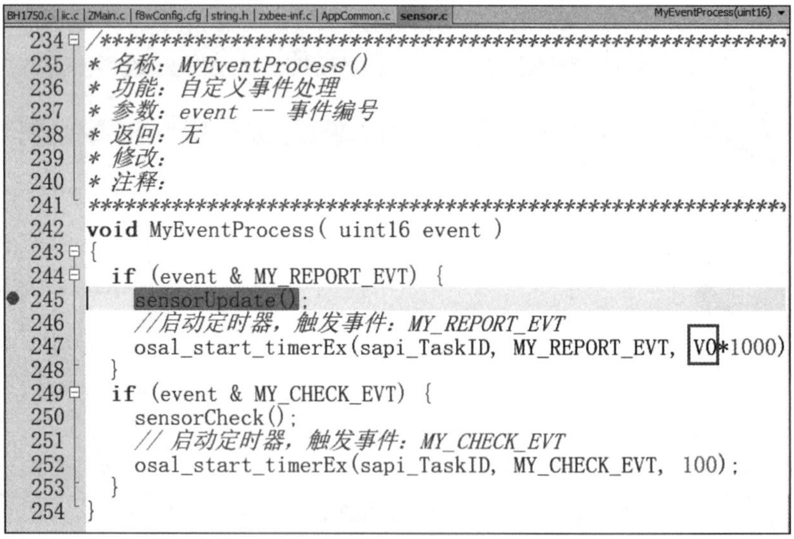

```
234  /*************************************************************
235  * 名称: MyEventProcess()
236  * 功能: 自定义事件处理
237  * 参数: event -- 事件编号
238  * 返回: 无
239  * 修改:
240  * 注释:
241  *************************************************************/
242  void MyEventProcess( uint16 event )
243  {
244    if (event & MY_REPORT_EVT) {
245      sensorUpdate();
246      //启动定时器，触发事件: MY_REPORT_EVT
247      osal_start_timerEx(sapi_TaskID, MY_REPORT_EVT, V0*1000)
248    }
249    if (event & MY_CHECK_EVT) {
250      sensorCheck();
251      // 启动定时器，触发事件: MY_CHECK_EVT
252      osal_start_timerEx(sapi_TaskID, MY_CHECK_EVT, 100);
253    }
254  }
```

图 7.3.14　sensorUpdate() 函数设置断点

运行程序，等待程序跳至断点，如图 7.3.15 所示。

```
301  * 注释:
302  ************************************************************
303  void MyEventProcess( uint16 event )
304  {
305    if (event & MY_REPORT_EVT) {
306      sensorUpdate();
307      //启动定时器，触发事件: MY_REPORT_EVT
308      osal_start_timerEx(sapi_TaskID, MY_REPORT_EVT, V0*1000);
309    }
310    if (event & MY_CHECK_EVT) {
311      sensorCheck();
312      // 启动定时器，触发事件: MY_CHECK_EVT
313      osal_start_timerEx(sapi_TaskID, MY_CHECK_EVT, 1000);
314    }
315  }
316  /************************************************************
317  * 名称: uart0_init()
318  * 功能: 串口0初始化函数
319  * 参数: 无
```

图 7.3.15　sensorUpdate() 函数跳至断点

然后在 sensorUpdate() 函数中设置断点，如图 7.3.16 所示。运行程序，程序跳至断点，将获取的光强数据上报到上层应用中。ZCloudTools 数据分析如图 7.3.17 所示。

```
161    if ((D0 & 0x08) == 0x08){
162      updateA0();
163      sprintf(p, "%.1f", A3);
164      ZXBeeAdd("A3", p);
165    }
166    if ((D0 & 0x10) == 0x10){
167      updateA0();
168      sprintf(p, "%d", A4);
169      ZXBeeAdd("A4", p);
170    }
171
172    sprintf(p, "%u", D1);
173    ZXBeeAdd("D1", p);
174
175    p = ZXBeeEnd();
176    if (p != NULL) {
177      ZXBeeInfSend(p, strlen(p));
178    }
179  }
```

图 7.3.16　获取的光强数据上报到上层应用中

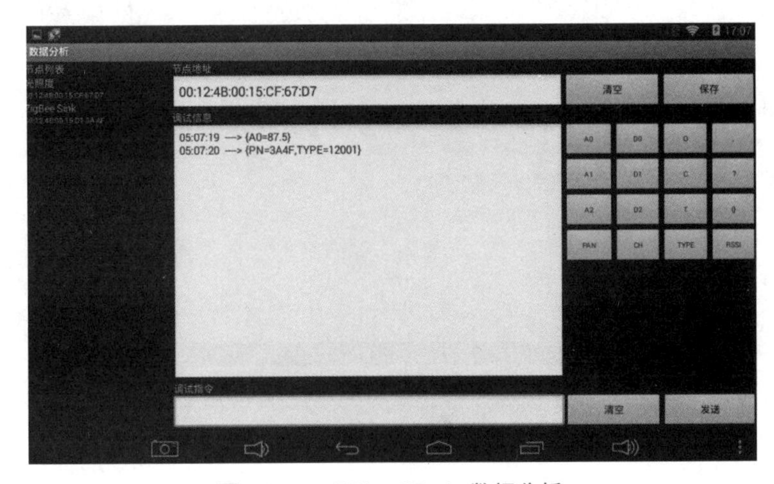

图 7.3.17　ZCloudTools 数据分析

5）空气质量传感器实时查询功能调试

梳理一下整个查询过程，上层应用发送查询指令，节点接收到查询指令。节点将更新的空气质量值发送到上层应用。

找到 sensor.c 文件的 ZXBeeUserProcess() 函数，在 ZXBeeAdd("A0", p) 处设置断点，如图 7.3.18 所示。然后打开 ZCloudTools 应用程序，打开数据分析，选择空气质量传感器，在调试指令处输入指令 {A0=?}，单击“发送”按钮，如图 7.3.19 所示。程序运行至断点，表示接收到发送的查询命令。解析控制命令函数调用层级关系是 SAPI_ProcessEvent() → SAPI_ReceiveDataIndication() → _zb_ReceiveDataIndication() → zb_ReceiveDataIndication() → ZXBeeInfRecv() → ZXBeeDecodePackage() → ZXBeeUserProcess()。

```
244    }
245    if (0 == strcmp("OD1", ptag)){
246      D1 |= val;
247      sensorControl(D1);
248    }
249    if (0 == strcmp("D1", ptag)){
250      if (0 == strcmp("?", pval)){
251        ret = sprintf(p, "%u", D1);
252        ZXBeeAdd("D1", p);
253      }
254    }
255    if (0 == strcmp("A0", ptag)){
256      if (0 == strcmp("?", pval)){
257        ret = sprintf(p, "%d", A0);
258        ZXBeeAdd("A0", p);
259      }
260    }
261    if (0 == strcmp("A1", ptag)){
262      if (0 == strcmp("?", pval)){
263        ret = sprintf(p, "%d", A1);
264        ZXBeeAdd("A1", p);
265      }
266    }
267    if (0 == strcmp("A2", ptag)){
268      if (0 == strcmp("?", pval)){
```

Expression	Value	Location
szBuf	"{t"	XDat
A0	1652	XDat
A1	0	XDat

图 7.3.18　在 ZXBeeAdd("A0", p) 处设置断点

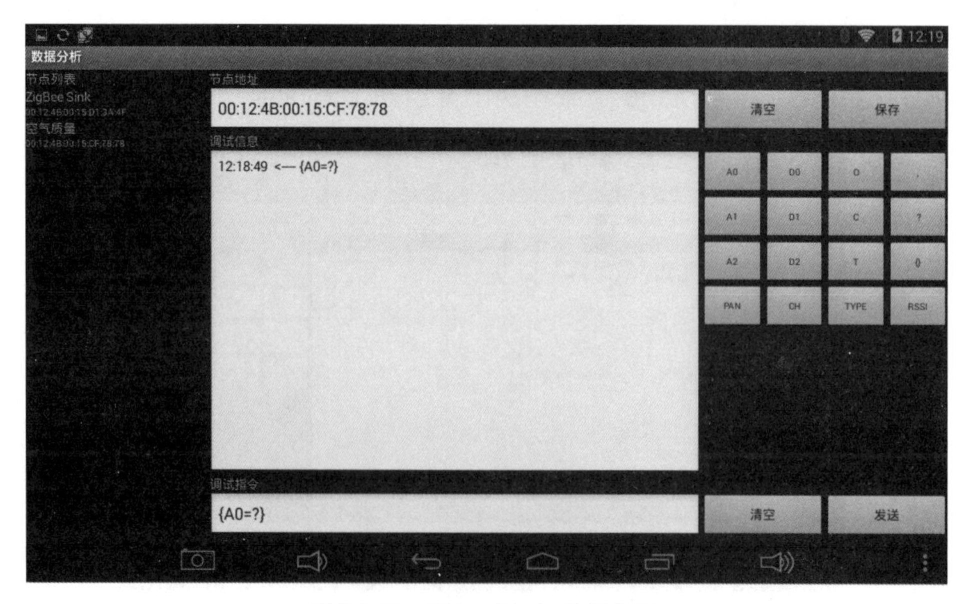

图 7.3.19　ZCloudTools 数据分析

查询指令发送后，执行 sensorCheck() 函数更新空气质量值，然后调用 ZXBeeInfSend() 发送更新的数据到上层应用，如图 7.3.20 所示。层级关系是 SAPI_ProcessEvent → SAPI_ReceiveDataIndication → _zb_ReceiveDataIndication → zb_ReceiveDataIndication() → ZXBeeInfRecv() → ZXBeeInfSend()。

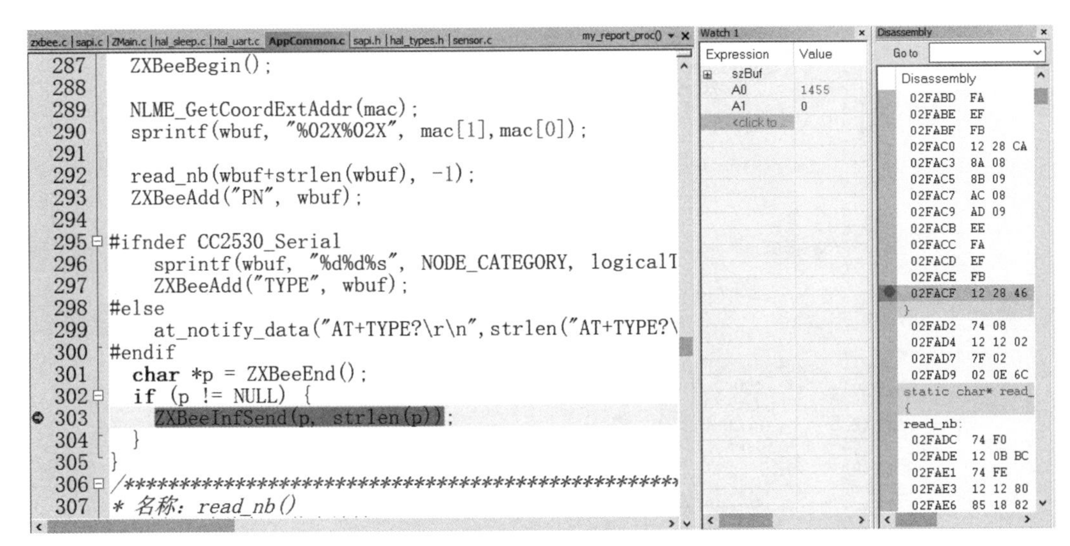

图 7.3.20　发送更新的数据到上层应用

6）空气质量传感器上报功能调试

上报功能是调用 sensorUpdate() 函数定时上报当前空气质量值。上报时间由 V0 的值设置。设置断点，如图 7.3.21 所示。

```
sensor.h | zxbee-inf.c | zxbee.c | sapi.c | ZMain.c | hal_sleep.c | hal_uart.c | AppCommon.c | sapi.h | hal_types.h | sensor.c
301 * 注释:
302 ******************************************************************
303 void MyEventProcess( uint16 event )
304 {
305   if (event & MY_REPORT_EVT) {
306     sensorUpdate();
307     //启动定时器，触发事件：MY_REPORT_EVT
308     osal_start_timerEx(sapi_TaskID, MY_REPORT_EVT, V0*1000);
309   }
310   if (event & MY_CHECK_EVT) {
311     sensorCheck();
312     // 启动定时器，触发事件：MY_CHECK_EVT
313     osal_start_timerEx(sapi_TaskID, MY_CHECK_EVT, 1000);
314   }
315 }
316 /*****************************************************************
317 * 名称: uart0_init()
318 * 功能: 串口0初始化函数
```

图 7.3.21　sensorUpdate() 函数设置断点

运行程序，等待程序跳至断点，如图 7.3.22 所示。

然后在 sensorUpdate() 函数中设置断点，如图 7.3.23 所示。运行程序，程序跳至断点，将获取的空气质量数据上报到上层应用中。ZCloudTools 数据分析如图 7.3.24 所示。

```
301  * 注释:
302  ****************************************************************
303  void MyEventProcess( uint16 event )
304  {
305    if (event & MY_REPORT_EVT) {
306      sensorUpdate();
307      //启动定时器，触发事件：MY_REPORT_EVT
308      osal_start_timerEx(sapi_TaskID, MY_REPORT_EVT, V0*1000);
309    }
310    if (event & MY_CHECK_EVT) {
311      sensorCheck();
312      // 启动定时器，触发事件：MY_CHECK_EVT
313      osal_start_timerEx(sapi_TaskID, MY_CHECK_EVT, 1000);
314    }
315  }
316  /****************************************************************
317  * 名称: uart0_init()
318  * 功能: 串口0初始化函数
319  * 参数: 无
```

图 7.3.22　sensorUpdate() 函数跳至断点

```
161    if ((D0 & 0x08) == 0x08){
162      updateA0();
163      sprintf(p, "%.1f", A3);
164      ZXBeeAdd("A3", p);
165    }
166    if ((D0 & 0x10) == 0x10){
167      updateA0();
168      sprintf(p, "%d", A4);
169      ZXBeeAdd("A4", p);
170    }
171
172    sprintf(p, "%u", D1);
173    ZXBeeAdd("D1", p);
174
175    p = ZXBeeEnd();
176    if (p != NULL) {
177      ZXBeeInfSend(p, strlen(p));
178    }
179  }
```

图 7.3.23　设置断点

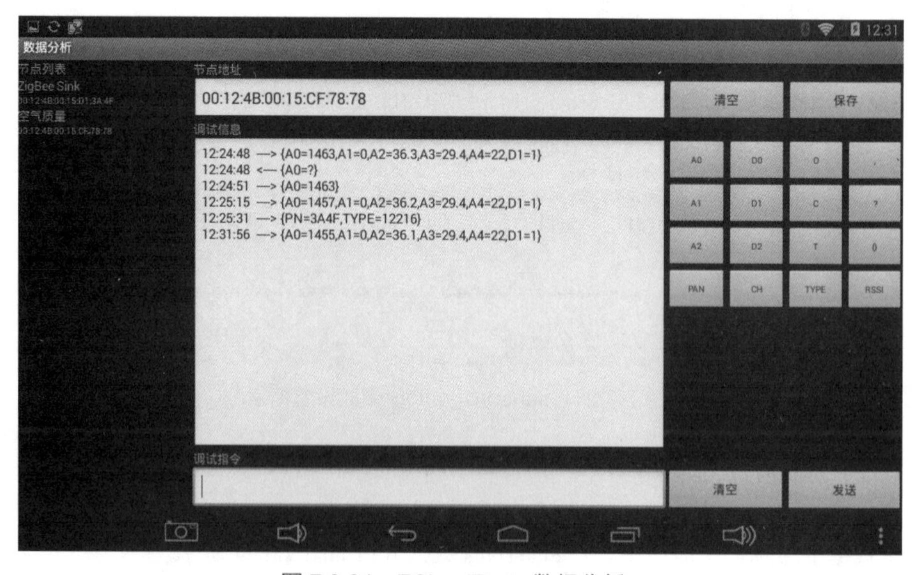

图 7.3.24　ZCloudTools 数据分析

4. 通信协议测试

在网关打开 ZCloudTools 工具，打开数据分析，通过发送指令来查询传感器状态。

1）温湿度传感器

查询温湿度数据：首先在节点列表选择对应的节点，通过在调试指令处输入调试指令 {A0=?}，然后发送指令，在调试信息处显示返回的数据 A0=29.5，如图 7.3.25 所示。

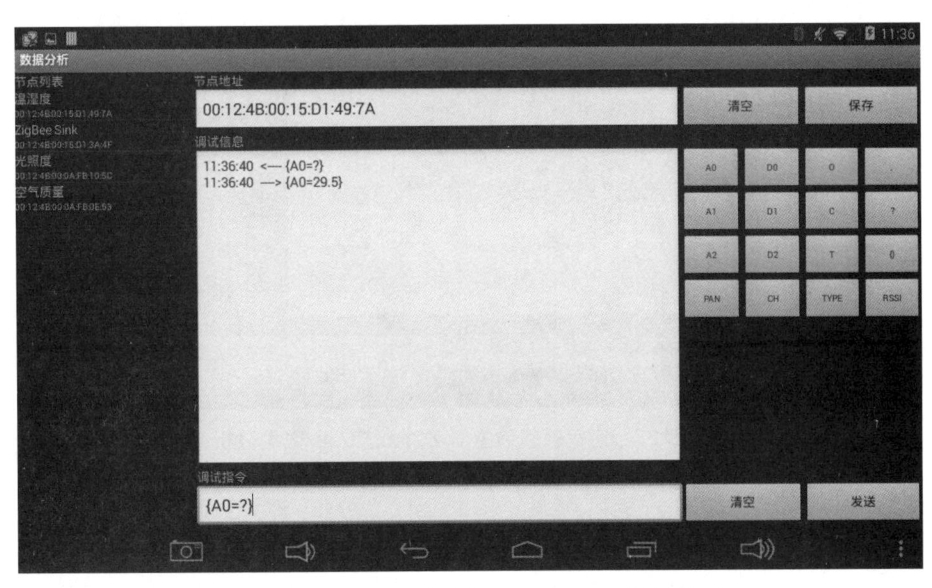

图 7.3.25　温湿度传感器 ZCloudTools 数据分析

2）光照度传感器

查询光强数据：首先在节点列表选择对应的节点，通过在调试指令处输入调试指令 {A0=?}，然后发送指令，在调试信息处显示返回的数据 A0=0，如图 7.3.26 所示。

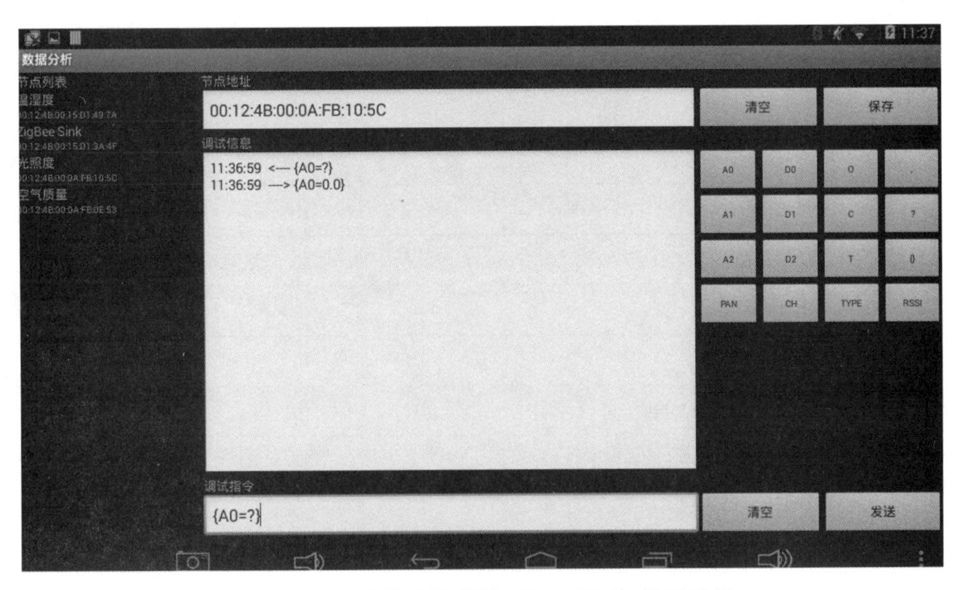

图 7.3.26　光照度传感器 ZCloudTools 数据分析

3）空气质量传感器

查询空气质量数据：首先在节点列表选择对应的节点，通过在调试指令处输入调试指令{A0=?}，然后发送指令，在调试信息处显示返回的数据 A0=1005，如图 7.3.27 所示。

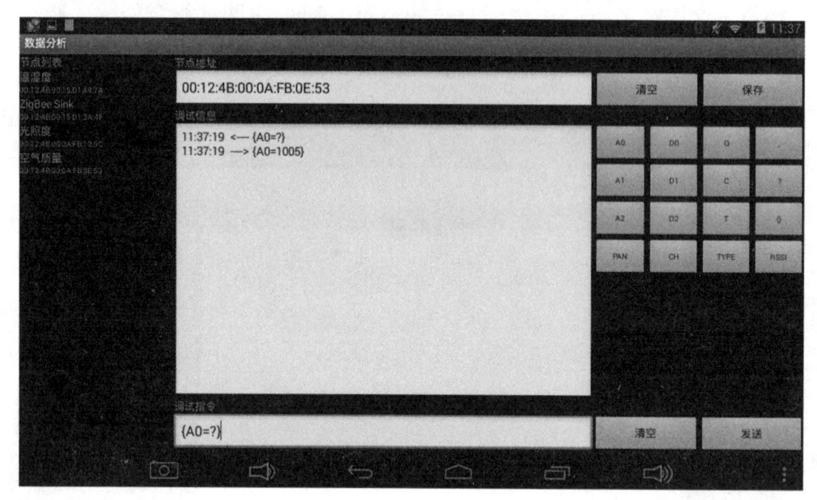

图 7.3.27　空气质量传感器 ZCloudTools 数据分析

五、注意事项

在测试空气质量传感器的时候，所测量的值不是单一的空气质量值，而是 CO_2、甲醛、温度、湿度、PM2.5。

六、实训评价

过程质量管理见表 7.3.3。

表 7.3.3　过程质量管理

姓名			组名	
评分项目		分值	得分	组内管理人
通用部分（40 分）	团队合作能力	10		
	任务完成情况	10		
	功能实现展示	10		
	解决问题能力	10		
专业能力（60 分）	通信协议设计与分析	10		
	节点通信硬件环境与程序下载	20		
	无线通信程序设计	20		
	通信协议测试	10		
过程质量得分				

实训 4　智能家居（环境采集模块）部署测试

一、相关知识

1. 硬件的连接与程序下载

对本实训使用的硬件设备进行安装连线，下载节点设备对应的程序。

2. xLabTools 设置 PANDID、CHANNEL

设置本实训无线节点网络参数。

3. 进行组网，查看网络拓扑

参考附录 A 的 Android 网关智云服务设置，对本实训进行组网，查看网络拓扑图。

二、实训目标

（1）完成温湿度、光照度、空气质量传感器硬件的连接与设置。

（2）实现系统的程序下载与无线组网。

（3）完成模块的功能和性能测试。

三、实训环境

实训环境见表 7.4.1。

表 7.4.1　实训环境

项　目	具体信息
硬件环境	PC、Pentium 处理器、双核 2 GHz 以上、内存 4 GB 以上
操作系统	Windows 7 64 位及以上操作系统
实训软件	IAR For 8051, IAR For ARM, xLabTools, ZCloudTools
实训器材	温湿度传感器（ZY-WSx485）、光照度传感器（ZY-GZx485）、空气质量传感器（ZY-CO2x485）、ZXBeeLiteB 无线节点 ×3、S4418 网关（协调器）
实训配件	SmartRF04EB 仿真器、USB 串口线、12 V 电源

四、实训步骤

1. 系统硬件安装与连线

准备 S4418/6818 系列网关 1 个、温湿度传感器 1 个、光照度传感器 1 个、空气质量传感器 1 个、LiteB 无线节点 3 个、SmartRF04EB 仿真器 1 个、12 V 电源线 3 根。

温湿度传感器、光照度传感器、空气质量传感器通过 RJ-45 线分别接到 LiteB 节点的 A 端口，无线节点跳线分别如图 7.4.1 所示。

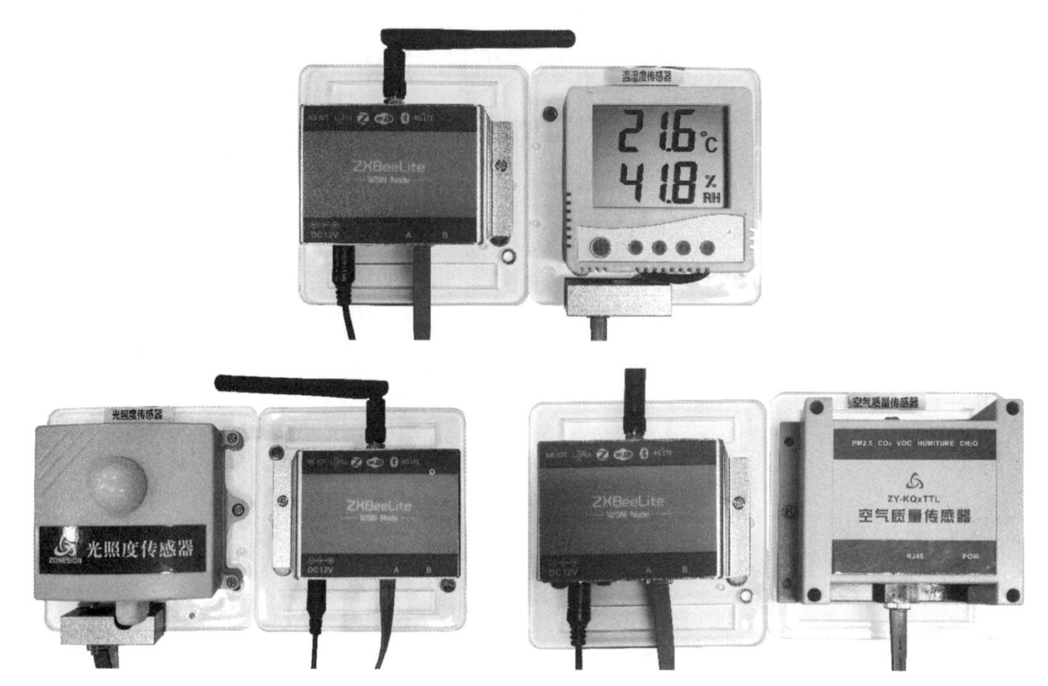

图 7.4.1　环境采集模块部署

2. 节点程序下载

节点程序下载参照附录 A 的 LiteB 节点驱动代码下载与调试。

本实训使用设备节点出厂镜像，代码路径：实训例程\19-HomeEnvironmentTest 目录下的 01-温湿度传感器 .hex、02-光照度传感器 .hex、03-空气质量传感器 .hex。

3. 系统组网

系统组网与测试参照附录 A 的 xLabTools 工具设置、Android 网关智云服务设置。

组网成功后查看网络拓扑图如图 7.4.2 所示。

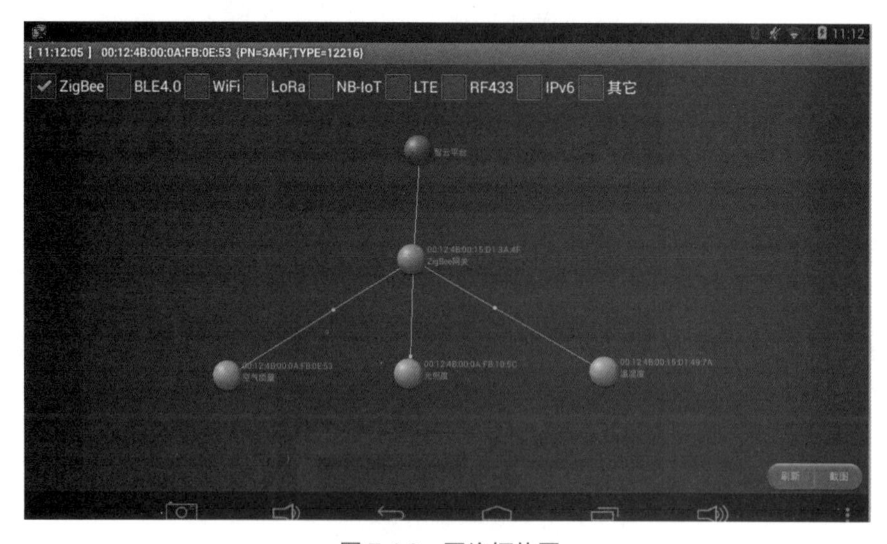

图 7.4.2　网络拓扑图

4. 模块功能测试

组网成功后，打开 ZCloudTools 工具，单击综合演示，单击空气质量节点，可以显示当前采集的数据，如图 7.4.3 所示。

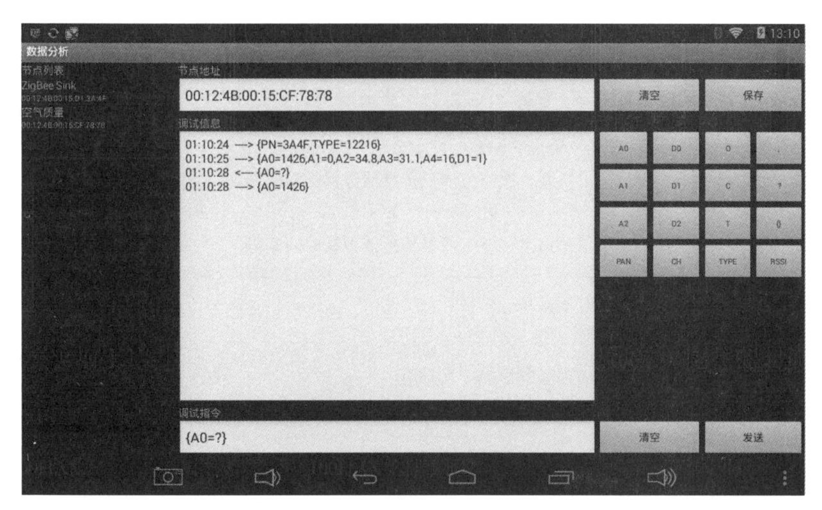

图 7.4.3　ZCloudTools 工具显示数据

功能测试用例–1 见表 7.4.2。

表 7.4.2　功能测试用例–1

项　目	具体信息	
功能描述	空气质量传感器在网关显示空气质量数据	
用例目的	ZigBee 网络是否正常，协议控制命令处理是否正常	
前提条件	系统程序运行，设备通电，空气质量传感器设备功能正常	
输入 / 动作	期望的输出 / 响应	实际情况
通过 A0=? 查询当前数据	不更新显示当前空气质量数据	正常更新显示当前空气质量数据

测试结论：通过 {A0=?} 发送指令，注意不要在指令左右出现空格。

功能测试用例–2 见表 7.4.3 所示。

表 7.4.3　功能测试用例–2

项　目	具体信息	
功能描述	光照度传感器在网关显示光强数据	
用例目的	ZigBee 网络是否正常，协议控制命令处理是否正常	
前提条件	系统程序运行，设备通电，光照度传感器设备功能正常	
输入 / 动作	期望的输出 / 响应	实际情况
通过 A0=? 查询当前数据	不更新显示当前光强数据	正常更新显示当前光强数据

测试结论：通过 {A0=?} 发送指令后迅速返回当前光强数据。

5. 模块性能测试

性能测试用例-1 见表 7.4.4。

表 7.4.4　性能测试用例-1

项　目	具体信息	
性能描述	更新一次空气质量传感器数据的时间周期	
用例目的	测试上传空气质量传感器数据时间间隔	
前提条件	系统程序运行，设备通电，空气质量传感器设备功能正常	
执行操作	期望的性能（平均值）	实际性能（平均值）
等待数据更新	5 s	30 s

测试结论：数据的更新上报时间可以自己设置。

性能测试用例-2 见表 7.4.5。

表 7.4.5　性能测试用例-2

项　目	具体信息	
性能描述	更新一次温湿度传感器数据的时间周期	
用例目的	测试上传温湿度传感器数据时间间隔	
前提条件	系统程序运行，设备通电，温湿度传感器设备功能正常	
执行操作	期望的性能（平均值）	实际性能（平均值）
等待数据更新	5 s	30 s

测试结论：数据更新上报时间不宜过快，数据传输过快会引起数据阻塞。

五、注意事项

部署时 RJ-45 线要插紧，要听到卡进去的声音才可以。

六、实训评价

过程质量管理见表 7.4.6。

表 7.4.6　过程质量管理

姓名			组名	
评分项目		分值	得分	组内管理人
通用部分（40分）	团队合作能力	10		
	任务完成情况	10		
	功能实现展示	10		
	解决问题能力	10		
专业能力（60分）	系统硬件安装与连线	10		
	节点程序下载与系统组网	20		
	模块功能测试	15		
	模块性能测试	15		
过程质量得分				

单元 8 智能家居系统集成运维

实训 智能家居的系统集成运维

一、相关知识

完成了前面的各系统的功能模块程序开发后，需要进行整个工程项目的系统集成与部署。整个工程项目的系统集成与部署按照以下步骤进行：

（1）根据本工程项目的硬件清单类型与数量，清理出项目中使用的全部硬件模块，检测外观是否损坏。

（2）根据项目节点设备镜像文件说明表，对不同的控制节点进行编号并贴上标签，按照说明表下载对应镜像文件。

（3）按照工程项目要求，把传感器连接到指定的控制节点端口上。

（4）ZigBee 无线网络设置与部署。

二、实训目标

（1）根据项目设备清单，完成硬件设备清点与连接，完成节点程序下载。

（2）完成项目节点设备网络参数设置，项目组网。

（3）通过智云在线发布平台，完成项目在线发布。

三、实训环境

实训环境见表 8.1.1。

表 8.1.1 实训环境

项　目	具体信息
硬件环境	PC、Pentium 处理器、双核 2 GHz 以上、内存 4 GB 以上
操作系统	Windows 7 64 位及以上操作系统
实训软件	IAR For 8051, IAR For ARM, xLabTools, ZCloudTools
实训器材	工程应用实训平台

四、实训步骤

1. 系统硬件清点与准备

按照项目硬件设备列表（见表 8.1.2），对项目中使用的设备进行准备与清点。

表 8.1.2　硬件设备列表

序号	产品名称	产品图片	数量
1	智能网关：Mini4418		1
2	工业型无线节点：LiteB		12
3	增强型无线节点：PlusB		1
4	温湿度传感器：ZY-WSx485		1
5	空气质传感器：ZY-KQxTTL		1
6	光照度传感器：ZY-GZx485		1
7	可燃气体传感器：ZY-RQxIO		1
8	火焰传感器：ZY-HYxIO		1

续表

序号	产品名称	产品图片	数量
9	人体红外探测器：ZY-RTHWxIO	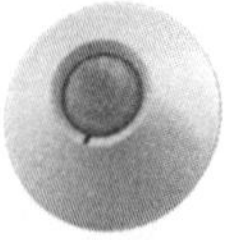	1
10	磁窗探测器：ZY-CCxIO	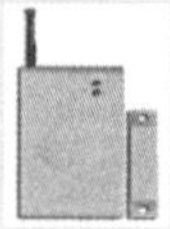	1
11	360 红外遥控器：ZY-YKxTTL	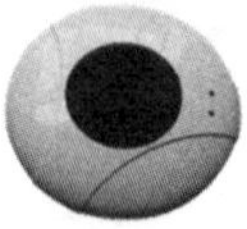	1
12	RFID 阅读器：ZY-RFMJx485		1
13	电子锁：ZY-MSxIO		1
14	门禁开关：ZY-MJKGxIO		1
15	智能插排：ZY-CPxIO		2
16	信号灯控制器：ZY-XHD001x485		1
17	信号灯：ZY-3SXHDxIO		1
18	继电器组：ZY-JDQxIO		1

续表

序号	产品名称	产品图片	数量
19	红外音响：ZY-Sound		1
20	步进电动机：ZY-BJDJxIO		1
21	IP 摄像头：ZY-IPCAM		1

2. 设备程序下载

通过上面的步骤确定好工程项目中使用的节点设备后，需要对控制节点下载镜像文件。因本工程中全部使用 Lite 节点，使用 Flash Programmer 工具软件进行下载。

本实训使用设备节点出厂镜像，代码路径：实训例程\20–SmartHomeTest 目录下的镜像文件。请对照表 8.1.3 进行设备节点程序的下载。

表 8.1.3　项目节点设备镜像文件说明

序号	节点类别	节点设备	镜像文件
1	Lite 节点	温湿度传感器：ZY-WSx485	01- 温湿度传感器 .hex
2	Lite 节点	空气质量传感器：ZY-KQxTTL	03- 空气质量传感器 .hex
3	Lite 节点	光照度传感器：ZY-GZx485	02- 光照度传感器 .hex
4	Lite 节点	可燃气体传感器：ZY-RQxIO	10- 可燃气体传感器 .hex
5	Lite 节点	火焰传感器：ZY-HYxIO	09- 火焰传感器 .hex
6	Lite 节点	人体红外探测器：ZY-RTHWxIO	11- 人体红外探测器 .hex
7	Lite 节点	窗磁探测器：ZY-CCxIO	12- 窗磁探测器 .hex
8	Lite 节点	360 红外遥控器：ZY-YKxTTL	08-360 红外遥控器 .hex

续表

序号	节点类别	节点设备	镜像文件
9	Lite 节点	RFID 阅读器：ZY-RFMJx485； 门禁开关：ZY-MJKGxIO； 电子锁：ZY-MSxIO	16- 门禁系统 01.hex 16- 门禁系统 02.hex
10	Lite 节点	智能插排：SLCZ001xIO	17- 智能插座 1.hex
11	Lite 节点	信号灯控制器：ZY-XHD001x485； 信号灯：ZY-3SXHDxIO	15- 信号灯 .hex
12	Lite 节点	继电器组：JJKZ001x485	13- 继电器组 .hex
13	Plus 节点	农业套件：NYTJ001	NYTJ001.hex

3. 硬件安装与连线

项目总体硬件部署图（灰色部分是本项目中不使用的节点），如图 8.1.1 所示。

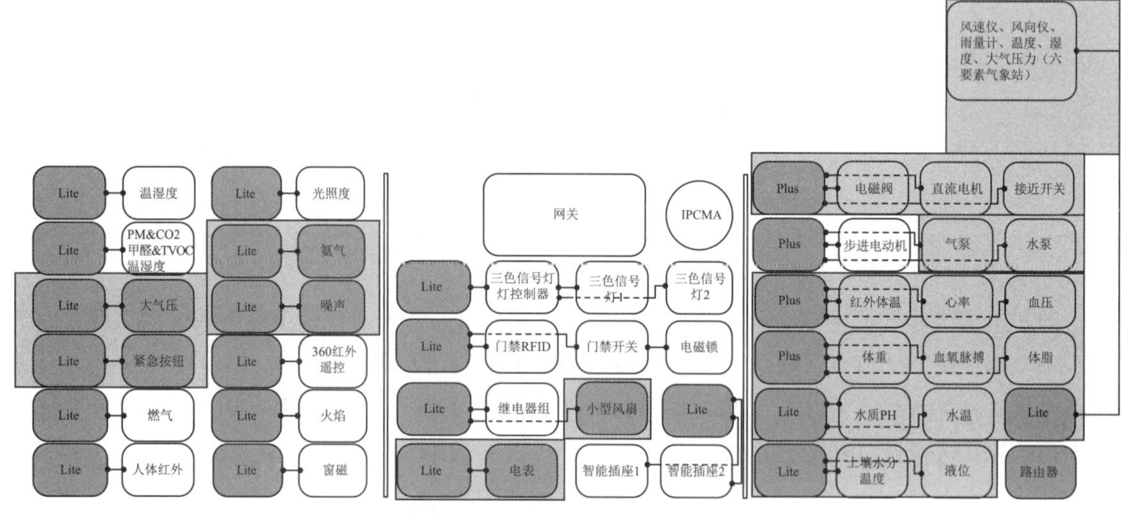

图 8.1.1　项目总体硬件部署图

各子系统连线示意图见表 8.1.4。

表 8.1.4　各子系统连线示意图

系统名称	连线示意图
智慧家居门禁系统	

续表

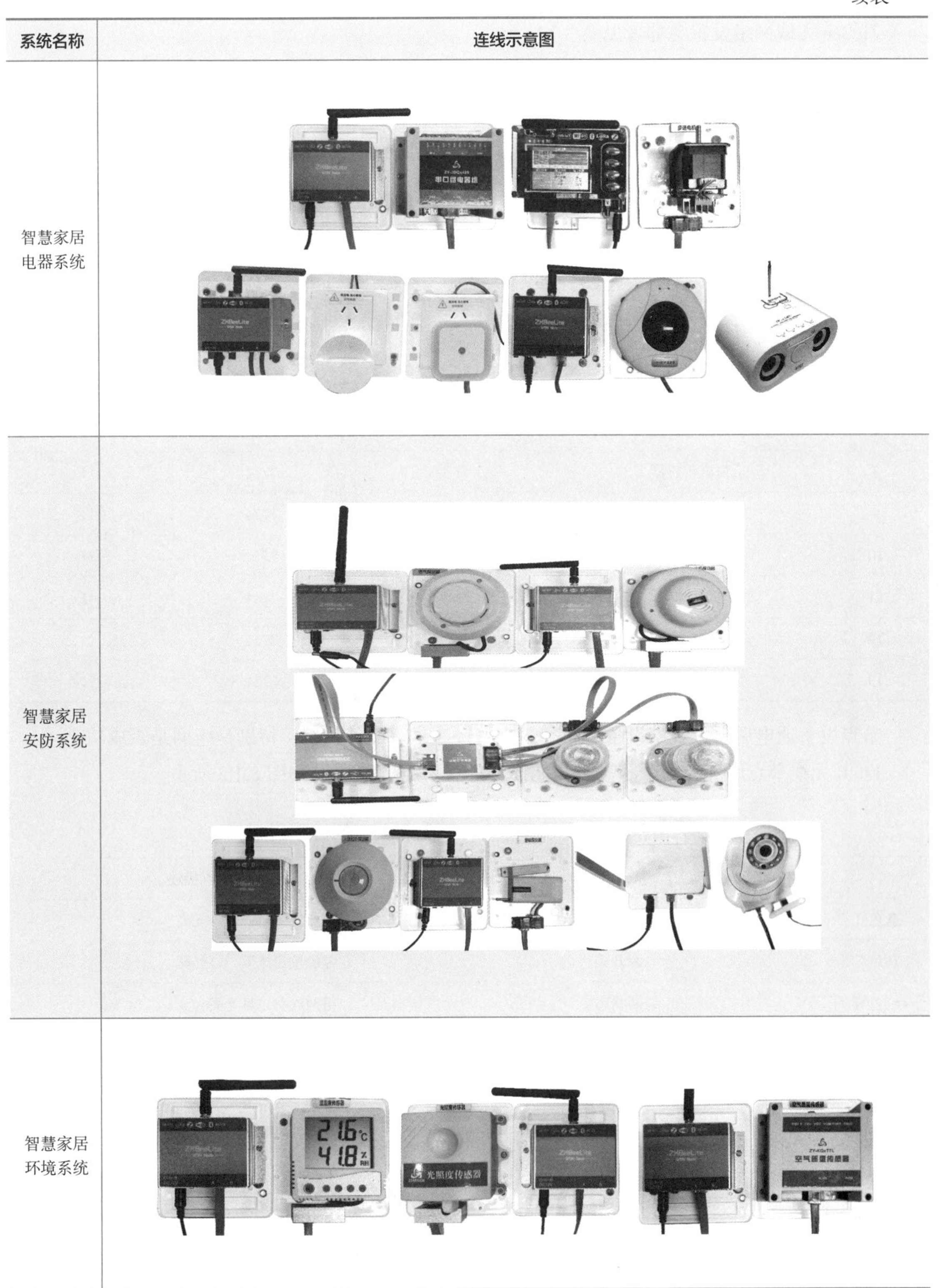

系统名称	连线示意图
智慧家居电器系统	
智慧家居安防系统	
智慧家居环境系统	

4. 网络设置与组网

ZigBee 无线网络设置与部署见表 8.1.5。

表 8.1.5　ZigBee 无线网络设置与部署

序号	节点设备	节点类型	PANID	CHANNEL
1	温湿度	终端	7724	11
2	光照度	终端	7724	11
3	空气质量	终端	7724	11
4	360 红外遥控	路由	7724	11
5	门禁套件	路由	7724	11
6	可燃气体传感器	路由	7724	11
7	人体红外传感器	终端	7724	11
8	窗磁传感器	终端	7724	11
9	继电器组	终端	7724	11
10	信号灯控制器	终端	7724	11
11	智能插座	终端	7724	11
12	火焰传感器	终端	7724	11
13	步进电动机	终端	7724	11

节点设备通电后通过观察设备的状态灯，可快速了解设备状态，特别是组网是否成功。LiteB 无线节点底部的 4 个状态灯功能描述见表 8.1.6，指示图如图 8.1.2 所示。

表 8.1.6　LiteB 无线节点底部的 4 个状态灯功能描述

类别	功能	描述
蓝色灯	电源状态指示	节点连接电源，灯光亮
黄色灯	电源开关状态	电源按钮按下，灯光亮
红色灯	组网状态	组网成功，灯光亮
绿色灯	通信状态	有数据通信时，灯闪亮

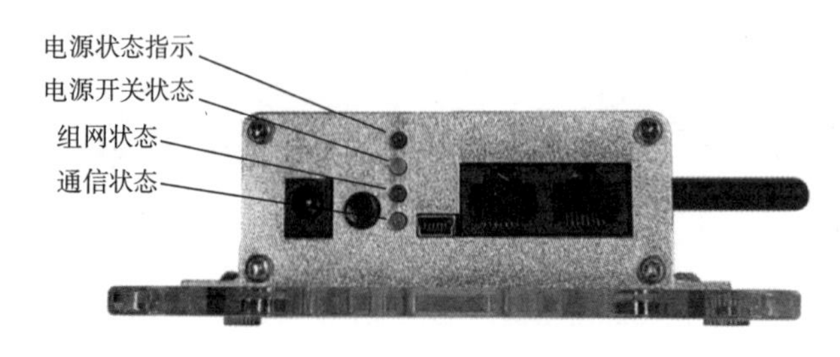

图 8.1.2　4 个状态灯指示图

最终的网络组网状态，需要通过 ZCloudWebTools 工具的网络拓扑图进行分析。图 8.1.3 是项目组网成功的完整拓扑图。

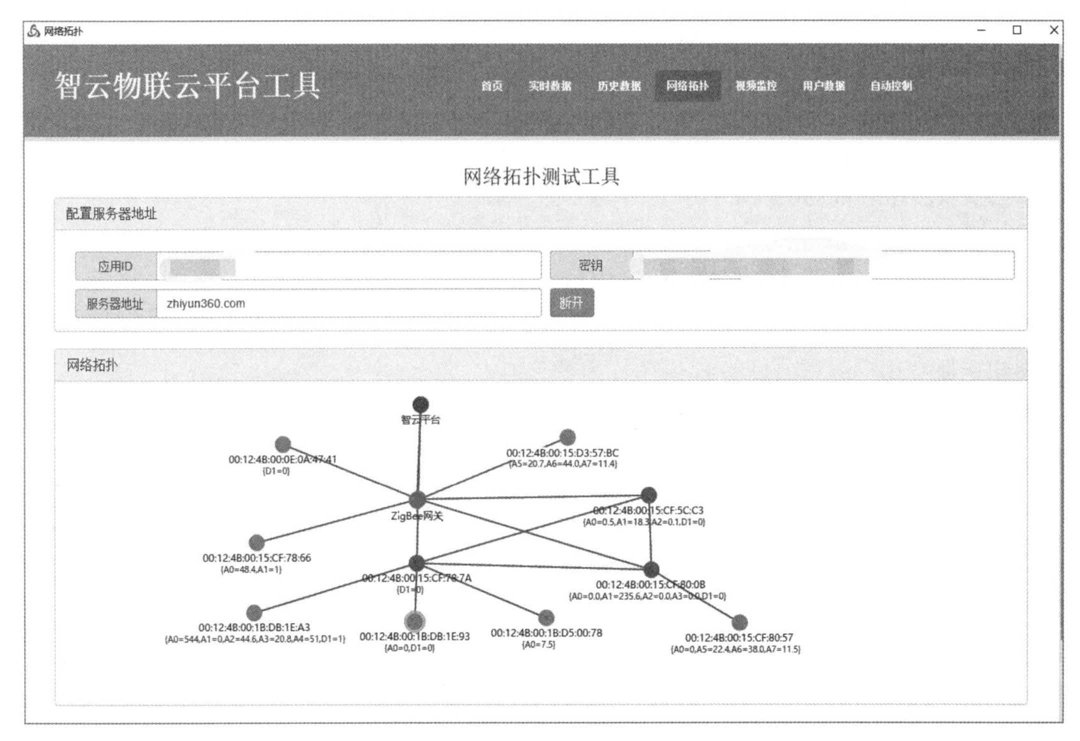

图 8.1.3　项目组网成功的完整拓扑图

5. 项目在线发布

登录智云物联应用网站：http://www.zhiyun360.com，如图 8.1.4 所示。

图 8.1.4　智云物联网应用网站

1）用户注册

新用户需要对应用项目进行注册，在网站右上角单击“注册”，如图 8.1.5 所示。

注册成功后，登录即可进入应用项目后台，可对应用项目进行配置。

图 8.1.5　用户注册

2）项目配置

智云物联网站后台提供设备管理、自动控制、系统通知、项目信息、账户信息、查看项目等板块内容。

项目信息板块用于描述用户应用项目信息。项目信息是对应用项目名称、副标题、介绍等的描述，上传图像是提交用户应用项目的 Logo 图标，智云 ID/KEY 要求填写与项目所在网关一致的正确授权的智云 ID/KEY。

地理位置可在地图页面标记自己的位置：输入所在城市的中文名称进行搜索，然后在地图小范围确定地点，如图 8.1.6 所示。

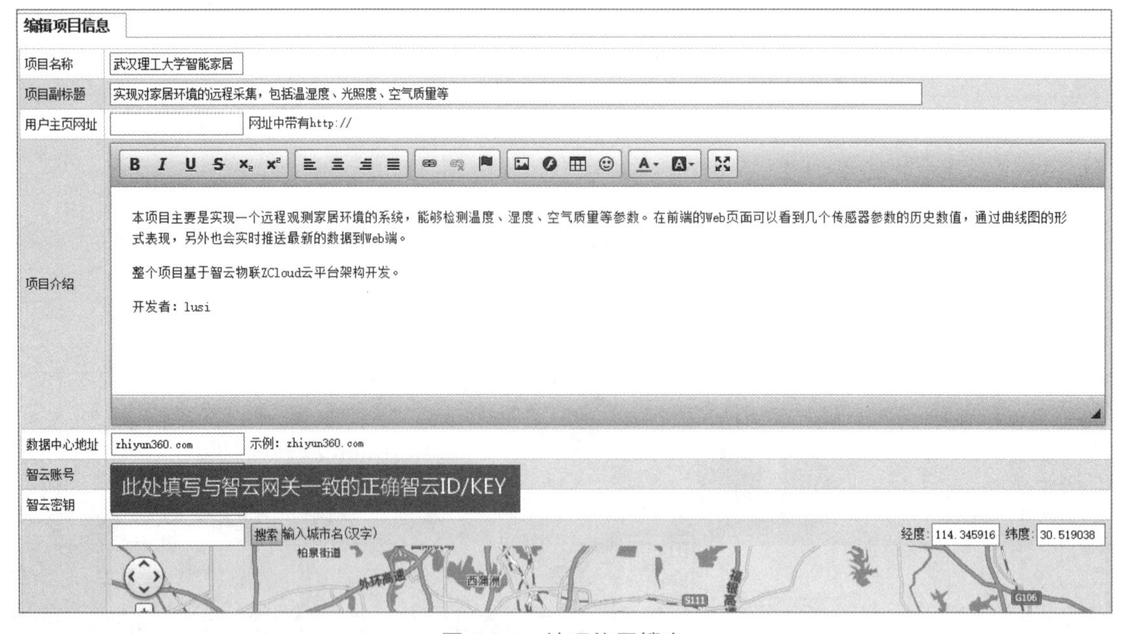

图 8.1.6　地理位置搜索

3）设备管理

对底层智能传感 / 执行硬件设备进行添加和管理，主要设备类型为：传感器、执行器、摄像头。

（1）添加传感器（光敏传感器）。菜单列表选择“传感器管理”，内容选项卡选择“添加传感器”，按照提示填写属性，如图 8.1.7 所示。

```
# 传感器名称：用户为设备自定义的名称
# 数据流通道："IEEE地址_通道名" 比如：00:12:4B:00:02:63:3C:4F_A0
# 传感器类型：从下拉列表选择
# 曲线形状：模拟量类传感器可选择“平滑”，电平类传感器可选择“阶梯”
# 是否公开：是否将该传感器信息展示到前端项目网页
```

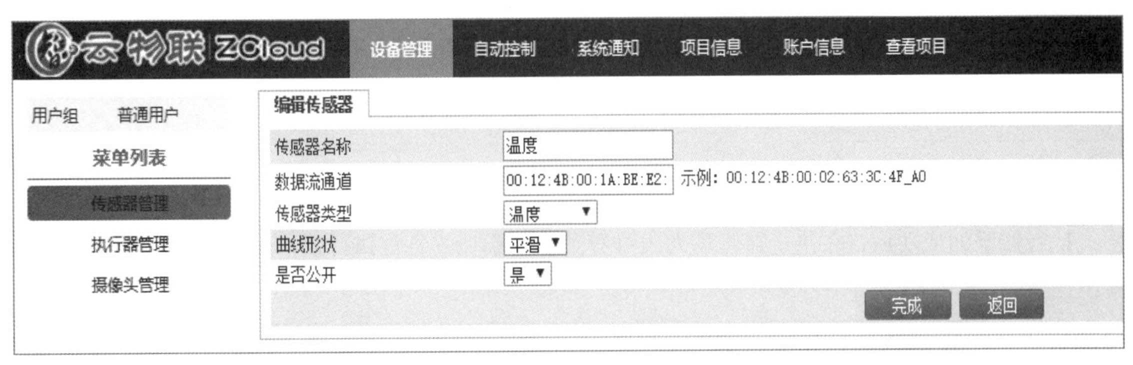

图 8.1.7　设备管理

传感器添加成功后，在传感器管理列表可看到成功添加的各种传感器信息，如图 8.1.8 所示。

云物联 ZCloud　设备管理　自动控制　系统通知　项目信息　账户信息　查看项目　欢迎您 test1234　安全退出

用户组　普通用户　菜单列表　传感器管理　执行器管理　摄像头管理

传感器管理　添加传感器

通道	传感器名称	传感器类型	单位	曲线类型	是否公开	编辑	删除
00:12:4B:00:1A:BE:E2:A5_A0	温度	温度	℃	平滑	是	编辑	删除
00:12:4B:00:1A:BE:E2:A5_A1	湿度	湿度	%	平滑	是	编辑	删除
00:12:4B:00:1A:BF:06:36_A0	光强	光照	LF	平滑	是	编辑	删除
00:12:4B:00:15:CF:6B:B6_A4	空气质量	空气质量	ppm	平滑	是	编辑	删除
00:12:4B:00:15:CF:5C:86_A0	窗磁	其他		平滑	是	编辑	删除

图 8.1.8　传感器管理列表

（2）添加执行器（继电器传感器）。菜单列表选择“执行器管理”，内容选项卡选择“添加执行器”，按照提示填写属性，如图 8.1.9 所示。

```
# 执行器名称：用户为设备自定义的名称
# 执行器地址：IEEE地址，比如：00:12:4B:00:02:63:3C:4F
# 执行器类型：从下拉列表选择
# 指令内容：根据执行器节点程序逻辑设定，比如：{'开':'{OD1=1,D1=?}','关':'{CD1=1,D1=?}'}
# 是否公开：是否将该执行器信息展示到前端项目网页
```

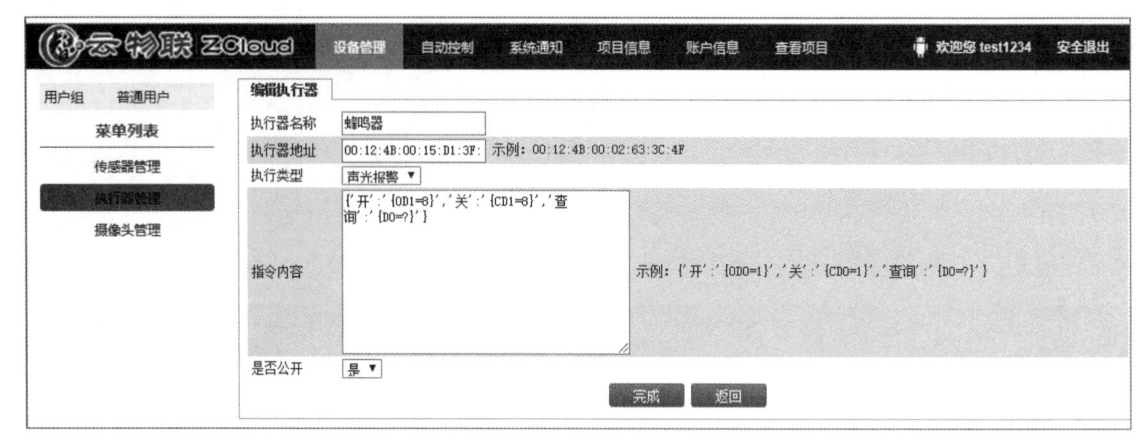

图 8.1.9　执行器管理

执行器添加成功后，在执行器管理列表可看到成功添加的各种执行器信息，如图 8.1.10 所示。

执行器管理　添加执行器

执行器地址	执行器名称	执行类型	单位	指令内容	是否公开	编辑	删除
00:12:4B:00:02:63:3C:CF	声光报警	声光报警		{'开':'{OD1=1,D1=?}','关':'{CD1=1,D1=?}','查询':'{D1=?}'}	是	编辑	删除
00:12:4B:00:02:60:E5:1E	步进电机	步进电机		{'正转':'{OD1=3,D1=?}','反转':'{CD1=2,OD1=1,D1=?}','停止':'{CD1=1,D1=?}','查询':'{D1=?}'}	是	编辑	删除
00:12:4B:00:02:60:E3:A9	风扇	风扇		{'开':'{OD1=1,D1=?}','关':'{CD1=1,D1=?}','查询':'{D1=?}'}	是	编辑	删除
00:12:4B:00:02:60:E5:26	RFID	低频RFID		{'开':'{OD0=1,D0=?}','关':'{CD0=1,D0=?}','查询':'{D0=?}'}	是	编辑	删除
00:12:4B:00:02:63:3C:4F	卧室灯光	继电器		{'开':'{OD1=1,D1=?}', '关':'{CD1=1,D1=?}'}	是	编辑	删除

图 8.1.10　执行器管理列表

4）自动控制

本版块内容较为复杂，具体先阅读《智云 api 编程手册》进行了解。自动控制界面如图 8.1.11 所示。

图 8.1.11　自动控制界面

5）查看项目

单击“查看项目”栏目即可进入用户所在项目的首页。

五、注意事项

（1）通过智云物联应用网站：http://www.zhiyun360.com 进行项目发布时，在项目信息选项页面的智云 ID/KEY 栏目要求填写与项目所在网关一致的正确授权的智云 ID/KEY。

（2）实训室如果有多组工程实训平台设备，在设置每组平台的节点参数时，注意网络参数须保持一致且为唯一性（例如，每组平台 ZigBee 的 PANID 设置）。

六、实训评价

过程质量管理见表 8.1.7。

表 8.1.7　过程质量管理

姓名			组名	
评分项目		分值	得分	组内管理人
通用部分（40 分）	团队合作能力	10		
	任务完成情况	10		
	功能实现展示	10		
	解决问题能力	10		
专业能力（60 分）	完成项目整体硬件连接与程序下载	20		
	项目网络设置与组网成功	20		
	项目在线发布测试	20		
过程质量得分				

单元 9 智能家居项目总结汇报

实训 智能家居的项目总结汇报

一、相关知识

项目总结就是在项目完成后，对项目实施过程进行复盘，总结实施过程中遇到的问题，对当时的解决方案进行探讨，以便发现更优的方案或是避免策略。通过对项目中的问题进行总结，从而达到指导后续工作，提前规避相关问题，以最合理的方案实施项目的效果。

在项目结束后，为什么要积极地进行项目总结呢？

1. 回顾项目初期的规划是否合理

在需求评审时，通过相关参与人员讨论，制订了项目规划。但是在项目实施过程中，是否严格按规划进行呢？如果没有按规划进行，问题出在了什么地方？在项目结束后，对项目规划进行探讨，有利于及时发现规划中存在的问题，以便后续项目制订更加合理的规划。

2. 分析项目实施过程中是否存在问题

项目实施过程中难免会出现各式各样的问题，项目周期越长越容易出现问题。通过分析项目实施过程中出现的问题，理解需求的业务流程，对原来业务的影响，评估技术实施方案的优劣，人员配置是否合理等。以问题来反推项目，更能发现问题真正所在。

3. 当时的解决方案是否是最优的

在项目实施过程中，遇到了问题当然要找相应的解决方案。由于项目周期的限制，当时的解决方案可能是权宜之计。现在项目完成后，再回过头来评审一下当时的解决方案，有没有更好的方案？如果有，后续是否有相应的处理策略？只有不断地进行项目评审，才能保证在以后的项目中选择更好的实施策略。

4. 总结项目经验为以后的项目做指导

所谓前事不忘，后事之师。在我们工作的过程中，不能一直忙着响应各种需求，要时刻注意对所做过的项目进行项目总结。总结项目实施过程中遇到的各种问题，解决方案，优化策略等，以此来不断地提升规划能力，优化需求实施方案以及增加各种意外情况的应对策略。

二、实训目标

（1）完成项目总结报告的编写。

（2）完成项目汇报 PPT 的制作。

三、实训环境

实训环境见表 9.1.1。

表 9.1.1 实训环境

项 目	具体信息
硬件环境	PC、Pentium 处理器、双核 2 GHz 以上、内存 4 GB 以上
操作系统	Windows 7 64 位及以上操作系统

四、实训步骤

1. 项目总结报告编写

项目总结报告编写见表 9.1.2。

表 9.1.2 项目总结报告编写

智能家居项目总结报告
1. 引言 1.1 编写目的 【阐明编写总结报告的目的，指明读者对象。】 1.2 项目背景 【说明项目来源、委托单位、开发单位及主管部门。】 1.3 定义 【列出报告用到的专门术语的定义和缩写词的原文。】 1.4 参考资料 【列出有关资料的作者、标题、编号、发表日期、出版单位或资料来源，可包括： a. 项目经核准的计划任务书、合同或上级机关的批文； b. 项目开发计划； c. 需求规格说明书； d. 概要设计说明书； e. 详细设计说明书； f. 用户操作手册； g. 测试计划； h. 测试分析报告； i. 本报告引用的其他资料、采用的开发标准或开发规范。】 2. 开发结果 2.1 产品 【可包括： a. 列出各部分的程序名称、源程序行数（包括注释行）或目标程序字节数及程序总计数量、存储形式； b. 产品文档名称等。】 2.2 主要功能及性能 2.3 所用工时 【按人员的不同层次分别计时。】 2.4 所用机时 【按所用计算机机型分别计时。】 2.5 进度 【给出计划进度与实际进度的对比。】 2.6 费用 3. 评价 3.1 生产率评价 【如平均每人每月生产的源程序行数、文档的字数等。】 3.2 技术方案评价 3.3 产品质量评价 4. 经验与教训

2. 项目汇报 PPT 制作

根据项目总结报告编写项目汇报 PPT，如图 9.1.1 ~ 图 9.1.3 所示。

图 9.1.1　项目汇报 PPT 参考 1

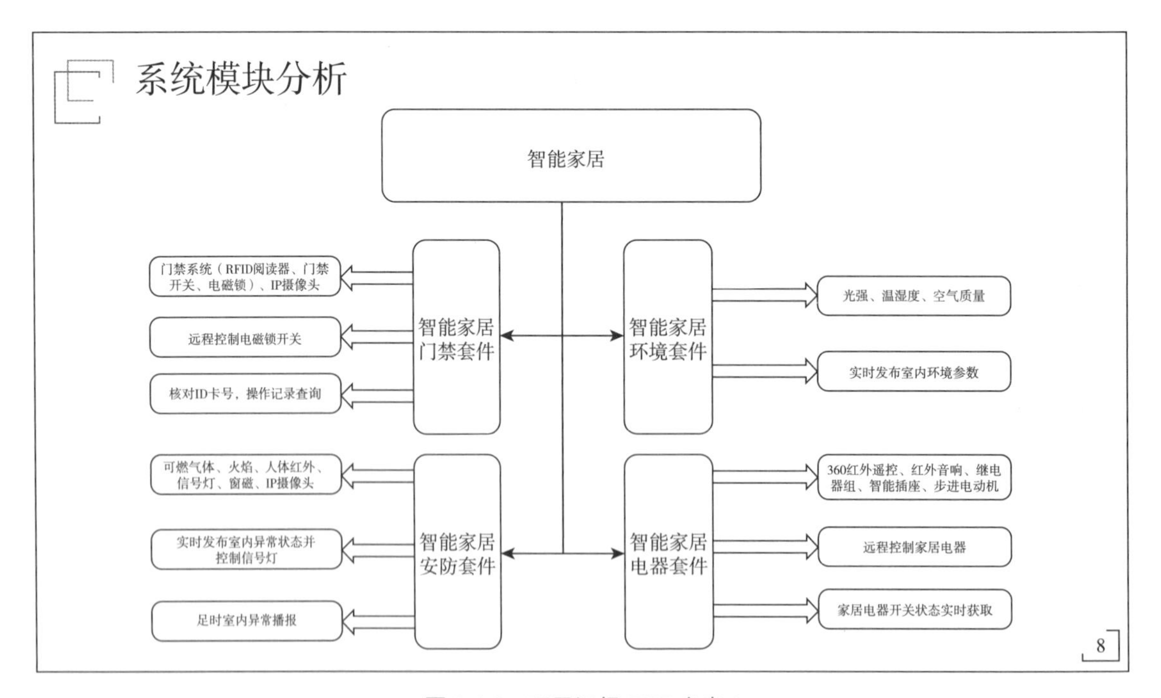

图 9.1.2　项目汇报 PPT 参考 2

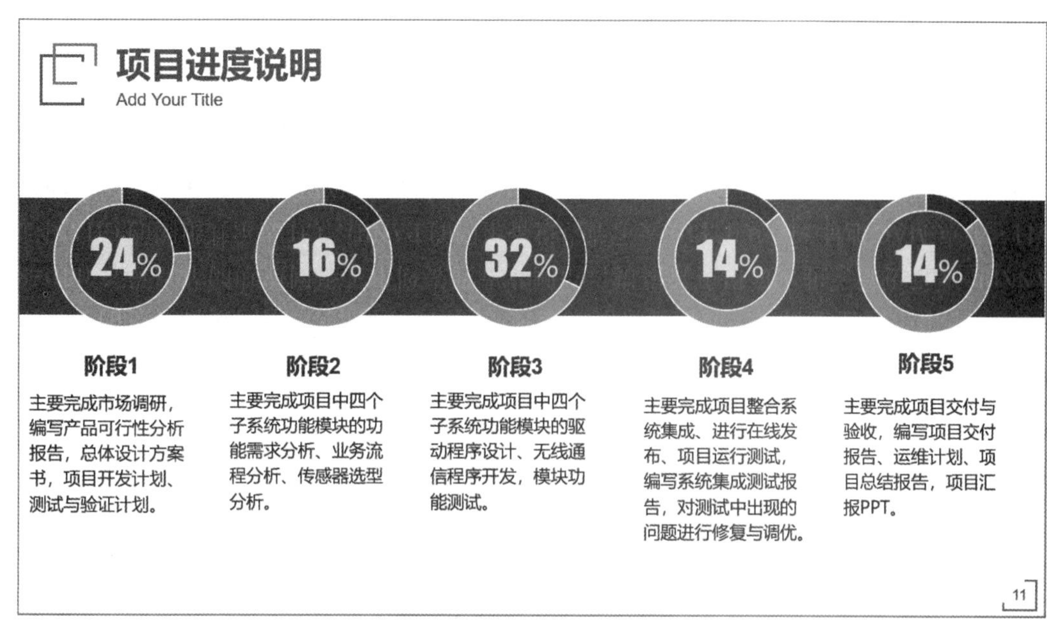

图 9.1.3　项目汇报 PPT 参考 3

五、注意事项

（1）项目总结报告中需要对项目的开发与实施过程进行总结，记录问题总结经验。

（2）项目汇报 PPT 制作注意突出重点，内容简洁明了。

六、实训评价

过程质量管理见表 9.1.3。

表 9.1.3　过程质量管理

姓名			组名	
评分项目		分值	得分	组内管理人
通用部分（40 分）	团队合作能力	10		
	任务完成情况	10		
	功能实现展示	10		
	解决问题能力	10		
专业能力（60 分）	项目总结报告编写	30		
	项目汇报 PPT 制作	30		
过程质量得分				

附 录
智能家居可行性分析

附录 A 驱动下载与工具软件说明

1. LiteB 节点驱动代码下载与调试

协议栈安装：打开网站（http://www.tdpress.com/51eds/）提供的安装包，路径为 DISK\DISK-xLabBase\02- 软件资料 \02- 无线节点，找到 zstack-2.4.0-1.4.0x.zip, 解压即可。

LiteB 传感器工程：实训例程 \05-AccessControlDriver\LiteB 文件夹下 MJXT002x485 复制到 DISK\DISK-xLabBase\02-软件资料 \02-无线节点 \zstack-2.4.0-1.4.0x\Projects\zstack\Samples 文件夹下，双击打开复制的文件夹内 CC2530DB 文件夹中的 .eww 格式的文件。使用 SmartRF04EB 仿真器烧写。

配置 PANID：根据实际需求分别设置温湿度传感器、光照度传感器、空气质量传感器工程及透传程序 PANID，编译工程。（当有多组实训同时进行时，为了避免冲突，需要根据实际硬件平台修改节点 PANID（比如用学号后 4 位表示，范围为 0x0001~0x3FFF），工程文件为 Tools → f8wConfig.cfg。PANID 配置如图 A.1.1 所示。（一般不建议直接在程序里面修改 PANID，后面会使用 xLabTools 工具来修改 PANID）。

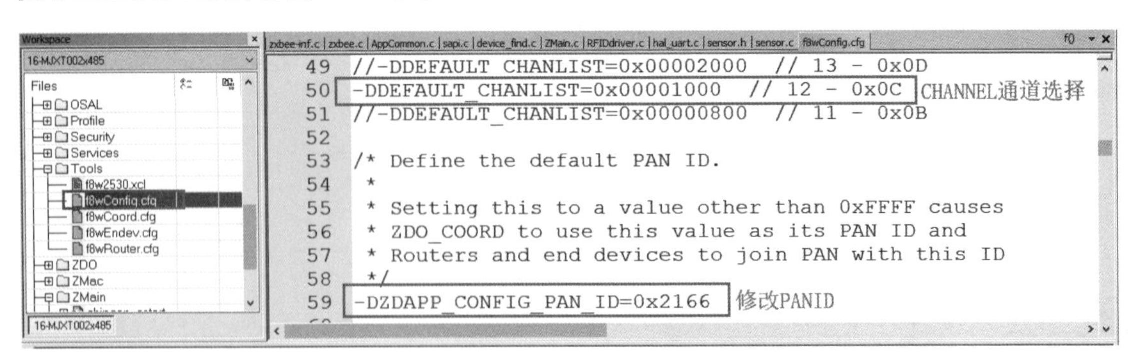

图 A.1.1 PANID 配置

LiteB 节点程序烧写：分别单击刚打开的 IAR 工程界面上方的图标依次编译工程。当工程全部编译通过以后将 SmartRF04EB 仿真器 USB 线一端连接到计算机，调试端连接到当前工程对应的 CC2530 调试接口上。单击 IAR 编译器界面上方的图标，等待程序烧写完成。在烧写完成后单击工程上方按钮退出调试模式并更换 CC2530 节点，重复烧写程序操作将剩余节点对应的程序全部烧写完成，如图 A.1.2 ~图 A.1.4 所示。

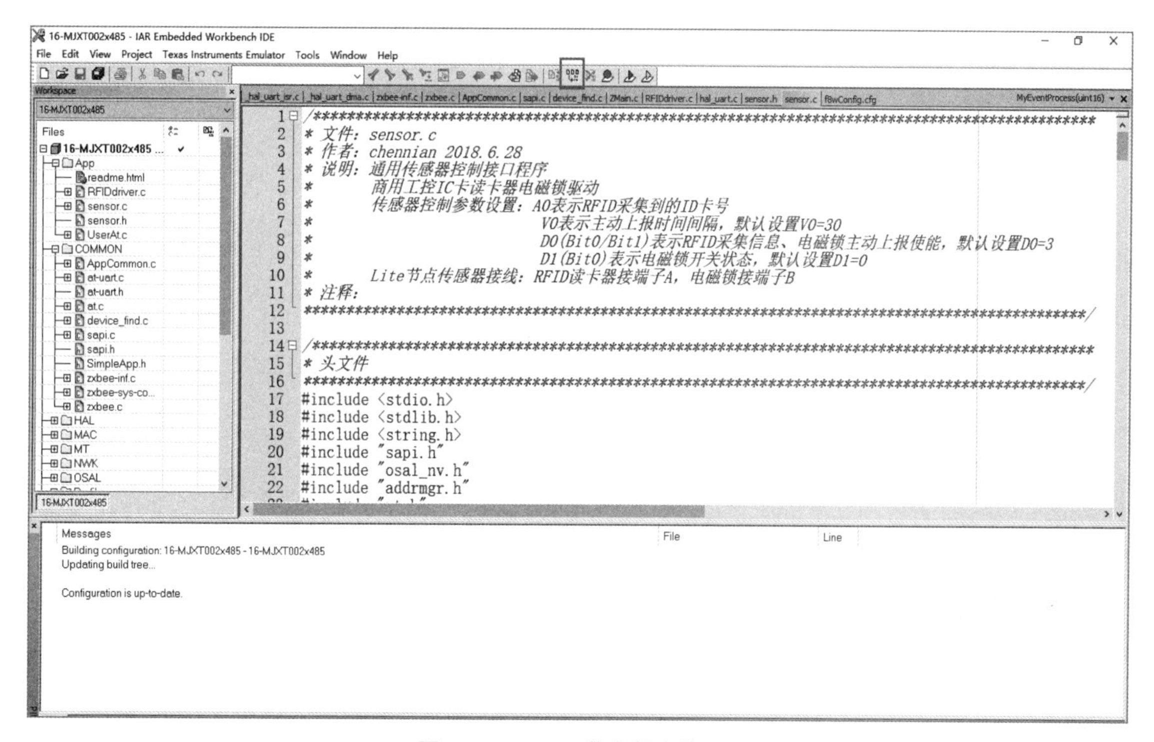

图 A.1.2 LiteB 节点程序烧写 1

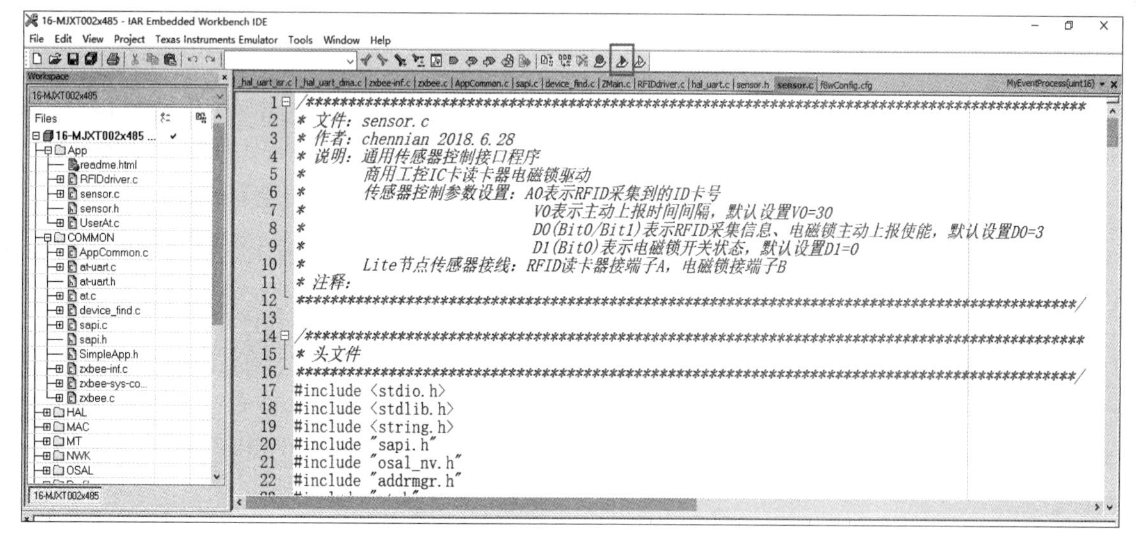

图 A.1.3 LiteB 节点程序烧写 2

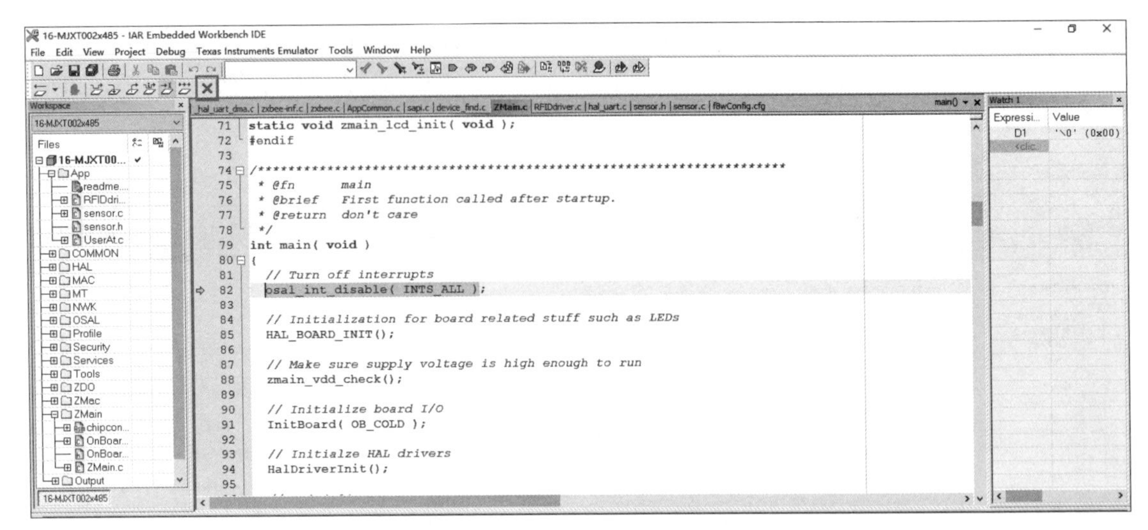

图 A.1.4 LiteB 节点程序烧写 3

2. Plus 节点驱动代码下载与调试

协议栈安装：打开网站提供的安装包，路径为 DISK\DISK-xLabBase\02-软件资料 \02-无线节点，找到 contiki-3.0.zip，解压即可。

Plus 节点传感器工程：实训例程 \33-IntelligentDrainageDriver\PlusB 文件夹下 NYTJ001 复制到 DISK\DISK-xLabBase\02-软件资料 \02-无线节点 \contiki-3.0\zonesion\PlusB 文件夹下，双击打开复制的文件夹内 ide 文件夹中的 .eww 格式的文件。使用 J-Link 烧写。

透传程序烧写：打开 DISK\DISK-xLabBase\02-软件资料 \02-无线节点文件夹下的 zstack-2.4.0-1.4.0x，打开 DISK\DISK-xLabBase\02-软件资料 \02-无线节点 \zstack-2.4.0-1.4.0x\Projects\zstack\Samples 文件夹，里面有 CC2530-Serial 文件夹，双击打开文件夹中的 .eww 格式的文件，打开透传程序。透传程序使用 SmartRF04EB 仿真器烧写。

Plus 节点程序烧写：单击刚打开的 IAR 工程界面上方的 图标依次编译工程。当工程全部编译通过以后将 J-Link 仿真器 USB 线一端连接到计算机，调试端连接到当前工程对应的 Plus 节点调试接口上。单击 IAR 编译器界面上方的 按钮，等待程序烧写完成。在烧写完成后单击工程上方 按钮退出调试模式。

3. xLabTools 工具设置

将串口线和 Lite 节点的 MiniUSB 接口相连接，串口线 USB 端与计算机相连接。

然后给 Lite 节点供电，按下开关，打开我的电脑→设备管理器→端口，会出现如图 A.1.5 所示 COM 端口。第一次在计算机上使用 USB 串口时，需要安装驱动（路径：DISK-Packages\53- 常用驱动程序\USB 串口驱动\CP210x_Drivers-win7.zip）。解压后根据计算机操作系统 32 位还是 64 位进行安装。

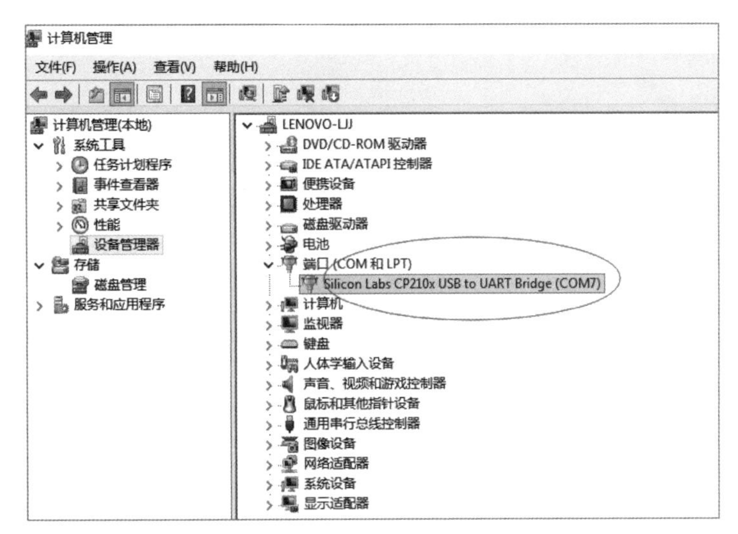

图 A.1.5　COM 端口

双击打开 xLabTools 并选择 ZigBee 选项，弹出如图 A.1.6 界面（软件路径 DISK-xLabBase\02-软件资料 \05-测试工具\xLabTools），打开 xLabTools 软件。

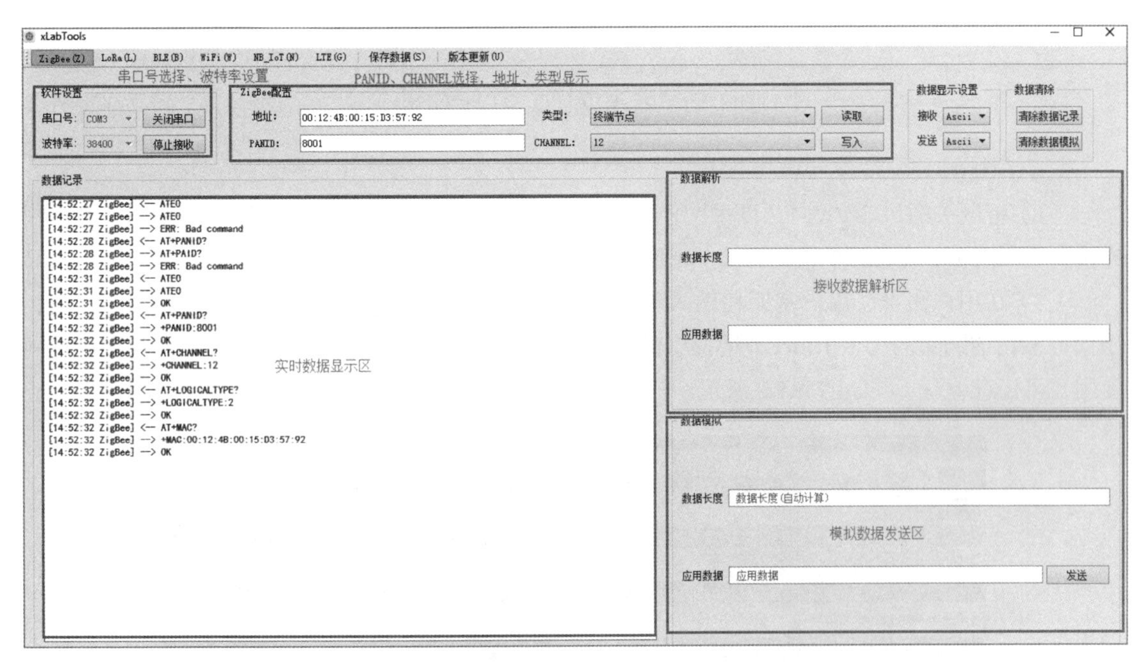

图 A.1.6　xLabTools 界面

串口线连接协调器节点和计算机，软件自动识别当前可用串口号，单击“打开串口”，然后输入 PANID、CHANNEL，单击“写入”按钮。保证各个节点输入的 PANID、CHANNEL 与协调器一致，如图 A.1.7 所示。

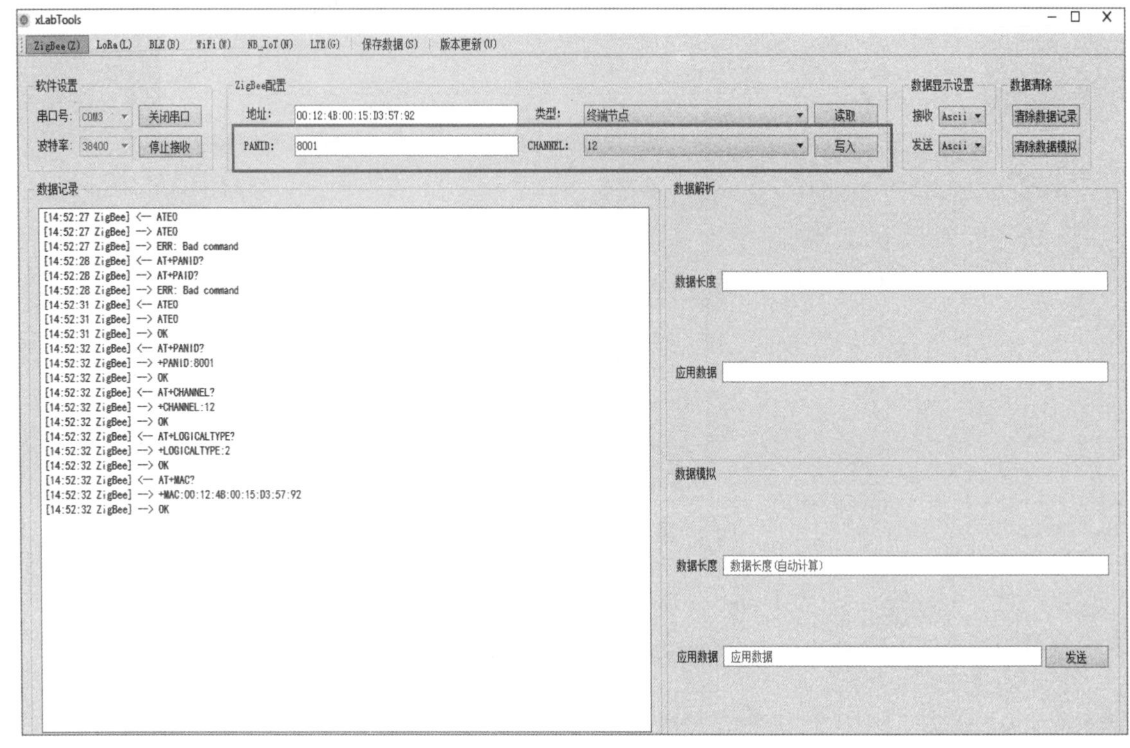

图 A.1.7　输入 PANID 和 CHANNEL

4. Android 网关智云服务设置

（1）将网关通过 3G/Wi-Fi/ 以太网任意一种方式接入互联网（若仅在局域网内使用，可不用连接到互联网），在智云网关的 Android 系统运行程序：智云服务配置工具。

（2）在用户账号、用户密钥栏输入正确的智云 ID/KEY，也可单击“扫一扫二维码”按钮，用摄像头扫描购买的智云 ID/KEY 所提供的二维码图片，自动填写 ID/KEY。（若数据仅在局域网使用，可任意填写），如图 A.1.8 所示。

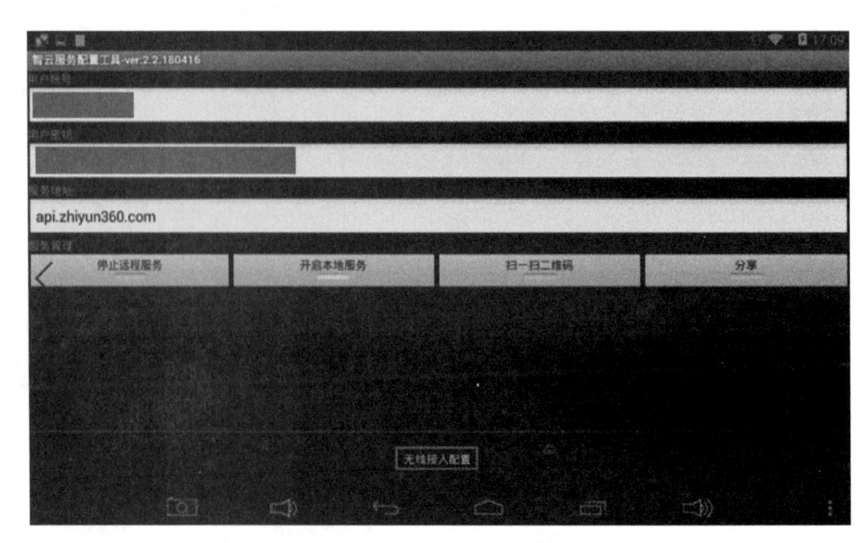

图 A.1.8　无线接入配置

（3）服务地址为 api.zhiyun360.com，若使用本地搭建的智云数据中心服务，则填写正确的本地服务地址 127.0.0.1。

（4）单击“开启远程服务”按钮，成功连接智云服务后则支持数据传输到智云数据中心；单击“开启本地服务”按钮，成功连接后智云服务将向本地进行数据推送。

（5）ZigBee 配置勾选，如图 A.1.9 所示。

图 A.1.9　ZigBee 配置

5. Android 网关 ZCloudTools 使用

（1）ZCloudTools 软件在程序运行后就会进入如图 A.1.10 所示页面。

图 A.1.10　ZCloudTools 软件首页

（2）配置网关，单击 MENU 键，选择“配置网关”菜单选项，输入服务地址、用户账户和用户密钥（智云项目 ID/KEY）（服务地址、智云 ID/KEY 要与智云服务配置工具中的配置信息完全相同），也可以通过二维码扫描写入信息，单击“确定”按钮保存，如图 A.1.11 所示。

图 A.1.11　ZCloudTools 软件首页

（3）单击“远程更新”，远程更新模块实现了通过发送命令对组网设备节点的 PANID 和 CHANNEL 进行更新，进入远程更新模块，左侧节点列表列出了组网成功的节点设备 (PID=8550 CH=11 < 节点 MAC 地址 >)，其中 PID 表示节点设备组网的 PANID，CH 表示其组网的 CHANNEL。依次选中复选框，选择所要更新的节点设备，输入 PANID 和 CHANNEL 号，单击“一键更新”按钮，输入更新授权密码然后执行更新，如图 A.1.12 所示。

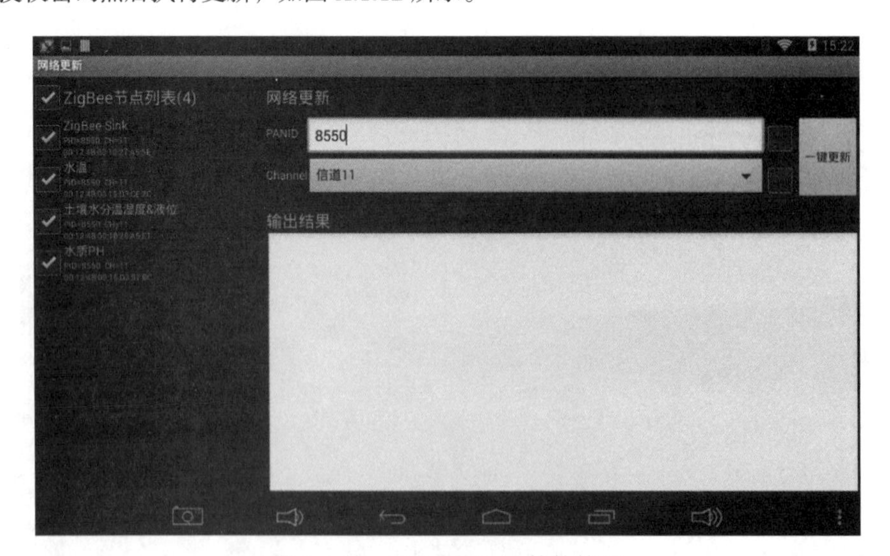

图 A.1.12　ZCloudTools 软件首页

如果传感器节点已正确安装程序，通过 ZCloudTools 工具可以查看系统网络拓扑图，如图 A.1.13 所示。

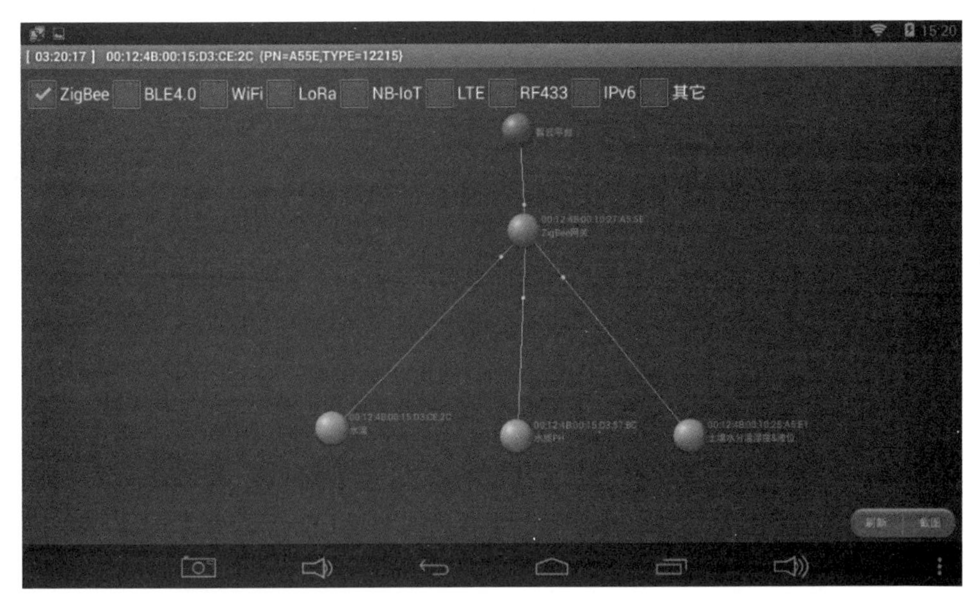

图 A.1.13 网络拓扑图

6. ZCloudWebTools 使用

ZCloudTools 工具为开发者提供无线网络拓扑图、数据分析、历史数据、传感器操作等功能，包括 Android 和 Windows 两个版本。

ZCloudWebTools 具有实时数据、历史数据、网络拓扑、视频监控、用户数据等数据查看和自动控制等功能。

（1）打开 DISK-xLabBase\02- 软件资料\05- 测试工具 \ZCloudWebTools 文件夹下 ZCloudWebTools.exe，如图 A.1.14 所示。

图 A.1.14 ZCloudWebTools 界面

（2）实时数据查看：采用远程服务时，服务器地址为 zhiyun360.com。应用 ID、密钥、服务器地址必须与网关设置一样，如图 A.1.15 所示。

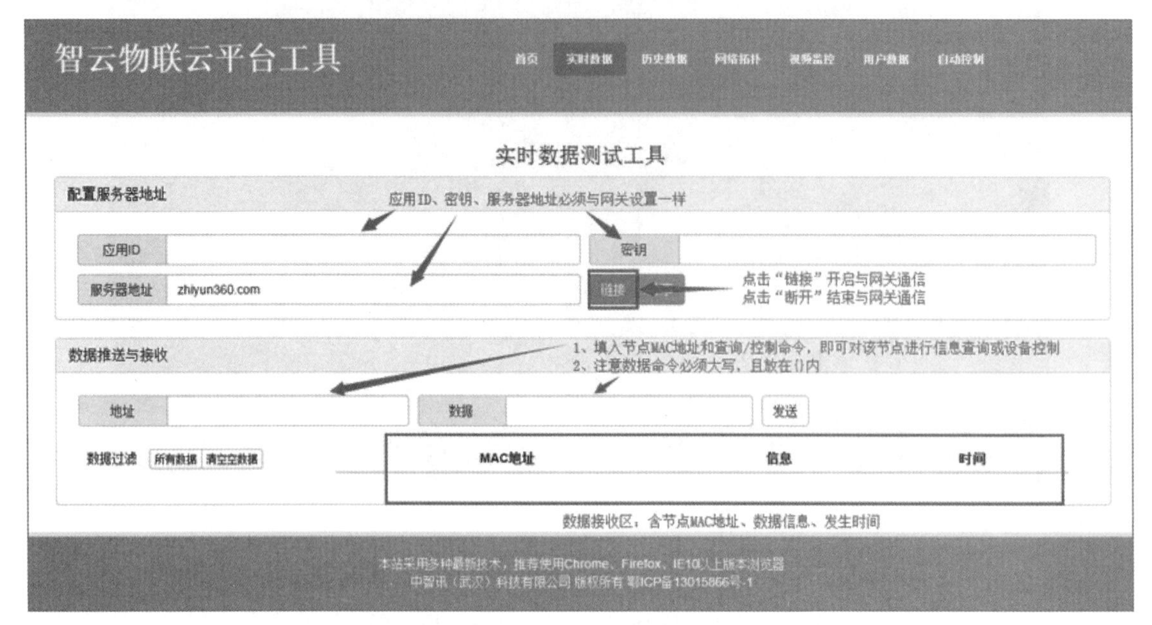

图 A.1.15　ZCloudWebTools 配置

打开“链接”后，即可显示实时数据，如图 A.1.16 所示。

图 A.1.16　实时数据

（3）网络拓扑查看，方法同实时数据查看，如图 A.1.17 所示。

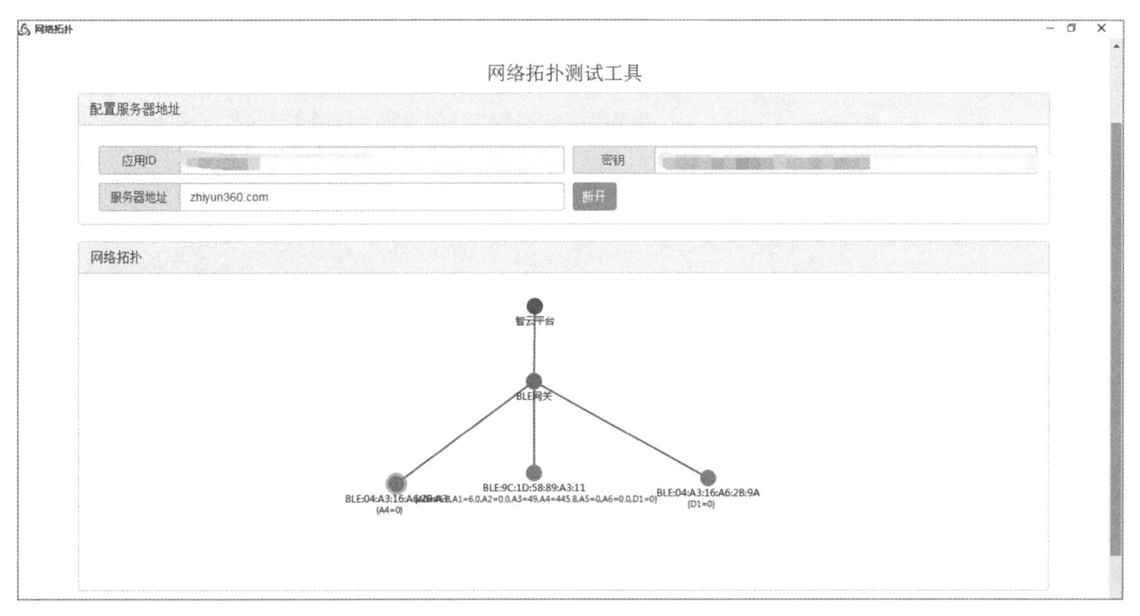

图 A.1.17　网络拓扑查看

7. FwsTools 设置与使用

（1）打开实训例程 \04-AcessControlFunction\FwsTools2.0 文件夹，用浏览器打开 index.html 文件（双击即可，建议使用谷歌 Chrome 浏览器），如图 A.1.18 所示。

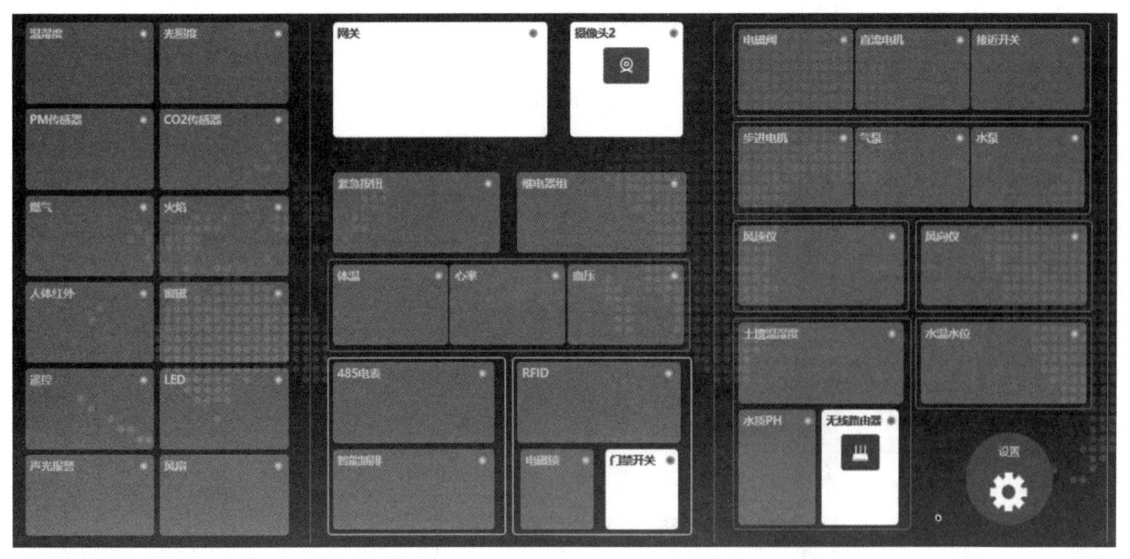

图 A.1.18　index 界面

（2）单击右侧绿色的设置按钮，进入设置界面，如图 A.1.19 所示。

ID与KEY　mac地址　版本信息

服务器　192.168.1.110:28080

ID　12345678

KEY　ABCDEFGHIJKLMNOPQRSTUVWXYZ

确认　扫码　分享

图 A.1.19　设置界面

（3）服务器地址的填写分两种情况：

① 当网关连接了互联网并且在“智云服务配置”中使用的用户名和密钥为官方授权的 ID/KEY 时，服务器地址填写为 zhiyun360.com 即可，此时数据被送到 zhiyun 数据中心，FwsTools 工具从数据中心获取数据。

② 当“智云服务配置”中使用的用户名和密钥为非官方授权（即随便填写）的 ID/KEY 时，服务器地址填写为智云网关的 IP 并加上 28080 端口号。例如：192.168.1.110:28080（智云网关 IP 在网络信息中查看，设置→ Wi-Fi，单击当前连接的 Wi-Fi），并且智云网关要和运行 FwsTools 软件的计算机在同一个局域网内。图 A.1.19 是未使用官方授权的 ID/KEY 服务器填写方式。此时数据没有被送到智云数据中心。

另外，ID 和 KEY 与网关上的“智云服务配置工具”中配置的保持一致，完成后单击“确定”按钮即可。

（4）设置成功后，界面上会提示连接成功，并且如果节点在线，灰色的传感器图标会变成白色，如图 A.1.20 所示。

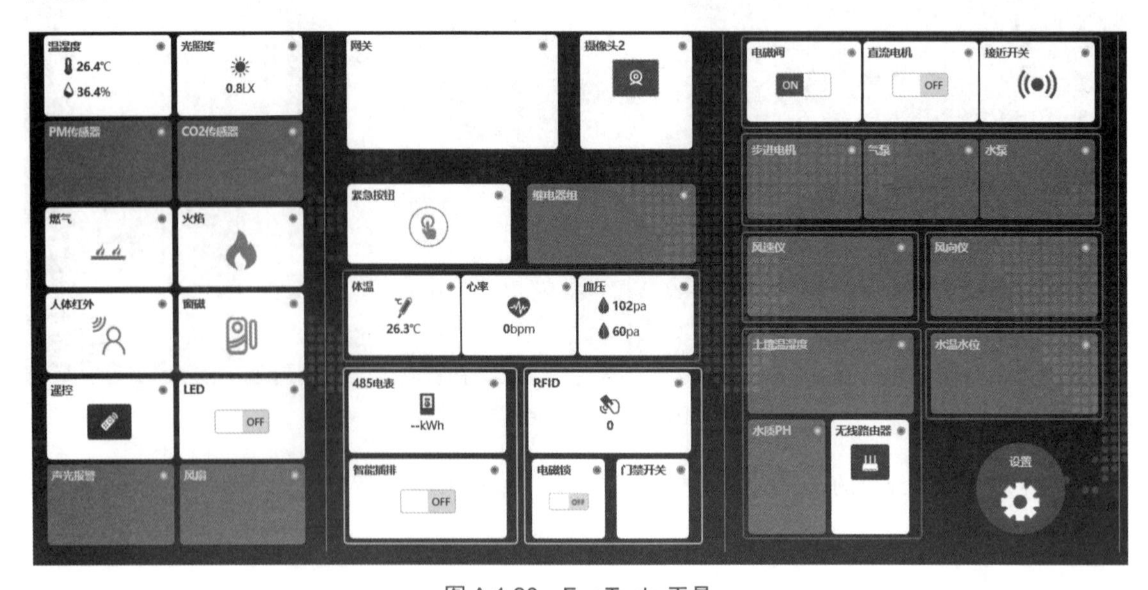

图 A.1.20　FwsTools 工具

附录 B　IP 摄像头配置

（1）摄像头和路由器接上电源，用网线将 IP 摄像头接到路由器的 LAN 口，如图 B.1.1 所示。

（2）单击计算机右下角 Internet 访问，连接计算机到路由器上，如图 B.1.2 所示。

图 B.1.1　摄像头

图 B.1.2　计算机连接路由器

（3）打开实训例程 \04-AcessControlFunction\FindDev.exe 软件，单击“查找”按钮，如图 B.1.3 所示。

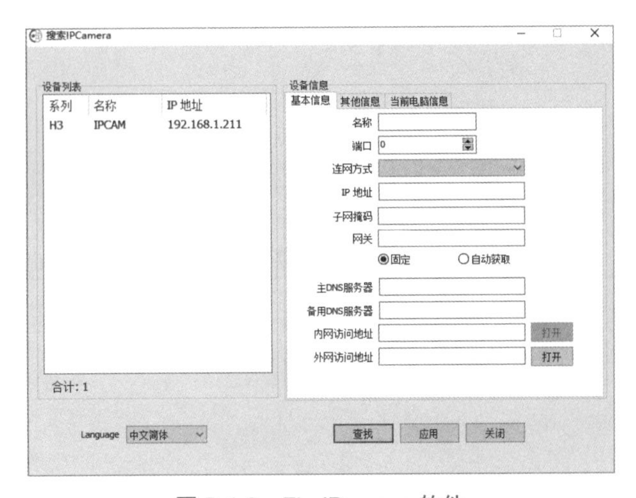

图 B.1.3　FindDev.exe 软件

（4）单击选中“设备列表”中的摄像头，右边设备信息处显示其基本信息。需要关注的是端口号与 IP 地址，如图 B.1.4 所示。

（5）选择设备列表摄像头双击打开，打开网页，默认用户名、密码都是 admin。然后单击“登录”按钮，如图 B.1.5 所示。

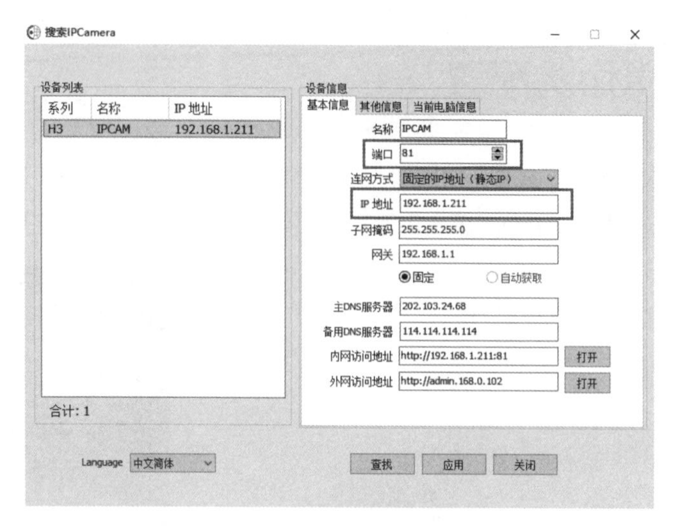

图 B.1.4　设备列表的 IP 与端口号

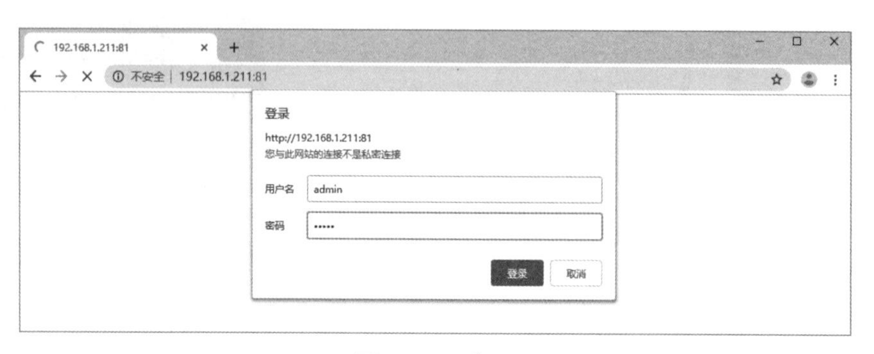

图 B.1.5　登录

（6）单击第一个“登录”，如图 B.1.6 所示。

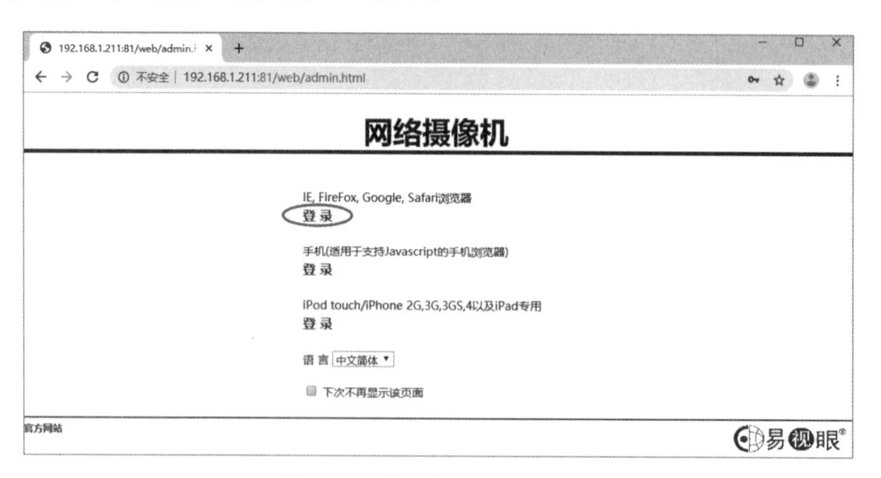

图 B.1.6　单击第一个“登录”

（7）进入之后单击“设置”按钮，如图 B.1.7 所示。进入“网络摄像机设置”页面，如图 B.1.8 所示。

图 B.1.7 设置　　　　图 B.1.8 网络摄像机设置页面

（8）选择网络设置→无线设置→搜索→选择接入的路由器→确定，如图 B.1.9 所示。

图 B.1.9 无线网络设置

（9）单击“检查”按钮，等待检查无线设置连接成功，如图 B.1.10 所示。

（10）如图 B.1.11 所示，连接成功后单击“应用”按钮。然后将网线拔掉。这时摄像头通过无线直接连接到路由器，如图 B.1.12 所示。

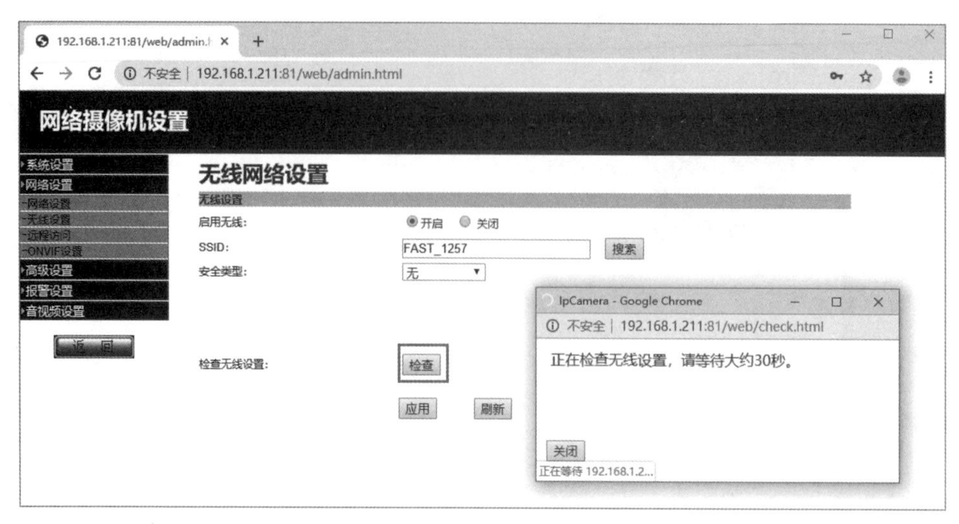

图 B.1.10　检查无线设置

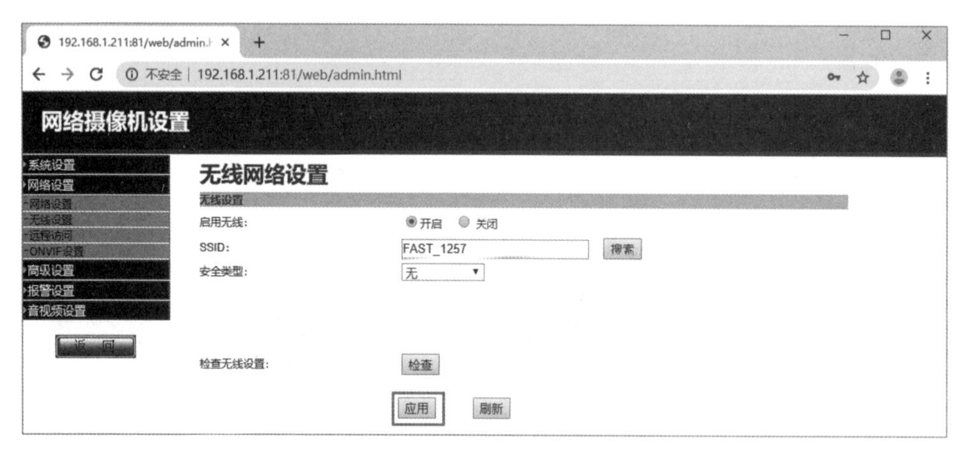

图 B.1.11　单击“应用”按钮

图 B.1.12　摄像头无线直连路由器

（11）打开 DISK-FwsPlat\05-实训例程\02-基础实训\35-远程无线摄像头监控系统\Video Monitoring-Web 中 index.html 应用，如图 B.1.13 所示。

（12）打开后如图 B.1.14 所示，输入摄像头 IP 地址后单击“保存”按钮，单击“开”打开摄像头，可以通过上下左右、水平、垂直控制摄像头转动方向。同时可以截屏，如图 B.1.15 所示。

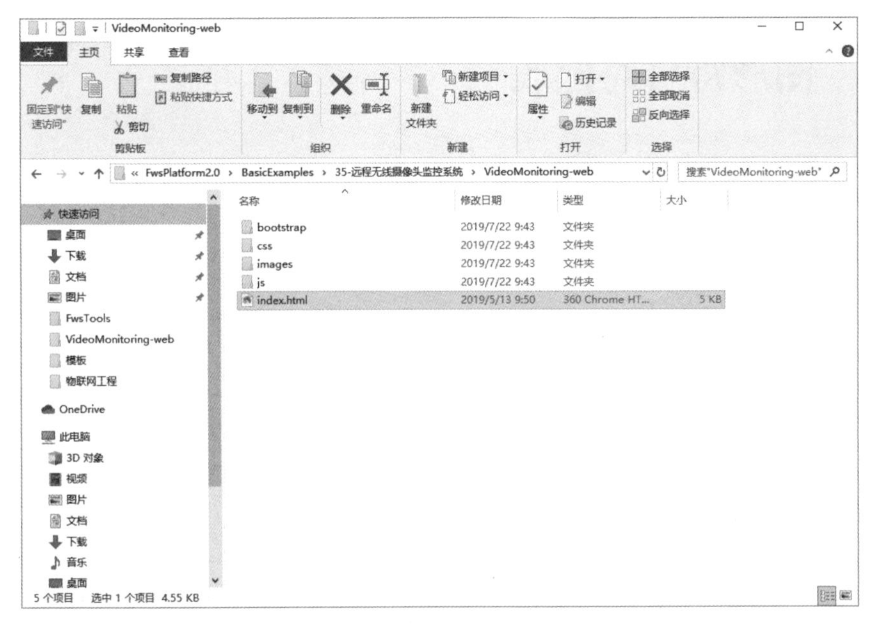

图 B.1.13　单击 index.html 应用

图 B.1.14　index.html 界面

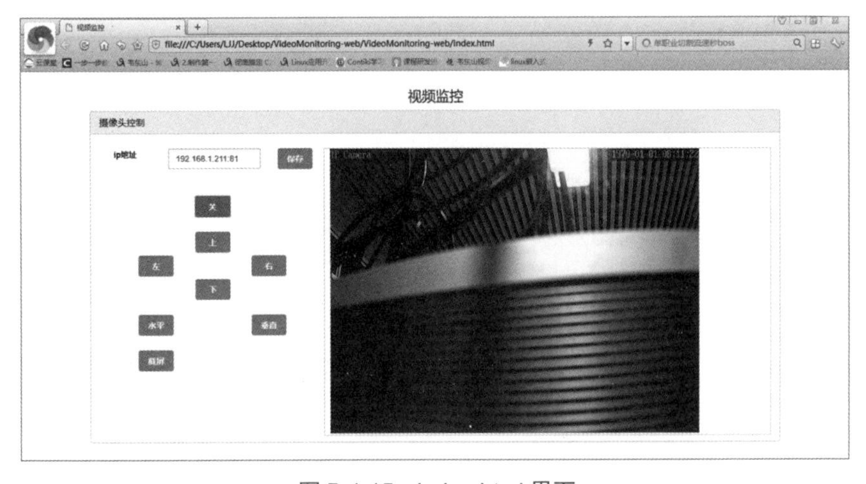

图 B.1.15　index.html 界面

附录 C　图形符号对照表

图形符号对照表见表 C.1.1。

表 C.1.1　图形符号对照表

序号	名称	国家标准的画法	软件中的画法
1	电阻		
2	接地	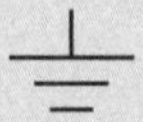	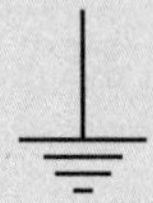